U0350428

XUNZHENG JIAOZHENG
KEYAN XIANGMU XILIE CONGSHU
循证矫正科研项目系列丛书
总主编：姜金兵

理财能力矫正项目
研发报告与指导手册

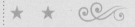 王洪生 / 主编

本项目科研开发及撰写人员：

朱扣春　邹建琴　张超伟　刘旭　汤道海　刘媛

学术统筹：杨建伟

中国法制出版社
CHINA LEGAL PUBLISHING HOUSE

循证矫正：理论、技术与实践

——"循证矫正科研项目系列丛书"总序

循证矫正源自循证研究和实践，是一种基于实证的先进矫正理念，更是一套涵盖评估、分类、管理和教育的科学方法体系。引入中国五年多来，倍受监狱矫正工作者的青睐，形成了一股研究探索循证矫正之风，对中国罪犯矫正工作逐步开始产生影响，也必将会给中国罪犯矫正工作实践带来一场深刻的变革。

2014 年 4 月，司法部把循证矫正中关于"罪犯再犯危险与矫正需求量表的开发"和"循证矫正项目的编制"两个科研项目下达给江苏。江苏省监狱管理局党委充分重视，成立循证矫正科研项目领导小组，由局主要领导任组长。领导小组下设办公室，具体负责循证矫正科研项目的组织、协调和推进工作。明确南京女子监狱、镇江监狱、浦口监狱、连云港监狱、未成年犯管教所 5 所具有代表性的监所作为循证矫正项目试点单位，在省局的统一部署下开展科研工作。从全省监狱系统和司法警官学校抽调 16 名优秀民警组成研发团队，成立两个课题组，分别负责再犯危险、矫正需求量表的研究开发和 5 个循证矫正项目指导手册的设计编写和项目试验。课题组先后辗转考察学习了司法部燕城监狱、北京市监狱、山东省任城监狱、四川省眉州监狱、锦江监狱、上海市提篮桥监狱、青浦监狱、浙江省第一监狱、十里丰监狱等单位的先进做法。搭建科研交流平台，聘请南京师范大学心理学院教授邓铸为学术顾问，在课题组内部及时发布科研信息，分享优质资源，集聚群体智力。举办循证矫正业务培训班，集中学习研讨，邀请司法部专家组成员和省属高校专家学者参与课题论证、科研决策、方案设计、实践指导、检查评估。

经过两年多时间的努力，江苏省监狱管理局在量表编制及矫正项目研发方面取得了阶段性成果，并获得了司法部循证矫正科研项目专家组成员的论证与认可。

一是完成了再犯危险与矫正需求量表的编制和建模。课题组借鉴已有评估量表，结合我国罪犯犯因研究的客观实际和矫正实践，按照量表开发的基本要求和规范体系，通过比较初犯与再犯之间的差异，以及各因子在推动犯罪中的作用和权重，建立科学的量表常模，筛选一定数量的维度和因子，筛选预测罪犯危险性高低，判断罪犯矫正需求方向，形成了集定量与定性于一体的综合评估量表。2015 年 3 月至 6 月，在江苏省先后开展了四轮测试，共计采集 2650 名罪犯的基本数据，根据数理统计结果不断调整问卷结构和因子构成，形成了全国调查问卷。2015 年 7 月至 11 月，组织课题组成员赴安徽、云南、吉林、山西、广东、湖北、重庆等省市开展全国数据采集，共计收集了 42 所监狱，10596 名罪犯的数据样本，为全国常模构建提供了全国样本。2016 年 3 月至 4 月，在江苏、山东、河南三省共抽取 13 所监狱，随机抽取 1600 名罪犯参加效度检验测试。同时，为验证量表的实证效度，在江苏省内昆山、泰兴、沭阳三县市抽取 80 名刑满后五年内未犯罪的刑满释放人员进行问卷调查，更好地验证再犯危险评估量表和矫正需求量表中相关维度理论假设和矫正实际的关系，切实提高量表开发的科学性。在各方的努力下，课题组建立了结构清晰、维度精确、因子全面、样本丰富的再犯危险与矫正需求量表体系。

二是完成了 5 个循证矫正项目指导手册编制和实践验证。根据江苏省监狱管理局的统一部署，南京女子监狱承担女犯心瘾戒断矫正项目、镇江监狱承担暴力犯愤怒控制矫正项目、浦口监狱承担理财能力矫正项目、连云港监狱承担职业技能培训矫正项目、未成年犯管教所承担未成年犯不良交往矫正项目。2014 年 10 月至 2015 年 4 月，在省局专家组的指导下，5 所监所分别完成了 5 个循证矫正项目的编制，并通过了省内三个轮次的专家评审。为验证 5 个矫正项目的实证效果，5 所监所在省局的统一部署下，以"优质高效、相对集中、确保安全"为原则，于 2015 年 6 月至 2015 年 11 月，围绕犯因问题，分别筛选 30 名试验组罪犯和对照组罪犯，两组罪犯调整关押至同一个监区，创设科研环境，最大限度控制无关变量。每个参研监所选调 3 名以上专职民警到承担科研任务的监区专职从事科研工作。参与科研的民警原则上都具有法学、监狱学、心理学、社会学、犯罪学专业背景或有循证矫正试点工作经验。各参研监所围绕编制的矫正项目边实证研究，边修改完善，取得了较好的实验效果。

三是形成了科研项目与工作实践相互促进的良好局面。江苏监狱管理局在完成 1 项司法部司法行政规划课题和 3 本研究专著的基础上，进一步规划循证矫正科研项目的研发，从理论探索转入理论与实证并重，坚持从我国罪犯矫正需求出发，开展理论研究和科研实践。课题组完整记录下了科研进程，编制了《循证矫正项目科研工作专刊》5期，发表论文8篇，形成专题调研报告2篇，累计形成科研文字资料150余万字，为循证矫正科研工作和今后的循证矫正全面推广提供了理论支撑、技术支持和经验积累。

循证矫正是一种基于实证的先进矫正理念，是一项系统工程，也许需要经过一代人甚至几代人的累积，方能见成效，但循证思维和实践是科学矫正的大势所趋，我们应当坚持走下去。两年多来，江苏省循证矫正科研项目课题组循着研究、实践和求索之路不断前行，秉承科研精神、遵循科学方法、开拓进取、日夜奋斗，摸着石头过河，形成了2个筛查量表和5个循证矫正项目，为全国范围内开展循证矫正工作提供了工具和项目准备。现在，这六本专著即将出版发行，必将对我国循证矫正实践产生深远的影响，对治本安全观的科学实践提供可靠样本。由于课题组成员均是江苏监狱系统的民警兼任的，其理论功底与学术积累具有一定的局限性，一些方法、手段的应用和理论论述不透等问题也在一定程度上存在，这需要读者广予包容。

前　言

　　降低重新犯罪率一直是近现代监狱面对的难题。在人类的犯罪现象中，盗窃犯罪的再犯率相对较高。如何对盗窃犯罪人实施科学的矫正，改善再犯因子，提高矫正的针对性和有效性，具有重要的理论和现实意义。

　　理财能力矫正项目是基于"理财能力与重新犯罪相关"的研究成果，以"提高理财能力—提高生活技能—提升罪犯再社会化水平—增强社会适应能力—降低重新犯罪率"为认识论依据，以社会学习理论和认知行为理论为方法论依据，沿着理财知识学习和理财行为训练两条线索，研发出的总时长为五个月六个阶段七十一课时矫正剂量和干预措施的矫正模式。该模式简称为"F-L-T"。

　　"F-L-T"采取集中矫正活动与日常矫正活动相结合的方式，组织矫正对象在开展"理财理念、理财基础知识、理财技能知识、理财工具知识以及理财能力与重新犯罪关联性"知识学习的基础上，着重进行模拟"劳动收入—日常消费—储蓄投资"等日常理财行为训练。经验证，"F-L-T"可以有效提高矫正对象"赚钱、用钱、省钱、借钱、存钱、护钱"的意识与能力，对盗窃犯"理财能力差"的犯因有明显的改善作用。

目　录

理财能力矫正项目研发报告

理财能力矫正项目指导手册

理财能力矫正项目研发报告

盗窃犯罪是一种古老的犯罪现象，盗窃犯的高再犯罪率一直是
近现代监狱所面临的重要的挑战。如何对盗窃犯实施有针对性和实
效性的干预，提高矫正质量，一直被矫正理论和矫正实践所关注。
虽然20世纪70年代美国社会学家马丁逊提出了"矫正无效"的主
张，但是90年代后，矫正又得到了复兴。大量研究证明，矫正项
目可以有效降低重新犯罪率。因此，研发针对盗窃犯犯因的矫正项
目，具有重要的理论与实践意义。

一、问题的提出

实践调查表明，当前我国监狱在押犯罪行结构中，盗窃犯罪所
占比例相对较高，再犯率呈上升趋势。这表明了盗窃犯的矫正难度
较大。西方发达国家的循证矫正理论和实践，为科学矫正罪犯带来
了新的路径和样本，为探索盗窃犯的矫正、降低盗窃犯的再犯率提
供了可能。"风险—需求—响应"（RNR）是循证矫正的基本模型。
该模型包括三个原则：风险原则，即什么人需要接受循证矫正，风
险原则认为个体的风险水平与再犯可能性成正比，矫正力度应该与
风险水平相适应；需求原则，即循证矫正的直接目标是降低犯因性

需求，犯因性需求就是矫正需求；响应原则，即降低犯因性需求需要相应的矫正项目响应，矫正项目要根据罪犯的能力和学习方式来设计和实施。RNR 原则说明了高再犯风险罪犯的矫正需求是选用和实施矫正项目的根据。罪犯矫正需求又是由罪犯的犯因性因素决定的，所以认识高风险罪犯的犯因性因素是矫正项目开发的起点和源点。如图 1.1 所示：

图 1.1　循证矫正模型图

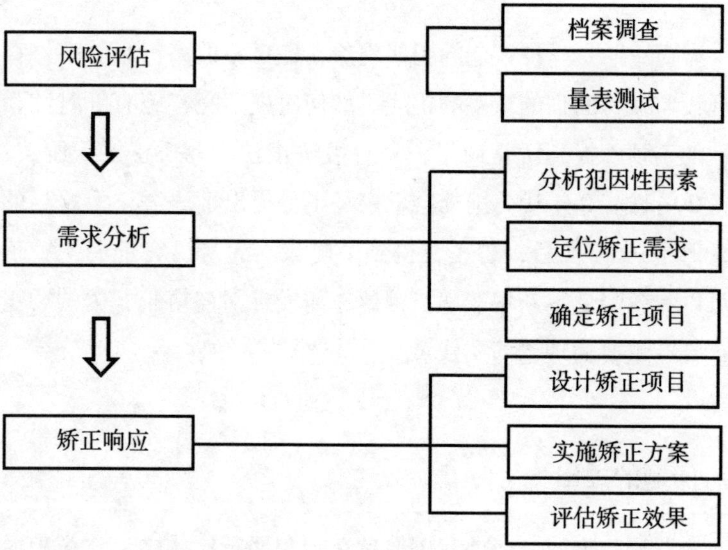

```
风险评估 ─┬─ 档案调查
          └─ 量表测试
   ↓
需求分析 ─┬─ 分析犯因性因素
          ├─ 定位矫正需求
          └─ 确定矫正项目
   ↓
矫正响应 ─┬─ 设计矫正项目
          ├─ 实施矫正方案
          └─ 评估矫正效果
```

（一）初步识别犯因性因素

有效减少犯罪率的项目必须是以中高风险罪犯作为矫正样本人群。2014 年 5 月至 8 月，我们采用再犯风险量表从某监 1791 名盗窃犯中筛查出 101 名高风险盗窃犯，矫正需求评估显示高再犯风险盗窃犯的犯因性因素有（见表 1.1）：

表 1.1　某监狱盗窃犯矫正需求汇总表

（共 101 名罪犯逐一接受面谈，数字部分为存在该项需求的罪犯人数、所占比例、排序）

维度	因子	人数	比例（%）	排名
婚姻家庭	18 岁前有过性生活	18	17.8	16
	小时候受到虐待	2	1.98	38
	小时候不和父母共同生活	5	4.95	35
	小时候父母离婚了	4	3.96	36
	在单亲家庭长大	6	5.94	30
	18 岁前就外出打工	39	38.6	3
	婚姻关系不稳定	9	8.91	24
	作为父亲（母亲）不称职	15	14.9	19
	家庭关系紧张	6	5.94	30
就业技能	没有读过初中（或上过初中未毕业）	44	43.6	2
	没有读过高中（或上过高中未毕业）	47	46.5	1
	学习能力差	34	33.7	6
	身体缺陷	6	5.94	30
	对自己的工作不满意	16	15.8	18
	工作不稳定	39	38.6	3
	上级或同事对你的工作不满意不信任	1	0.99	40
	缺乏就业技能	25	24.8	14
	工作中，不能较好处理上下级关系、同事关系	1	0.99	40

维度	因子	人数	比例（%）	排名
社会交往 与 社会适应	以往无固定住所	16	15.8	18
	外表打扮、言行举止常常受到非议	1	0.99	40
	理财能力差	35	34.7	5
	交往的人中，有较多的坐过牢	29	28.7	9
	集体活动缺乏兴趣	11	10.9	21
	不愿交往并感到孤独	6	5.94	30
	遇到困难不会求助	21	20.8	15
	交往的人中有很多人有不良嗜好	29	28.7	9
	交往常常是利用关系	8	7.92	27
	很容易受他人影响和指使	27	26.7	10
	没有主见，不愿意拒绝他人要求	26	25.7	11
瘾癖方面	吸毒并产生严重影响	8	7.92	27
	酗酒并产生严重影响	9	8.91	24
	赌博并产生严重影响	17	16.8	17
	沉迷网络并产生严重影响	10	9.90	22
认知情感 方面	常常不能意识或解决自身问题	26	25.7	11
	容易冲动	34	33.7	6
	难以控制愤怒	13	12.9	20
	常常不能处理好压抑与挫败	6	5.94	30
	有性攻击性侵害行为	0	0	43
	曾经自杀或自伤过	3	2.97	37
	饮食混乱	9	8.91	24
	常常不能意识或解决自身问题	26	25.7	11
态度方面	具有反社会态度	7	6.93	29
	具有很强控制欲	10	9.90	22
	总是得过且过	32	31.7	8
	对服刑规范不认同	2	1.98	38
	对监管、教育不合作	0	0	43

（二）面谈确认矫正需求

在我国文化背景下，由于长期缺乏理财教育，罪犯对理财能力的理解存在较大偏差。面谈过程中，罪犯常认为自己犯罪与理财"没关系"，"啥叫理财？我既没投资也没炒股，从来没理过财。"所以在量表筛查时会忽略"理财能力差"这个选项。因此，仅靠量表筛查"理财能力差"必然存在一定的局限。为了更准确地识别盗窃犯的犯因，对盗窃犯罪人就理财能力进行专项面谈，对于确认这一犯因具有重要的作用。

除量表筛查出的 35 名罪犯外，我们对其余 66 名高再犯风险盗窃犯进行逐一面谈，发现还有 57 名盗窃犯存在"理财能力差"的犯因，但由于缺乏对理财能力的正确认识，这些罪犯尚未清晰地认识到理财能力差与自身犯罪之间的关联性。

面谈结果显示，盗窃犯的闲暇时间活动方式有空耗型、过度娱乐消费型和反文明型（犯罪）三种。他们中有的在上学期间或初入社会时，不知道如何打发时间，无所事事整天东游西荡；进入社会后"工作不稳定"或三天打鱼两天晒网频繁换工种，缺乏固定的收入来源；有的上网打游戏、小赌，而后养成赌博习惯，而通宵达旦、赌博成瘾的结果就是家庭失和、子女失教、债台高筑、偷盗还债、触犯法律；有的直到评估人员对其访谈时才回想起家中并不缺钱而自己经常被父母说"花钱没有数，有一万花两万"；有的为偿还民间高利贷而设法偷盗；还有的白天辛苦打工晚上就去娱乐场所盲目攀比高消费；更有的以畸形消费和恶性消费（嗜酒以及黄、赌、毒）来满足过度的享受，当无法支付消费费用时，便采取盗窃等违法犯罪行为达到目的。

通过量表筛查和面谈评估，项目组确认 101 名高再犯风险盗窃犯中共有 92 人最终认识到自己犯罪与不善理财有很大关系。

（三）理财能力重要性分析

二十世纪八十年代初，美国学者罗伯特·T·清崎（Robert To-ru Kiyosaki）提出了"财商（Financial Quotient，简称 FQ）"概念。他认为，"财商"是一个人在财务方面的智力，是理财的智慧，属于我们整体智慧的一部分。财商与智商、情商并列，已成为现代社会三大不可或缺的素质。理财是对个人一生收入、支出的规划，直接关系到人一生的发展和幸福。一个人要在社会上生存与发展，理财能力是必不可少的能力。人的一生，从出生、幼年、少年、青年、中年直到老年，为了应对恋爱和结婚、应对抚养子女、应对赡养父母、应对养老、应对提高生活水平、应对意外事故，人生各个时期都需要理财。从风险角度看，"以基本养老、基本医疗、最低生活保障制度为重点"的中国社会保障体系尚未实现全覆盖，国家也不可能为个人、为家庭提供完全的风险保障，市场经济的发展尤其是"互联网＋"经济时代的到来对个人的理财能力提出了更高的要求，勤俭节约和传统的银行储蓄已不可能实现个人财产的保值、增值。因此人人都必须学会理财，以便化解不确定性风险可能对生活产生的危害。

理财能力、生活技能、罪犯再社会化程度、社会适应性与降低再犯风险这五者之间是层层递进的逻辑关系。社会适应能力主要包括生活能力、学习能力、劳动能力、人际交往能力、独立思考判断问题的能力和解决问题的能力等六个方面。生活技能是一个人适应社会的最重要的条件之一。1993 年世界卫生组织将生活技能定义为：个体采取适应和积极的行为，有效地处理日常生活中的各种需要和挑战的能力。生活技能的具体项目包括目标优选和时间管理、有效沟通和磋商、做出合理明智的决定等 12 种，"基础会计和理财"则是其中一种。

至此，我们在实证研究的基础上，确认"理财能力差"是高再犯风险盗窃犯的重要犯因。因此，研发有效的矫正项目，对盗窃犯的理财能力进行干预显得非常迫切。

二、国内外研发现状

（一）西方国家关于理财能力与重新犯罪相关性的研究

在当代西方国家矫正研究中具有代表性的是加拿大研究者郑祝（P. Gendreau）等人有关罪犯重新犯罪的研究。根据他们的研究，与罪犯重新犯罪关联程度比较高的因素主要有：罪犯以前服刑的情况、出狱后的住宿、接受教育与培训、就业、理财能力（Financial Management and Income）、家庭关系、生活方式与社会联系、使用毒品、酒精滥用、心理与精神健康状况、思考与行为方式共 11 个因素。"很多服刑人员不会理财，因此很多人欠有债务，包括罚金与法院相关的费用，以致很多人在社会上依靠非法收入维持生活。"[1] 司法部犯罪预防研究所周勇副所长在介绍加拿大矫正项目的文本中说，生活技能缺陷是导致社会适应不良甚至犯罪的一个重要的犯因性问题。翟中东教授还在一篇翻译资料《试析"项目矫正"》中也提到，加拿大矫正实践中关于致罪原因的一般理论排序是：滥用毒品情况、精神健康情况、接受教育情况、技能与就业情况、个人理财情况、重新安置情况、交友情况、使用暴力情况。

美国把一个人的"财务技能"列为一项重要的犯因性需求。张

---

① 翟中东：《矫正的变迁》，中国人民公安大学出版社 2013 年版，第 304～306 页。

桂荣、赵雁丰编译的《循证矫正原则在监狱矫正中的实践与应用》介绍了威斯康星州风险/需求模型，该文指出了已经公布的分类工具中所反映的 10 个犯因性需求，分别是：犯罪史、教育/就业技能、财务技能、家庭/婚姻状况、住宿稳定性、休闲/娱乐兴趣、同伴（亲社会或反社会）、酒精/毒品问题、情绪/个人控制、态度/取向（亲社会或反社会）。

（二）我国文献资料关于理财能力与重新犯罪相关性的研究

目前尚未发现我国有直接的关于理财能力与犯罪及重新犯罪相关性的研究，可检索到的是有关消费与犯罪相关性的研究资料。这些研究认为消费是理财的一个重要维度，如何为自己的消费行为理财是每个人应该掌握的技能，"个人的无节制的消费欲望与现实的不能满足性之间的矛盾就是故意犯罪的内在根源。"[①] "畸形消费结构是直接滋生大量犯罪的培养基。对畸形消费结构的追求和维持，产生相当多的暴力犯罪、大量的盗窃和经济违法犯罪。"[②] 也有学者认为，"畸形消费文化是导致犯罪的重要动因，畸形消费文化表现为超我型（超出了个人现有支付能力的消费）、非我型（超越了个人有效需求的消费，对名牌服饰、化妆品、用品的消费）、超社型（超出了社会供给可能的消费，如一味追求西方的超前消费文化）、非社型（超越了社会允许尺度的消费，如赌博、嫖娼等）四

[①] 杨玲丽：《消费与犯罪——基于改革开放 30 年的统计数据的分析》，载《甘肃行政学院学报》2011 年第 6 期。
[②] 宫立新：《畸形消费结构是犯罪增加的重要因素》，载《政治与法律》1989 年第 5 期。

种形态。"① 还有学者将畸形消费文化对犯罪的作用机制归纳为直接作用和间接作用，"直接作用最典型的表现就是白色消费（毒品消费）、灰色消费（赌博消费）和黄色消费（卖淫嫖娼、包二奶等），这些消费者只要进入消费领域，就会走向犯罪；间接作用是市场经济造成的拜金主义泛滥、市场低俗化，从而导致畸形消费文化形成，消费者一味追求享乐和潇洒，并最终走向犯罪。"② 调查研究表明，流动人口尤其是外出务工的青壮年人群是盗窃犯罪的主要群体，一些学者通过对他们的研究，认为"新生代农民工在城市生活的过程中，想要模仿城市消费风格，但是他们的收入远不能达到城市消费水平，在物欲主义的消费欲望面前出现消费价值的认同紊乱，从而产生强烈的被剥夺感，最后产生希望用非法手段来达到理想生活的愿望。"③ 有的学者则从个体研究的层面提出"消费支出"和"消费结构"对犯罪率有着显著的正影响效应。

（三）国内外关于理财教育、生活技能教育和生活技能矫正项目的概述

截至目前，无论是国外还是国内，尚未发现关于理财能力矫正项目的文献记载。一些国家有相关的理财教育、生活技能教育以及生活技能矫正项目的实践。

1. 国外理财教育开展情况。1997 年，美国经济学教育国家委

---

① 薛宏伟、成敏：《畸型消费：犯罪心理恶变的动因》，载《社会公共安全研究》1992 年"现代犯罪科学研究"专辑。
② 李锡海：《文化消费与犯罪》，载《齐鲁学刊》2007 年第 1 期。
③ 李长健、唐欢庆：《新生代农民工犯罪的文化社会学研究》，载《当代青年研究》2007 年第 3 期。

员会的专家道格拉斯和加内特就美国中小学理财教育对孩子成年后理财行为的影响进行了实证研究。结果表明，儿童期的理财教育对于他们日后更好地积累财富、更有计划地使用财富有潜移默化的影响。一些西方发达国家十分重视理财教育及课程开发，并伴有一套完整的课程政策和目标，形成了以学校理财教育为主导，理财机构、社区、家庭为辅助，四者全方位结合的教育模式。美国把理财教育称为"从三岁开始实施的幸福人生计划"，并规定了不同年龄段要达到的目标，2001 年美国立法把理财课程作为基础教育的一个内容。美国丹佛还专门为青少年开设了一家银行，目前该银行已吸收储户 1.7 万个，客户年龄平均才 9 岁，最大的不超过 22 岁。2007 年英国将"经济与财政能力"列为中学生必修课。法国和以色列等国开设此类课程的年龄段更早。在日本，学校分别以"储蓄与消费""不法经营"和"用卡知识"为主题进行理财教育。在瑞典，小学教材中就有理财教育的内容。在丹麦，个人从初中开始就有申报个人收入的义务，并需注明收入来源。苏格兰为了不增加教学负担，并不专门开设理财课程，而是与数学课程充分融合，在数学教学中渗透情景案例，学习财务预算、消费、收益、风险计算，制作财务记录与报表等。

2. 国外生活技能教育和生活技能矫正项目开展情况。二十世纪八十年代初，美国康奈尔大学著名教授、心理学博士吉尔伯特·伯丁（Botvin G L）提出用"生活技能训练"（Life skills Training）的方法预防青少年吸烟，这之后的十年时间里，生活技能教育就在美国、英国、加拿大、澳大利亚等 30 多个国家迅速开展起来。国外研究表明，生活技能教育在预防和干预青少年的问题行为方面效果较好，在阻止青少年成为职业罪犯等方面起着重要作用。未成年犯是一个特殊群体，如果在监禁刑期间未能够完成生活技能的培养，将会导致未成年犯再次犯罪。按照弗里茨·雷德尔等人的研究，对未成年犯进行生活技能的培养不仅有助于"超我"的完善和发展，而且对未成年犯树立正确的价值观，避免再次实施犯罪活动具有重要意义。1993年，世界卫生组织出版了纲领性文件《学校生活技能教育》，使生活技能教育开始系统化和规范化。西方发达国家对罪犯的生活技能教育内容丰富，既有对罪犯在服刑期间的生活技能培训，又有对释放后重返社会所需要的生活技能培训。具体内容包括寻找工作或者就业技能、消费技能、社区资源使用技能、健康与安全技能、子女养育和家族技能、公民技能等，也包括独立生活技能、生存技能、生活适应技能等。这样做，有助于罪犯顺利地度过刑期，提高他们回归社会的适应能力。周勇在《加拿大罪犯矫正项目概述》一文中介绍了生活技能矫正项目，翟中东在《西方矫正制度的新进展》一文中介绍了西方国家的十一种矫正项目，其中之一是生活能力帮助类项目。加拿大"生活技能矫正项目"共有七个。

3. 我国理财教育开展情况。理财教育对培养人的生存和发展能力、促进社会健康发展十分重要。Jeannem 认为，理财教育能有效培育有正常消费和理财能力的公民，这会促进社会经济健康发展。[1]但是我国家庭、学校、社会普遍不重视学生理财、预算等基本生存技能的培育和消费道德的引导。二十世纪九十年代以来，随着市场经济的发展和国外理财教育思想的传播，尤其是《富爸爸 穷爸爸》一书在我国的畅销，理财教育也日益为我国教育界所关注。[2] 但在现实生活中，人们对理财教育的认识尚存偏见。现有的大众理财培

---

① Jeanne M. Hogarth, "Financial Education and Economic Development". Improving Financial Literacy International Conference. 2006 – 11.

② 袁莹莹：《财商教育研究进展述评及展望》，载《丝绸之路》2015年第16期。

训集中在怎样获得高回报的炒股和投资培训，或者是会计职业技能培训以及理财规划师职业资格培训，没有针对生活技能所需的基础理财知识和理财能力开展广泛的教育和培训。《中国平安国人财商指数报告（2011）》解析四大元素，即财富知识、财富态度、财富行为、财富性格，对国人获取和管理财富的相关知识的掌握情况、对财富获取运用的态度以及能力进行分析显示，国人财商表现出高态度、缺知识和低行动特点。这表明，缺乏理财知识与理财行动是我国大众的共同弱点。

4. 我国监狱罪犯理财教育开展情况。2008 年起北京光华慈善基金会开始与监狱合作，为罪犯提供系统、实用的小本创业知识和技能训练。2011 年起，其公益创业课程"怎样成功创办和经营自己的生意"增加了一部分财务内容，主要包括：建立良好的财务记录、掌握成本、现金流量表、盈亏平衡点、投资回报率。这些财务知识关乎的是如何创办一个企业，对于如何理好个人、家庭之财未有涉及。目前，该公益创业课程仅对监狱民警培训师进行了初步培训，对罪犯的财务培训尚未全面开展。

"生活能力帮助矫正项目"是一个有价值、有意义、容易有效果且对罪犯个体有明显改善作用的项目，也是国际经验用得比较好的一个项目（周勇、翟中东，2014）。国内外理财教育、生活技能教育和生活技能矫正项目的开展，为我们研发罪犯生活技能矫正项目提供了丰富的实践资源。生活技能矫正项目类下有很多种，要构建我国的"生活技能矫正项目"体系非一日之功，目前只能针对其中具体的犯因性需求来设计相应的矫正项目，假以时日，逐步形成完善的项目体系。如图 1.2 所示：

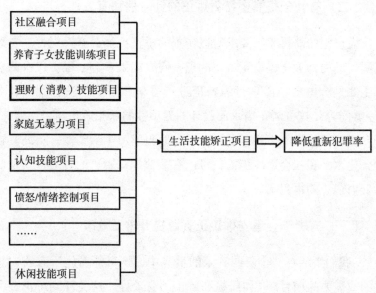

图 1.2　生活技能矫正项目体系

三、研发意义

研发理财能力矫正项目对提高盗窃犯矫正的针对性和有效性、提升其生活技能和再社会化水平、降低重新犯罪风险有重大的现实意义。

（一）有利于应对重新犯罪率上升给监狱矫正带来的挑战

进入二十一世纪，我国矫正工作面临新的挑战，包括监管罪犯数量上升、长刑犯增加、重新犯罪率上升等问题。重新犯罪率的上升在一定程度上反映出传统的罪犯矫正手段和技术存在局限性。当前监狱矫正领域面临的严峻形势迫切需要创新教育改造模式，迫切需要探索新的矫正技术和应对方法。循证矫正的引入和矫正项目的研发为科学矫正罪犯、提高矫正效能提供了全新的实践路径。

（二）有利于提高盗窃犯矫正的针对性和有效性

盗窃犯的高再犯率要求对盗窃犯的矫正更加具有针对性。实践表明，国内外关于盗窃犯矫正的现有研究成果十分有限。仅有的资料主要是对盗窃犯心理行为特征进行分析和矫正，没有发现针对"理财能力"这一矫正需求而设计的专项性的罪犯矫正项目。因此，研发盗窃犯理财能力矫正项目，帮助罪犯学习生活技能，提高其再社会化水平和社会适应能力，可以有效地提高矫正的针对性，从而降低盗窃犯的再犯率。

（三）有利于合理安排矫正资源提升矫正效率

"我们生活在一个资源有限的世界中，不可能实施所有我们想要的或需要的项目。"①如何提高矫正的有效性，这关涉到矫正资源的合理配置。从再犯罪的风险类别上，罪犯矫正有个先后顺序问题，循证矫正风险原则要求"主要的监管和治疗资源应当优先应用于那些具有较高再犯罪风险的罪犯"。从高再犯风险罪犯的犯因性问题上，具体犯因的矫正也有先后顺序问题，哪些犯因需要集中矫正资源优先进行矫正呢？根据加拿大研究者郑祝等人的观点，预防罪犯重新犯罪应当将干预重点放在与罪犯重新犯罪关联程度比较高的因素上。理财能力是与重新犯罪关联程度比较高的因素，理财能力又是一个人生活技能的重要组成部分。因此，优先对"理财能力差"这一犯因进行干预，既能节约矫正资源，又能提高矫正效率。

---

① ［英］罗里·伯克著，陈祖勇、汪智慧、张浩然、孙春凤译：《项目管理——计划与控制技术》，中国建筑工业出版社 2008 年版，第 49 页。

设计"理财能力"矫正项目要从相关概念出发，遵循循证矫正原则、人的认知和行为规律、人的社会化和罪犯再社会化理论，这样才能"确保罪犯干预措施和矫正实践符合'循证矫正实践对罪犯实行有效干预的八项原则'，就会最大程度地减少重新违法犯罪。"①

一、基本概念

一个概念的界定，"困难始于界说"。依据循证矫正的"响应原则"，对相关概念的界定需符合罪犯的学习能力和学习方式。

（一）理财的界定

目前，理财在不同的学科有不同的解释。一般认为理财不是投资就是炒股。在百度中输入"理财"，一秒钟不到可以得到超过一亿个搜索结果。《辞海》认为"理财学是清末对英语 economics 的中译名之一。"《辞源》则认为"理财是管理财物，后指管理财政。"《现代汉语词典》将"理财"解释为管理财物或财务。《现代

---

① 郭健编译：《美国循证矫正的实践及基本原则》，载《犯罪与改造研究》2012 年第 7 期。

汉语大词典》则解释为"管理财务，特指为了使财产保值、增值对财务进行管理。"美国理财师资格鉴定委员会把理财定义为：个人理财是指如何制定合理利用财务资源、实现个人人生目标的程序。理财的目的是以较低的成本，实现消费的合理安排、财务风险的可靠保障以及钱财的最优跨期配置。

我们认为理财是社会成员（一般是指成年人）对自己的可支配收入进行合理消费与储蓄投资，以确保其正常生活的一种方式。

（二）理财能力的界定

关于理财能力的概念，不同的学科也有不同的解释。二十世纪八十年代初，罗伯特·清崎在其《富爸爸 穷爸爸》一书中正式提出了财商的概念。在这一概念中主要包括两方面含义：一是正确认识金钱及其规律的能力；二是正确使用金钱及其规律的能力。随着研究与实践的不断深入，理财能力内涵已扩展到对所有财富的认知、获取和运用的能力。有学者在关于学校理财教育的研究中提到，"学生需要习得的理财能力包括理财理解力（对金钱的本质及功能、投资与储蓄、信用与债务、理财产品与服务、消费权利与保护等的理解）、理财责任感（经济契约中的道德伦理及价值观问题、个人财务决策与他人及社会的关系等）、理财胜任力（阅读财务报表、制定财务预算、财务决策、整理制作消费记录等）、理财事业心（理财风险与回报、理财创新等）。"[①]

我们将"理财能力"定义为社会成员在赚钱、用钱、存钱、借钱、省钱、护钱等方面的认知水平和应用能力。

---

① 乔海燕：《中学生理财能力培养与基础数学教学渗透研究》，载《教育探索》2015 年第 11 期。

（三）理财能力矫正项目的界定

国内研究者结合翻译资料对矫正项目的定义基本是一致的，"所谓矫正项目，是指监狱专门用来实现罪犯某个具体矫正目标的系统化、程序化、规范化、可操作性的干预措施或课程。"① 因此，理财能力矫正项目可以定义为监狱专门用来实现提高罪犯理财能力这一矫正目标的系统化、程序化、规范化、可操作性的干预措施或课程。

二、理论原理

人的社会化理论是社会学和社会心理学的基本内容之一。关于人的社会化概念的内涵，学术界有着基本一致的认识。人的社会化，是指个体通过学习，掌握社会生活知识、技能和规范，适应社会环境，取得社会成员资格，发展自己的社会性的过程。社会学理论认为，犯罪是社会化失败的结果。因此，帮助罪犯习得一技之长，实现再社会化，顺利回归社会，减少重新犯罪，是监狱工作的终极目标。

罪犯的再社会化，简单地说就是监狱针对罪犯社会化失败的原因，通过教育活动，以及罪犯自身的积极参与，促使罪犯学习社会知识、生存技能以及社会规范，重新塑造符合正常社会生活的人生观、价值观和世界观，促成罪犯顺利重返社会。罪犯再社会化的内容主要包括政治上的再社会化、道德上的再社会化、社会生活和生活技能上的再社会化、社会角色的再社会化。目前我国学者对罪犯再社会化从概念、理念、制度、方法等方面的探讨比较多，对罪犯再社会化实践中存在的问题，以及如何把相应的理念、制度落实到

① 周勇：《矫正项目：教育改造的一种新思路》，载《中国司法》2010年第10期。

实践中，促使罪犯再社会化，切实降低罪犯重新犯罪率的实证研究还不是很多。

理财能力是生活技能的重要组成部分，生活技能是一个人是否完成社会化的一个重要评价指标。部分盗窃犯就是因理财能力欠缺导致社会化失败。罪犯出狱后能否成为守法公民，不再重新犯罪，取决于罪犯的再社会化程度。再社会化程度越高，出狱后适应社会生活就越快。对高再犯风险盗窃犯的理财能力进行干预，提高其生活技能和再社会化水平，从而达到增强社会适应能力、降低再犯罪危险，是本项目研发的目的。项目设计的理论原理见图 2.1 所示：

图 2.1　理财能力矫正项目理论原理

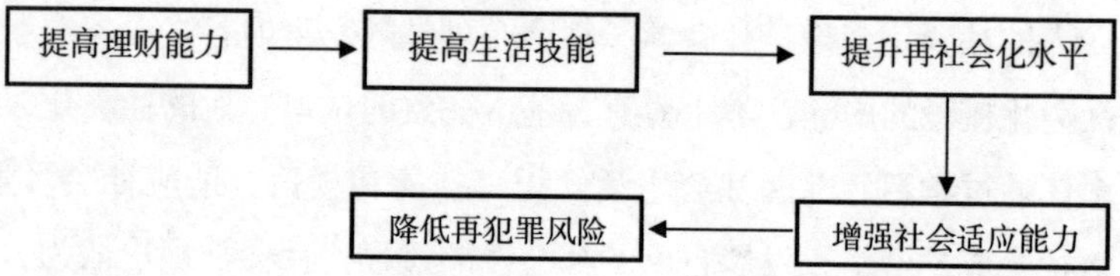

三、方法原理

"矫正技术是罪犯矫正所需要的各种方法的知识体系。"[①] 矫正活动的有效实施需要依靠一套与矫正内容相匹配的干预技术体系作支撑。依据一定的理论，寻求一定的科学方法，是项目开发的一项基本内容，是保证项目取得实效、提高矫正有效性的基本路径。

（一）社会学习理论

以班杜拉为代表的社会学习理论，探讨了个人的认知、行为与环境因素三者及其交互作用对人类行为的影响。班杜拉在对行为习

---

① 于爱荣等著：《矫正技术原论》，法律出版社 2007 年版，第 138 页。

得过程的叙述中强调了人类的观察学习模式或模仿学习模式，在观察学习过程中用言语难以传递图像及实际行动所具有的同等量的信息，图像和实际行为的示范形式在引起注意方面比言语描述更为有力。个体的需要和兴趣是增强注意稳定性的内部条件，活动内容的丰富性和形式的多样性是增强注意稳定的外部条件，这里就离不开良好的情境设置。对理财能力较差的高再犯危险的盗窃犯，采用人的社会化原理与社会学习理论，设置模拟企业、模拟银行、模拟社区等多种情境，注意把知识学习与狱内监禁环境以及罪犯的原有生活经验紧密相联，将矫正对象在狱内的计考得分、生活消费等转化为相应的代币（练功钞），使矫正对象处于模拟劳动收入、日常消费和储蓄投资的生活状态，应当是取得干预效果的最基本措施。高仿真的情境模拟训练有助于矫正对象通过观察学习、模拟实践和强化训练的过程获得基础理财能力。社会学习理论作用见图2.2：

图 2.2 社会学习理论作用图

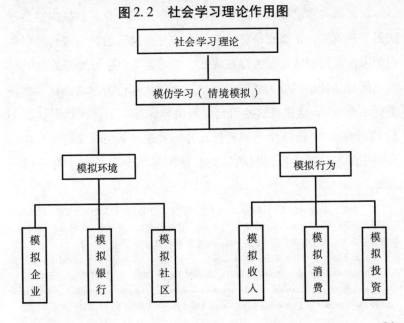

（二）认知行为理论

产生于 19 世纪 80 年代的认知行为理论是以认知心理学为基础形成和发展起来的一种社会工作理论。社会工作者在面临服务对象时，通过对其内在的认知重建和外在的行为修正促进服务对象建立理性的思维过程和行为模式，进而帮助服务对象恢复到理想的生活状态。认知行为理论是认知理论和行为理论的整合，但却不是简单的相加或者拼凑，而是有机的融合。认知行为理论主要有两个来源：一是行为主义心理学。认为人们的外在行为不受内在心理过程的影响。除了一些天生的反射行为，人们的大多数行为都是通过学习获得的。因此，人类可以学习新的行为、改变旧的行为。二是认知心理学。认为人的行为受学习过程中对环境的观察和解释的影响。不适宜的行为产生于错误的知觉和解释。所以，要改变人的行为，就要首先改变人的认知。

认知行为理论模式下的认知行为治疗方法一直具有减少重新违法犯罪的效果。正如安德鲁等人认为，对高风险的罪犯进行针对他们犯因性需要的认知行为疗法或社会学习方法会取得最好的效果。[①]大量研究从证据的效力和效果两个层面对认知行为疗法的证据水平进行了考查[②]，这里将这些研究资料简单综述一下。1995 年，霍尔对 12 个研究中 1313 个罪犯进行元分析发现，采用认知行为疗法进行矫正的实验组比控制组的罪犯在性犯罪率上少了 8 个百分点[③]；

---

① 参见：Andrews, D. A. &Bonta, J. （2002），THE PSYCHOLOGY OF CRIMINAL CONDUCT . 3rd edn. Cincinnati, Ohio：Anderson. 转引自黄义权等：《循证矫正视域下的认知行为疗法》，载《福建警察学院学报》2014 年第 5 期。

② Jacklin, E. Fisher & Brenda Happell, Implications of evidence‐based practice for mental health nursing. International Journal of Mental Health Nursing, 2009 （18）：180.

③ Hall, G. C. N. Sexual offender recidivism revisited：A meta‐analysis of recent‐treatment studies. Journal of Consulting and Clinical Psychology, 1995 （63）：802—809.

"认知行为疗法对于治疗某些犯罪群体已经成为首选的方法，如性犯罪者、暴力罪犯和各种持续财产罪犯。"[1] 2002 年，皮尔森等人对 69 个研究项目进行元分析发现，认知行为疗法对罪犯再犯率的矫正效果比行为疗法好很多。他们建议罪犯矫正项目应该把认知行为疗法作为其主要组成部分。[2] 威尔逊等人在 2005 年对 20 个团体认知行为矫正研究结果进行元分析，发现认知行为疗法对减少罪犯再犯率有很好的效果。[3] 帕克斯等不同研究者们在各自的研究中发现认知行为疗法在毒品、性犯罪、暴力犯罪和其他犯罪行为上的矫正效果同样令人满意。兰登伯格和利普西通过 58 个研究发现，认知行为疗法矫正效果和性别之间不存在显著性相关，还发现矫正效应值和是否是青少年罪犯或成年罪犯也没有显著的相关。[4] 这说明认知行为疗法在罪犯群体上是一般性的适用。认知行为疗法"具有循证性、数据化、客观性、目标具体化、短程化、操作化等特点"[5]，这些特点和循证矫正的遵循最佳证据、过程互动、高效、可复制共享性等特点是不谋而合的。考察结果证明"认知行为疗法是可以作为

---

① Curt R. Bartol. Criminal Behavior：A Psychological Approch. Prentice Hall，2000. 转引自杨波《成人暴力犯循证矫正实践探索阶段性研究报告》，2014 年 11 月。

② Pearson，F. S.，Lipton，D. S.，Cleland，C. M.，& Yee，D. S. The effects of behavioral /cognitive - behavioral programson Recidivism. Crime & Delinquency，2002，48（3）：476—496.

③ Wilson，D. B.，Bouffard，L. A. & MacKenzie，D. L. A quantitative review of structured，group - oriented，cognitivebehavioral programs for offenders. Journal of Criminal Justice and Behavior，2005：32（2）：172—204.

④ Nana A. Landenberger and Mark W. Lipsey. The positive effects of cognitive behavioral programs for offenders：A meta - analysis of factors associated with effective treatment. Journal of Experimental Criminology，2005（1）：451—476.

⑤ 王建平、王晓菁、唐苏勤：《从认知行为治疗的发展看心理治疗的疗效评估》，载《中国心理卫生杂志》2011 年第 12 期。

循证矫正的最佳证据的。"①

认知行为疗法不仅是一种心理学方法，还是一种涵盖性术语。这种术语对许多领域都是适用的，罪犯矫正也不例外。在监禁背景下实施认知行为疗法应当和其他矫正措施一起综合使用，诸如与文化教育、职业技能培训和心理咨询等结合，同时也可以与角色扮演、奖励、惩罚等项目结合使用，使矫正效果更加显著。因此，采用罪犯教育矫正技术、代币治疗、模拟训练、正面激励、行为泛化、心理情景剧等技术，对重建高再犯风险盗窃犯的内在认知，修正他们的外在行为，显然是可行的。认知行为理论作用见图 2.3：

图 2.3　认知行为理论作用图

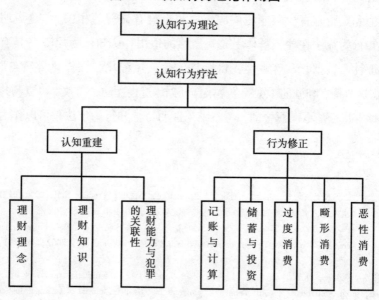

---

　　① 黄义权等：《循证矫正视域下的认知行为疗法》，载《福建警察学院学报》2014年第 5 期。

四、项目架构

项目架构是在明确矫正目标、矫正内容、矫正剂量、干预方法等项目要素基础上建构起来的干预模型。基于"理财能力与重新犯罪相关"的研究成果，我们以改善高再犯风险盗窃犯理财能力差的矫正需求为前提，以"提高理财能力—提高生活技能—提升罪犯再社会化水平—增强社会适应能力—降低重新犯罪率"为认识论依据，以社会学习理论和认知行为理论为方法论依据，沿着理财知识学习和理财行为训练两条线索，设计了总时长为五个月六个阶段七十一课时矫正剂量和干预措施的矫正模式。该模式简称为"F－L－T"。

（一）矫正目标

"目标干预原则"是循证矫正的原则之一。循证矫正的目标干预原则要求"从犯因性需求进行目标干预"[①]。"矫正项目的基本原理，简而言之，就是要遵循实现矫正目标的客观规律。具体来说，一个矫正项目，无论是适用对象、内容设计、方式选择、进度安排，还是组织实施、考核评估，均要严格遵循而不是违反所要实现的矫正目标发生发展变化的内在规律。显然这是一个矫正项目真正管用和有效的根本保证。"[②] 矫正目标应体现全面性与阶段性。按照现代管理学的过程管理和目标控制原理，在矫正实施过程中，通过矫正计划管理、激励管理、评估管理，及时了解罪犯矫正目标的

---

① 张庆斌：《循证矫正与矫正质量评估比较研究》，载《犯罪与改造研究》2012 年第 12 期。

② 周勇：《矫正项目：教育改造的一种新思路》，载《中国司法》2010 年第 10 期。

达成情况，根据实际进展情况不断修订矫正目标、矫正内容、矫正方法和干预措施，对罪犯行为进行调节和控制，才能保证矫正质量，降低无效风险，实现预期的矫正目标。矫正总目标与阶段性矫正子目标之间的关系见表2.1:

表2.1 矫正总目标与阶段性矫正子目标

总目标	阶段性子目标	
提高理财能力降低再犯风险	提升知识理念	树立正确理财的观念
		掌握理财的基础知识
		了解就业与创业常识
		学会制定理性的生涯规划
		掌握理财纠纷预防与处理常识
	修正消费习惯	修正过度消费习惯
		修正畸形消费习惯
		修正恶性消费习惯
		培养记账习惯
		培养理财规划的能力
	学会保值增值	掌握储蓄理财的技巧
		熟悉保险的理财功能
		了解股票、基金与互联网理财

为让矫正对象理解矫正目标，提高矫正对象的参与意愿，可以将"理财能力"矫正目标形象地概括为：赚钱—收入、用钱—支出、存钱—资产、借钱—负债、省钱—节约、护钱—保险。

（二）矫正内容

"F-L-T"模式是树立观念、促进行为发展和行为转变的一种教育矫正方式，主要是发展人的理财认知和理财行为技能。结合理财行为训练实践性、应用性强的特点，以操作性条件反射理论（"S－R－S"）为依据，在促进罪犯"知道、领会"的基础上，着眼于"应用"，可以设计以"代币制"为载体、模拟狱内消费与投资、兑现模拟理财收益、模拟超市购物等情境课程，通过模拟，辨别被试在刺激出现之后的反应及反应之后的强化结果。采取集中矫正与日常矫正相结合的方式，同时推进理财知识学习和理财行为训练，在组织矫正对象开展"理财理念、理财基础知识、理财技能知识、理财工具知识"认知干预的基础上，着重进行模拟"劳动收入—日常消费—储蓄投资"等日常理财行为训练。集中矫正活动为矫正对象提供了相对完善的基础理财知识和能力训练体系，集中解决日常矫正活动中出现的典型问题，为日常矫正活动提供知识基础和技能先导；日常矫正活动以"代币制"模拟理财训练为主，辅以矫正作业与矫正民警分类指导，是对集中矫正活动内容的消化运用和巩固提升，与矫正对象的日常劳动改造充分融合，通过实时记账、每周结算、按月考核等强化训练，定期为矫正对象兑现模拟理财收益，激励矫正对象积极参与模拟理财训练，多方位提高矫正对象的基础理财能力。

（三）矫正剂量

"矫正剂量是矫正项目设计、循证中的基本组成部分。而矫正项目的实效的验证也需要充分考虑矫正的剂量。"[①] 要取得改变矫正对象理财行为习惯的矫正效果，必须要有总量足够的集中矫正活动时间和日常行为训练时间作保障，注重矫正力度的适宜，避免矫

---

① 翟中东：《矫正的变迁》中国人民公安大学出版社 2013 年版，第 274 页。

正不足与矫正过度。目前，国内尚无专门关于罪犯矫正剂量如何设置的研究。一些研究者的翻译资料中，对"干预度原则""剂量原则"表述得不尽一致，但对于高风险罪犯的干预剂量是一致的，一般为三到九个月。关于生活技能矫正项目的矫正量与矫正强度问题，有记载的是加拿大罪犯生活技能矫正项目，每星期开展 2 次，每次 2 课时即 2 小时，共 40 个小时。

根据我国监狱每周一天学习日的规定，把干预剂量设计为五个月，七十一课时，干预强度为每周两次，各两小时，这个是比较适宜和可行的。

（四）项目实施要素

依据国际项目管理协会项目管理的要求，项目的实施一般应当具备必要的项目要素。本项目的实施要素见表 2.2。

表 2.2　理财能力矫正项目实施要素

组成要素	介绍与说明
项目名称	理财能力矫正项目。
项目目标	通过提高服刑人员理财能力，继而提高其生活技能和再社会化水平，增强其社会适应能力，降低其再犯罪风险。
适用范围	缺乏理财意识和理财知识，存在理财能力缺陷或理财行为障碍的服刑人员。
实施人	具备社会学、心理学、教育学以及一定矫正经验和管教经验的监狱民警。
监督人	省局职能处室和监狱职能科室负责人、银行客户经理。
实施环境	一套项目管理制度文件和控制文件以及实施过程中所需的矫正活动记载表簿册。
经费预算	实验组每名罪犯约需 5000 元，保障项目运行的基本条件。

组成要素	介绍与说明
工作原理	人的社会化理论、社会学习理论和认知行为理论，以预防重新犯罪为重点进行认知行为干预和技能训练，其中强调自我规划、问题解决、技能训练、角色扮演等的运用。
干预方式	主要有讲解示范、案例分析、行为契约、心理情景剧、模拟训练、电影疗法、完成矫正作业、个体辅导等。
剂量强度	5 个月，71 课时；每周 2 次，每次 2 小时。
实施进度	（1）矫正导入，激发、强化矫正意愿。（10 个课时） （2）理财意识教育与培养：纠正金钱观念与理财观念的偏差。（6 个课时） （3）理财基础知识教育：学习掌握基础的理财知识。（18 个课时） （4）理财技能知识与应用：培养记账、计算、消费管理、理财风险控制，理财纠纷处理和制定理财规划的能力。（18 个课时） （5）理财工具知识与应用：了解储蓄、保险、基金、股票、互联网理财的基本常识，识别各个理财工具的特点，模拟应用理财工具。（14 个课时） （6）评估总结：通过模拟理财收益兑现活动，检验矫正对象在消费规划、消费选择方面的矫正效果，通过第三方（银行客户经理）评估，检验矫正对象在理财工具使用、理财规划方面的矫正效果，帮助矫正对象认识理财的终极意义是为了更好的生活。（5 个课时）
实施要点	项目采用日常矫正活动与集中矫正活动相结合的方式，同步推进理财知识学习与理财行为训练。矫正对象的劳动收入（赚钱）、生活消费（用钱省钱借钱）与投资理财（存钱护钱）均在"代币制"模拟理财训练中实时进行，实行每周结算、按月考核，因此，项目的行为训练部分主要分布在日常矫正活动中。通过完成集中矫正活动，实现对矫正对象的系统理财教育，解决日常矫正活动中集中出现的问题，完成月度结算，兑现模拟理财收益等。

组成要素	介绍与说明
实施要点	操作过程中注意：一要强化矫正意愿。促使矫正对象充分认识到理财能力对正常生活的重要性以及理财能力缺陷与盗窃犯罪之间的关联性；二要做到定位准确。充分考虑矫正对象的接受能力和认知特点，尽量采用通俗化的讲解和具体化的操作，通过代币制理财行为训练，使罪犯明白项目并非培养投资理财专家，而只是帮助他们逐步掌握"赚钱、用钱、省钱、借钱、存钱、护钱"等基础理财能力，以适应正常社会生活。三要注重因人施矫。在理财能力差的整体背景下，矫正对象的具体矫正需求各不相同，需要矫正民警区别对待，在完成集中矫正活动的基础上，加强对矫正对象在日常矫正活动中的分类指导，针对性解决具体犯因问题。
质量控制	采用专业性强、敏感性好、针对犯因性问题的评估工具，通过横向对比与纵向对比结合，量化评估与质性评估结合，项目组评估与第三方评估结合的方式，得出矫正质量综合评估结论。
修正说明	根据罪犯的认知能力和每一个子目标的达成情况，对干预剂量和强度进行必要的增加或减少。

（五）项目架构示意图

明确的项目工作流程有助于控制过程管理、规范矫正活动、降低风险成本、实现矫正目标。本项目的工作流程见图 2.4。

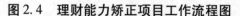

图 2.4 理财能力矫正项目工作流程图

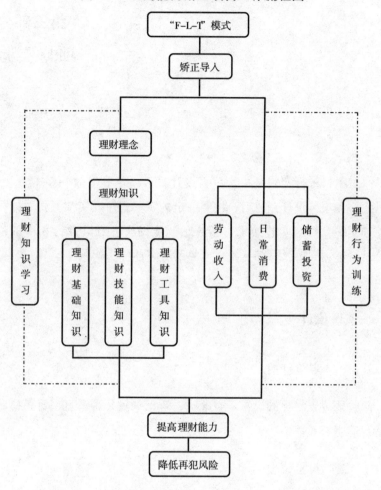

第三部分
项目实验

对项目进行实验是检验项目设计是否科学和有效的基本途径。因此，在项目设计完成后，按照一定的实验程序、实验方式对项目进行实验，并对实验效果进行评估，依据实验效果进行相应的检验、修正和完善，是项目推广实施的必要前提。

一、实验设计

（一）实验目的

验证矫正目标的设置是否准确，矫正剂量是否适宜，矫正措施是否适当有效。

（二）实验原理

经典实验是科学家精心思考、巧妙设计、反复实践、经后人多次重复证明是正确的最具代表性的实验。经典实验设计也叫两组对比前后测实验设计，就是随机选择一批实验对象作为实验组，同时选择一批与实验对象处于相同环境，条件相同或者相似的对象作为控制对照组；然后，只对实验组给予实验激发，而对控制组听其自然；最后，对实验组和控制组前后检测的变化进行对比研究，得出实验结论。这种实验设计要求实验组和控制组的具体对象相匹配。它能够将实验效应与外来非实验效应区分开来，从而使实验结论更为客观准确。经典实验设计的实验结论往往明显优于单一实验组设计的实验结论。因此，经典实验设计应用更为广泛。

本项目运用经典实验设计原理，采用随机控制组实验（RCT）为主线、多元整合的实验方法，把横向研究与纵向研究相结合，定量研究与定性研究相结合，实验研究与文献研究相结合。这些实验方法可以相互补充、交叉验证，以确保实验数据的准确性和完整性。实验流程见图 3.1：

图 3.1 理财能力矫正项目实验流程

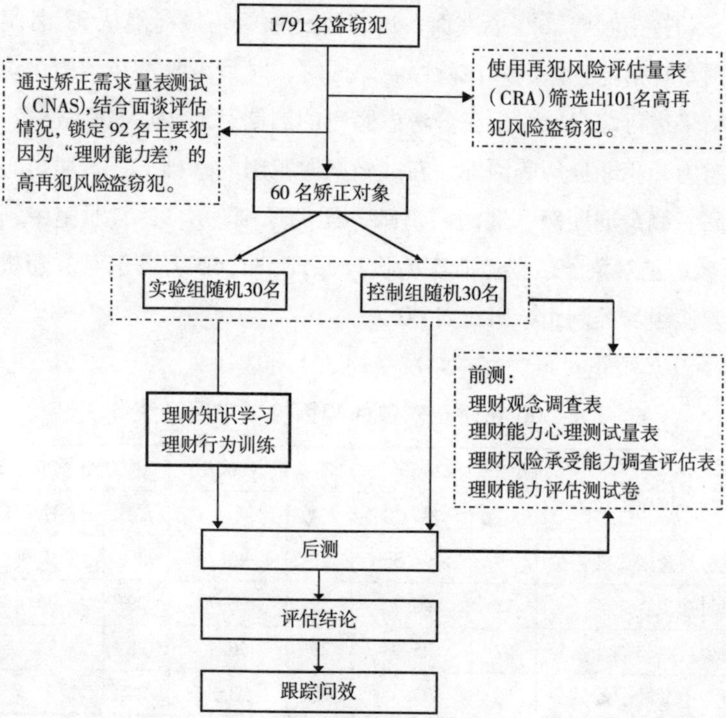

（三）实验对象

2014 年 5 月至 8 月，结合管教信息系统档案调查，采用再犯风险评估工具，分 4 批次从某监 1791 名盗窃犯中筛查出 101 名高再犯风险罪犯，其中再犯风险最高的为 113 分，最低的为 41 分，平均分为 58.5 分。确定这 101 名样本系高再犯风险等级的依据有三个方面：一是从高到低排序；二是根据 LSI－R，将罪犯划分为 5 个等级；三是根据 Andrews 的观点，确定分值与重新犯罪的危险关系（41 分以上为高再犯风险人群）。采用罪犯需求评估表对 101 名高风险盗窃犯进行犯因性因素筛选，并用同样的量表结合个体成长史、受教育史、犯罪史、生活史、交往习惯、家庭教养状况、心理状态和行为倾向等八个方面，进行逐一面谈，最终确认 92 名主要犯因系理财能力差的高风险罪犯。同时，对量表测试和结构化访谈的结果进行综合比对，充分考虑罪犯的刑期、地域、家庭背景、矫正潜力、犯罪经历等因素，在准确把握犯因的基础上，按照再犯风险高、剩余刑期短、刑满后追踪方便的原则，从 92 名罪犯中锁定 60 名矫正对象。依据经典实验设计原理，把 60 名矫正对象随机分为实验组和控制组，每组各 30 人。

60 名矫正对象的基本情况见表 3.1 和表 3.2。

表 3.1　60 名矫正对象的犯因性需求因子统计表

犯因性需求因子	矫正对象（60 人）		实验组（30 人）		控制组（30 人）	
	人数	比例（%）	人数	比例（%）	人数	比例（%）
理财观念缺失或错位	59	98.3	29	96.7	30	100
理财知识匮乏	58	96.7	29	96.7	29	96.7
缺少就业与创业指导	57	95.0	29	96.7	28	93.3
职业生涯缺少规划	56	93.3	28	93.3	28	93.3

犯因性需求因子	矫正对象（60人）		实验组（30人）		控制组（30人）	
	人数	比例（%）	人数	比例（%）	人数	比例（%）
民间借贷纠纷	26	43.3	14	46.7	12	40.0
过度消费	36	60.0	19	63.3	17	56.7
畸形消费	52	86.7	27	90.0	25	83.3
恶性消费	44	73.3	23	76.7	21	70.0
记账和计算能力缺失	46	76.7	24	80	22	73.3
缺少理财规划	60	100	30	100	30	100
缺少储蓄理财能力	48	80	26	86.7	22	73.3
缺少保险理财能力	60	100	30	100	30	100
缺少股票、基金、互联网理财能力	60	100	30	100	30	100

表3.2 60名矫正对象的自然信息

30名实验组矫正对象基本信息								
序号	姓名	年龄	文化	籍贯	婚否	犯罪次数	刑期	执行止日
0304	陈某	36	初中	江苏武进	已婚	3	2年	2016-02-15
0102	褚长某	35	初中	山东枣庄	已婚	1	7年	2016-09-19
0103	崔某	25	小学	江苏阜宁	未婚	4	1年10个月	2016-02-25
0104	单春某	30	小学	江苏沭阳	离婚	1	5年8个月	2017-06-22
0105	邓洪某	36	初中	江苏滨海	已婚	2	3年9个月	2018-01-17
0106	范建某	36	初中	江苏泰州	已婚	2	7年6个月	2017-05-03
0101	高甲	37	初中	安徽含山	已婚	2	5年3个月	2016-08-02
0109	李保某	31	初中	安徽利辛	已婚	2	2年3个月	2017-01-27
0301	刘某	23	初中	江苏涟水	未婚	1	10年	2019-07-14
0201	马苗某	30	高中	江苏沭阳	已婚	3	5年10个月	2019-05-01
0202	彭平某	37	初中	湖北监利	已婚	1	11年	2018-09-04

35

序号	姓名	年龄	文化	籍贯	婚否	犯罪次数	刑期	执行止日
0203	浦兴某	47	初中	江苏南通	已婚	2	3 年	2016 – 05 – 02
0204	浦亚某	37	初中	江苏苏州	离婚	1	5 年	2017 – 08 – 07
0205	宋祖某	31	初中	江苏沭阳	未婚	1	5 年 7 个月	2016 – 11 – 06
0206	隋文某	37	初中	山东胶州	未婚	2	12 年	2017 – 10 – 14
0208	孙习某	43	初中	江苏沭阳	已婚	1	4 年 7 个月	2017 – 01 – 07
0209	王甲	30	初中	江苏铜山	已婚	2	4 年 8 个月	2019 – 01 – 28
0210	王术某	23	初中	四川珙县	已婚	1	3 年	2017 – 07 – 09
0110	王乙	29	初中	江苏泗洪	已婚	1	5 年	2017 – 05 – 29
0302	闻成某	39	初中	江苏射阳	离婚	3	2 年	2016 – 02 – 09
0303	熊太某	21	小学	贵州清镇	未婚	1	3 年 4 个月	2016 – 12 – 19
0107	薛衬某	39	小学	江苏徐州	离婚	1	5 年	2016 – 07 – 19
0305	余某	41	初中	江苏徐州	离婚	5	4 年 3 个月	2018 – 02 – 08
0306	张艾某	33	初中	江苏东海	已婚	3	1 年 10 个月	2016 – 01 – 18
0307	张建某	30	小学	江苏沭阳	已婚	1	5 年 2 个月	2017 – 06 – 25
0308	郑某	21	初中	江苏徐州	未婚	1	1 年 10 个月	2016 – 06 – 13
0309	周步某	48	小学	江苏滨海	已婚	1	4 年	2018 – 04 – 09
0310	左剑某	33	初中	江苏建湖	已婚	2	3 年 6 个月	2017 – 11 – 26
0108	胡某	25	初中	江苏盱眙	已婚	1	4 年	2017 – 06 – 18
0207	孙继某	32	小学	江苏徐州	未婚	3	5 年 6 个月	2016 – 08 – 20

30 名控制组矫正对象基本信息								
序号	姓名	年龄	文化	籍贯	婚否	犯罪次数	刑期	执行止日
0101	王海某	24	小学	江苏滨海	已婚	2	1 年 9 个月	2016 – 01 – 21
0102	曹东某	31	小学	江苏沭阳	离婚	3	5 年 6 个月	2017 – 05 – 06
0103	邓虎某	29	小学	江苏滨海	已婚	1	6 年	2016 – 10 – 06
0104	董桂某	43	小学	江苏灌南	已婚	2	2 年 4 个月	2017 – 03 – 22

序号	姓名	年龄	文化	籍贯	婚否	犯罪次数	刑期	执行止日
0105	高士某	43	初中	安徽临泉	未婚	2	7 年	2019 - 03 - 26
0106	高乙	31	小学	江苏丰县	已婚	2	3 年	2016 - 08 - 08
0107	韩晓某	25	初中	江苏灌南	已婚	2	3 年	2017 - 05 - 19
0108	吉某	32	小学	云南镇雄	未婚	2	4 年 10 个月	2017 - 02 - 19
0109	李某	26	初中	江苏建湖	未婚	2	4 年 6 个月	2018 - 10 - 29
0110	李仁某	34	初中	江苏东台	已婚	1	8 年 7 个月	2016 - 02 - 28
0201	刘凤某	49	初中	江苏铜山	已婚	1	15 年	2017 - 03 - 31
0202	刘祥某	49	小学	江苏沭阳	已婚	2	5 年 4 个月	2017 - 06 - 16
0203	鲁正某	34	小学	陕西宁强	已婚	1	3 年 9 个月	2017 - 06 - 22
0204	年坤某	24	小学	江苏铜山	未婚	3	4 年 10 个月	2018 - 06 - 21
0205	石立某	30	初中	山东蒙阴	已婚	1	13 年 6 个月	2016 - 11 - 24
0206	水玉某	44	小学	江苏涟水	已婚	2	12 年	2015 - 12 - 23
0207	王本某	48	小学	江苏阜宁	已婚	1	2 年 2 个月	2016 - 06 - 02
0208	王观某	42	小学	江苏射阳	已婚	1	5 年	2017 - 06 - 15
0209	王丙	23	初中	河南潢川	未婚	1	6 年	2016 - 05 - 15
0210	王丁	49	小学	江苏沭阳	已婚	1	4 年 3 个月	2016 - 09 - 06
0301	杨某	42	初中	江苏镇江	未婚	2	7 年 10 个月	2019 - 12 - 15
0302	杨红某	48	初中	江苏东台	已婚	4	13 年	2017 - 03 - 20
0303	杨永某	25	初中	陕西华阴	未婚	3	4 年	2018 - 05 - 20
0304	郁宗某	45	初中	江苏南京	已婚	1	3 年 6 个月	2017 - 07 - 02
0305	张德某	31	初中	江苏仪征	未婚	1	8 年 6 个月	2017 - 04 - 27
0306	张木某	37	小学	江苏滨海	未婚	1	1 年 9 个月	2016 - 01 - 17
0307	赵福某	41	小学	贵州桐梓	已婚	2	5 年 2 个月	2016 - 08 - 16
0308	仲玉某	26	初中	江苏镇江	未婚	1	4 年 10 个月	2017 - 01 - 18
0309	周黄某	43	初中	江苏启东	已婚	3	2 年 9 个月	2016 - 01 - 17
0310	朱金某	37	初中	河南沈丘	已婚	2	14 年	2017 - 05 - 03

二、实验准备

矫正罪犯必须有相应的条件。有效的矫正除了罪犯要有一定的矫正意愿外，还必须具备一定的外部条件。这些外部条件包括矫正工作者、矫正物质条件以及相应的制度环境等。

（一）环境准备

1. 法律环境。实验必须遵守我国刑法、刑诉法和监狱法之相关规定。

2. 政策环境。执行相同的监管改造政策和处遇制度。

3. 制度环境。必须制订《代币制度与实施方案》《矫正对象参与集中矫正活动效果评估分级评分标准》《组织集中矫正活动的规范程序》《关于实验监区服刑人员参与循证矫正项目的加分细则》《矫正对象狱内开账物品结构化分类标准》《矫正民警工作日志管理制度》《项目激励办法》以及编制相应的过程控制文件和矫正活动记载表簿册。

（二）机制准备

成立监狱层面的矫正工作领导小组，下设办公室，负责协调监狱相关职能部门与实验监区的工作安排，保障项目运行期间的安全管理与矫正资源调配，确保项目各个环节的实施条件能够符合设计之初的预设，保障项目的顺利运行。办公室由参与实验的人员组成，主要包括实验的组织者、专业矫正人员、监督指导人员和评估人员。

1. 组织者。监狱长和分管教育改造的副监狱长。

2. 专业矫正人员。包括六名项目实施人员，其中一名为项目实施负责人，另有三名专职矫正民警和两名兼职矫正民警。专职矫正民警应具有心理学、教育学和社会学背景，有一定的矫正工作经验。

3. 监督指导人员。省监狱管理局循证矫正领导小组成员。

4. 评估人员。主要包括：（1）项目组民警。负责矫正对象量表和问卷测试，采集评估数据，完成数据分析；（2）监狱财务科会计。负责对矫正对象每月的模拟理财数据进行汇总审核，对"代币制"模拟理财活动中各阶段理财产品的利率与风险设置进行动态评估；（3）平安银行南京分行理财客户经理。在阶段评估中，作为第三方评估人员，参与对集中矫正活动效果的评估，形成监督方记载表；在结项评估阶段，对实验组和控制组矫正对象开展结构化面谈与问卷调查，对矫正对象的理财意识、理财知识、理财规划、风险意识等内容进行综合评估，形成谈话记录，并完成评级分类。

（三）物质准备

为保证实验的顺利开展，满足项目运行各阶段的软硬件需求，需要从场地、设施等方面做好相应的物质准备工作。

1. 实验监区。选择盗窃犯押犯比例较高，监区日常管理规范，各项功能完备的生产型监区作为实验监区。

2. 独立监舍。将实验组与控制组分别集中关押在独立的监舍，便于开展日常矫正活动和矫正效果的横向对比。

3. 多媒体教室。用于开展多媒体教学与各类行为训练活动，大小以能容纳所有矫正对象为宜。

4. 机房。用于开展电子记账训练和模拟股市操作训练。

5. 训练工具。主要包括开展"代币制"模拟理财训练所需的代币（练功钞）、点钞机、钱包、文具和《大富翁》模拟道具等。表簿册主要有记账本、行为契约书、贷款协议书、模拟理财产品说明书、点购清单。辅助学习资料有学习手册、书籍和音视频资料。

6. 经费准备。经费预算总计 32 万元，其中罪犯调进调出对监区产值的影响约为 30.5 万元，实验运行费用约 1.5 万元。

三、实验过程

实验从 2015 年 6 月 10 日开始，至 2015 年 11 月 18 日结束，历时五个多月。在实验过程中，结合矫正具体情况对方案进行了适当的调整和修正，分六个阶段开展了总计 71 课时的集中矫正活动，并同步推进理财行为训练。对未达目标的矫正对象适当增加干预剂量，增加的干预剂量不计入 71 课时中。实验过程详见表 3.3。

表 3.3 实验过程

阶段	主题	矫正方案		活动效果与方案修正
阶段一	矫正导入	矫正目标	促进矫正对象了解项目的基本流程和意义，缩短矫正对象之间以及矫正对象和矫正民警之间的距离，激发服刑人员的矫正意愿与动机；获得实验组和控制组的前测数据；引导矫正对象参与兑换收入、消费结算、模拟储蓄、购买模拟理财产品等模拟理财活动。	活动效果：30 名矫正对象每次活动均达到了矫正目标。方案修正：（1）新增"项目启动仪式"（2）新增"破冰之旅——组建团队"（3）将电影欣赏提前到阶段一（4）针对矫正对象对项目不了解、矫正意愿不足这一情况，项目组决定在矫正导入阶段降低活动频次，仅在每周三上午开展活动。
		矫正内容	（1）项目启动仪式 （2）矫正前评估 （3）破冰之旅——组建团队 （4）"代币制"模拟理财训练（第一次） （5）电影欣赏：当幸福来敲门	
		矫正时间	每周三上午（6 月 10 日~7 月 15 日）	
		矫正量	5 次，共 10 小时	
		干预措施	团体辅导；小组讨论；电影疗法；知识讲解；模拟训练	

40

阶段	主题	矫正方案		活动效果与方案修正
阶段二	理念—理财先导	矫正目标	强化矫正对象对过度消费、畸形消费、恶性消费与犯罪关系的认识，培养矫正对象正确的理财观念，为提高罪犯理财能力奠定基础。	活动效果： 有 25 名矫正对象每次活动均达到了矫正目标。 对未达到矫正目标的 0107 薛衬某、0109 李保某、0302 闻成某、0309 周步某进行了人均 0.5 小时的个别辅导，对 0306 张艾某进行了 2 次合计 1 小时的个别辅导。 方案修正： （1）调整模拟理财收益兑现的比例 （2）增设 1 名总账会计
		矫正内容	（1）富不过三代：理财重要性和理财误区 （2）模拟超市购物（第一次） （3）让时间为你积累财富：16 种理财理念 （4）《服刑人员理财观念调查表》后测	
		矫正时间	每周三上午和下午（7 月 16 日~7 月 29 日）	
		矫正量	3 次，共 6 小时	
		干预措施	视频教学、情景教学、知识讲解、故事分享、小组讨论、模拟训练	
阶段三	知识—理财基础	矫正目标	使矫正对象了解理财的基本概念，掌握理财的基本知识和原则定律； 通过理财行为训练，消化、巩固矫正理财知识内容，促使矫正对象对自己的不良理财行为进行反思，培养良好的理财习惯。	活动效果： 有 23 名矫正对象每次活动均达到了矫正目标。 对未达到矫正目标的 0202 彭平某、0307 张建某、0302 闻成某、0306 张艾某、0309 周步某进行人均 0.5 小时的个别辅导，对 0103 崔某、0109 李保某进行人均 2 次合计 1 小时的辅导。 方案修正： 增加"行为契约"
		矫正内容	（1）理财的基本内容 （2）理财的常用知识和原则定律 （3）"代币制"模拟理财训练（第二次） （4）心理情景剧《守财奴与败家子》 （5）《服刑人员理财风险承受能力调查评估表》后测	
		矫正时间	每周三上午和下午（7 月 30 日~8 月 26 日）	
		矫正量	9 次，共 18 小时	
		干预措施	视频教学、情景教学、知识讲解、故事分享、小组讨论、模拟训练	

阶段	主题	矫正方案	活动效果与方案修正
阶段四	技能—理财方法	**矫正目标** 促进矫正对象树立正确的人生目标和理财目标，培养矫正对象尽快适应就业创业形势、顺利融入社会生活的能力，帮助矫正对象正确认识消费陷阱，学会规避理财风险，避免因盲目消费、胡乱理财导入不敷出、重蹈覆辙的困境。 通过理财行为训练，巩固矫正对象知识学习的内容，进一步提高矫正对象的记账能力、实务操作能力，强化其家庭观、金钱观和价值观。 **矫正内容** （1）职业生涯规划与理财目标 （2）我的生活方式——就业与创业 （3）分类记账与财务计算 （4）和李先生一起学记账 （5）合理消费和省钱妙招 （6）民间借贷与纠纷处理 （7）"代币制"模拟理财训练（第三次） （8）"情满中秋，为爱献礼"矫正活动 **矫正时间** 每周三上午和下午（8月27日~10月14日） **矫正量** 12次，共18小时 **干预措施** 视频教学、情景教学、知识讲解、故事分享、小组讨论、模拟训练	活动效果： 有18名矫正对象每次活动均达到了矫正目标。 对未达到矫正目标的0102储长某、0104单春某、0105邓洪某、0107薛衬某、0110王乙、0301刘某、0309周步某进行人均0.5小时的个别辅导，对0302闻成某进行2次合计1小时的个别辅导，对0109李保某、0307张建某进行人均3次合计1.5小时的个别辅导，对0306张艾某进行4次合计2小时的个别辅导。 方案修正： （1）新增"和李先生一起学记账" （2）新增"'情满中秋，为爱献礼'矫正活动"

阶段	主题		矫正方案	活动效果与方案修正
阶段五	应用——理财工具	矫正目标	指导矫正对象熟知银行基础业务、储蓄理财的技巧与保险的理财功能，熟悉股票、基金和互联网理财的常识，准确认识各种理财工具的特点，培养风险控制意识，掌握主流理财工具的基本操作方法。通过理财行为训练，巩固矫正对象知识学习的内容，进一步提高矫正对象的合理消费意识和基础理财能力，提高社会适应性，增强重返社会的自信心。	活动效果：有19名矫正对象每次活动均达到了矫正目标。对未达到矫正目标的0103崔某、0109李保某、0202彭平某、0301刘某进行人均0.5小时的个别辅导，对0110王某进行2次合计1小时的个别辅导，对0302闻成某、0306张艾某进行人均3次合计1.5小时的个别辅导。方案修正：新增"'重塑生命，走向新生'矫正活动"
		矫正内容	(1) 储蓄理财的技巧 (2) 保险的理财功能 (3) "重塑生命，走向新生"矫正活动 (4) 股票常识与模拟操作 (5) 基金与互联网理财 (6) "代币制"模拟理财训练（第四次） (7) 模拟超市购物（第二次）	
		矫正时间	每周三上午和下午（10月15日~11月11日）	
		矫正量	7次，共14小时	
		干预措施	视频教学、情景教学、知识讲解、故事分享、小组讨论、模拟操作	
阶段六	矫正总结	矫正目标	引导矫正对象正确认识和把握自我，培养罪犯诚实劳动，踏实工作，学会理财，谨慎投资，幸福生活的信心和能力。通过后测获得矫正对象与矫正前测相对应的测试数据。	活动效果：25名矫正对象在每次活动后均达到了矫正目标。方案修正：(1) 新增"'彩虹希望，炫色明天'出监生涯规划"(2) 新增"最后一课：千万别说你有钱"
		矫正内容	(1) "彩虹希望，炫色明天"出监生涯规划 (2) 最后一课：千万别说你有钱 (3)《理财能力评估测试卷》后测	
		矫正时间	每周三上午和下午（11月12日~11月18日）	
		矫正量	3次，5小时	
		干预措施	视频教学、情景教学、知识讲解、故事分享、小组讨论	

四、效果评估

矫正效果评估是矫正罪犯的关键环节和重要基础工作。评估的结果是矫正项目调整、充实、完善的依据，更是检验矫正项目是否有效的唯一标准。

（一）评估方案

为了对矫正效果进行客观的评价，选择国内外经过实证研究验证，科学有效、敏感性好的评估工具，采用多元评估的方法，将定性评估与定量评估相结合，横向评估与纵向评估相结合，过程评估与结果评估相结合，项目实施人评估与第三方评估相结合，多方位增强评估工作的系统性与科学性。

1. 矫正前评估

（1）评估任务。主要包括识别矫正对象的犯因性问题；理财能力现状。

（2）评估方法。主要包括量表与试卷测试、问卷调查、面谈。

（3）评估工具。主要包括：再犯风险评估表、罪犯需求评估表、理财能力心理测试量表（附录4.1）、服刑人员理财风险承受能力调查评估表（附录4.2）、服刑人员理财观念调查表（附录4.3）、服刑人员理财能力评估测试卷（附录4.4）。

（4）评估流程见图3.2。

图 3.2　矫正前评估流程

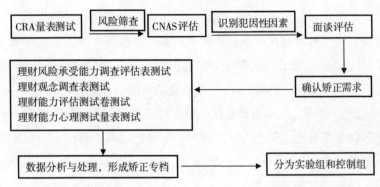

2. 阶段评估

（1）评估任务。主要包括：单次矫正活动目标达成情况、阶段矫正活动目标达成情况、理财理念的改善情况、理财知识的掌握情况、消费习惯的修正情况、理财技能的提升情况、理财工具的掌握情况。

（2）评估方法：一是模拟实践。全程推行"代币制"模拟理财活动，矫正对象日常的收入、消费和投资行为均以代币结算，并进行同步的记账和计算训练，通过检查记账本，考核每月的消费情况和理财收益情况，检验矫正对象在理财基本技能、消费习惯以及投资理财等方面的改善情况。二是量表与试卷测试。采用《服刑人员理财观念调查表》《服刑人员理财风险承受能力调查评估表》《记账水平测试卷》，在活动中的不同阶段对矫正对象的矫正效果进行评估。三是项目日志。项目日志是"矫正民警工作日志管理制度"的载体，目的是规范理财能力矫正项目的过程管理，及时记录项目运行过程中的数据信息与矫正民警的工作内容与感受，为矫正内容的评估、调整与改进提供完备的基础资料。四是监督方评估。监督方由省局循证矫正领导小组成员和平安银行南京分行客户经理、监狱财务科负责人组成。监督方作为第三方全程参与项目的实验过程，针对矫正内容、矫正量、矫正措施和罪犯反应予以综合评价，对矫正目标是否达成、矫正内容是否需要调整、是否进入下一个矫正环节提出建议。五是矫正对象参与单次集中矫正活动的效果评分。依据《矫正对象参与集中矫正活动效果评估分级评分标准》（附录3.2）对矫正对象参与单次矫正活动的效果进行评分。

（3）评估工具。主要包括：单次矫正活动综合评分、服刑人员理财观念调查表、服刑人员理财风险承受能力调查评估表、记账水平测试卷。

（4）评估流程见图3.3。

图3.3　阶段评估流程

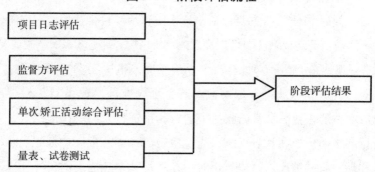

3. 结项评估

（1）评估任务。主要包括：矫正对象的犯因改善情况、矫正对象的行为改善情况。

（2）评估方法。主要包括：数据对比、问卷与试卷测试、银行客户经理和专职矫正民警评估 、矫正对象自评。

（3）评估依据。主要包括：各阶段代币制模拟理财统计数据、服刑人员理财能力评估测试结果、矫正对象奖励分。

（4）评估流程见图3.4。

图 3.4 结项评估流程

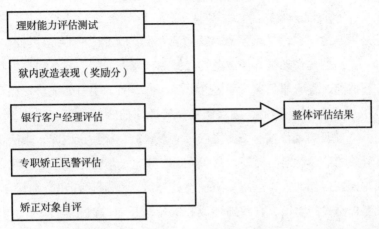

（二）评估结果

因矫正对象在项目开展过程中存在调动、提回重审、刑满及申请退出矫正活动等情况，故共有 10 名矫正对象（实验组 5 人，控制组 5 人）未能全程参与矫正项目，最终进入整体评估的矫正对象共有 50 人。

实验组未全程参与矫正项目的 5 名矫正对象中有 3 名（刑满）已呈现出理财能力的明显改善，具体表现为：在"代币制"模拟理财训练中可以逐渐通过储蓄、购买理财产品等方式获得收益，在记账训练中出错率逐渐降低，个人奖励分普遍有所提高，改造表现有一定改善，自述通过参加矫正项目有很大收获等。另外 2 名实验组矫正对象（申请退出矫正项目）平时参与矫正活动消极散漫，理财能力方面无明显改善。控制组未全程参与矫正项目的 5 名矫正对象的理财能力评估结果均无明显变化。

1. 阶段评估结果

（1）阶段一评估（6月10日~7月15日）在矫正过程中，罪犯是否愿意配合，是否愿意改变自己的行为，能否努力学习技能，都与他们的内在动机是否被激发和保持有着极大的关系。项目组在进行前测时发现罪犯参与积极性不高，也不怎么明白循证矫正究竟是什么"活动"，为此，项目组在执行原来的矫正方案前调整、增加了"项目启动仪式、破冰之旅、电影欣赏"等矫正内容，激活矫正对象的群体意愿。另外，专职矫正民警通过与矫正对象建立建设性的人际相处方式，运用动机面谈技巧开展个别教育和个别辅导，摒弃直白式的劝说，有效地促成和维持矫正对象改正行为的动机。活动实施完毕后，项目组通过以下三个方面，对本阶段活动的矫正效果进行了评估。

一是矫正民警项目日志评估。总结本阶段项目日志发现：矫正对象参与矫正活动的积极性普遍较强，但仍然暴露出了原有的功利心强、投机取巧、理财意识缺乏等特点；本项目中使用的"代币制"模拟理财、电影疗法等丰富形象的矫正活动形式对提高矫正对象参与度、增强矫正效果有较为明显的作用。

二是监督方评估。监督方记载表显示：本阶段的五次矫正活动，内容安排合理，矫正方法运用得当，矫正对象能够在矫正民警的引导下积极参与活动，尤其是代币流转、观看电影和由监狱及省局领导参加的项目启动仪式，形象地说明了理财能力矫正项目的全貌，激发了罪犯的矫正意愿，活动取得了预期的矫正效果。

三是矫正对象单次矫正活动综合评分。综合评分显示，全体矫正对象在五次矫正活动中均达到了3分以上，本阶段的每一次矫正活动都比较顺利。

综合以上三点，本阶段5次活动使矫正对象对矫正活动的目的、意义、形式有了清晰的认识，激发了矫正对象的参与积极性。矫正活动达到了预期目标，可顺利进入下一个阶段。

（2）阶段二评估（7月16日~7月29日）

本阶段共开展了3次矫正活动，活动实施完毕后，项目组通过以下四个方面，对矫正效果进行了评估。

一是矫正民警项目日志评估。总结本阶段项目日志发现，合理使用与矫正对象现实生活息息相关的例子更有助于矫正对象正确理解理财的重要性；在第一次模拟超市购物活动中，矫正对象都很兴奋，从消费行为上来看，矫正对象将大部分现金（代币）用于购买食品；有的根据自己的代币持有量选择与他人合伙购买物品，充分利用了购买力；有2人事先没有计算价格，购买了更不划算的大包装等。矫正对象在模拟超市购物中出现的各种行为，集中体现了他们消费习惯不良、无理财规划的理财缺陷。

二是监督方评估。监督方记载表显示：本阶段的三次矫正活动，内容安排合理，矫正方法运用得当，矫正对象参与热烈，特别是模拟超市购物活动，充分体现了行为矫正技术在本项目中的合理运用，活动取得了预期的矫正效果。

三是矫正对象单次矫正活动综合评分。综合评分显示，在参与本阶段的"富不过三代：理财重要性和理财误区"和"让时间为你积累财富：16种理财理念"活动后，分别有90%和96.6%的矫正对象得分在3分以上［"模拟超市购物（第一次）"为模拟训练活动，不进行综合评分。］

3分以下的矫正对象在活动中普遍表现为：文化水平偏低、认知水平较差、活动参与积极性不高、不愿按要求完成矫正作业。专职矫正民警在下监房时对这部分矫正对象进行了人均0.5小时的个别辅导，以确保其完成规定的矫正作业。但经过个别辅导，矫正对象 0109 李保某、0302 闻成某、0306 张艾某、0309 周步某仍未达到本阶段"正确认识理财重要性，树立正确消费观、创业观和理财理念"等矫正目标。

四是使用《服刑人员理财观念调查表》对实验组和控制组进行前测与后测。结果显示：实验组矫正对象的理财观念呈现出了明显的变化，控制组的前测数据与后测数据对比，无明显变化，见图3.5：

图 3.5　服刑人员理财观念调查表平均分

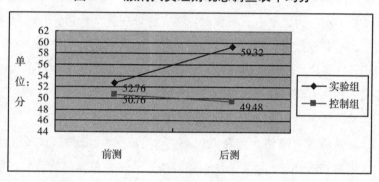

采用独立样本 t 检验对两组的测试结果进行统计分析，采用配对样本 t 检验对实验组前后测结果进行统计分析。从表 3.5 中可以看出实验组和控制组的测试结果在前测（t = 1.425，p > 0.05）无明显差异，实验组和控制组的结果在后测（t = 6.625，p < 0.001）存在明显差异，实验组的测试结果（t = -6.321，p < 0.001）在矫正干预前后存在显著差异。说明，矫正训练帮助实验组矫正对象树立了正确的理财观念，矫正项目在第一阶段取得了预期效果。

表 3.5　服刑人员理财观念调查结果差异性分析

	M	SD	差值	t
实验组前测	52.76	3.059	2.000	1.425
控制组前测	50.76	6.313		
实验组后测	59.32	4.741	9.840	6.625 * * *
控制组后测	49.48	5.716		
实验组前测	52.76	3.059	-6.560	-6.321 * * *
实验组后测	59.32	4.741		

注：＊表示 p＜0.05，＊＊表示 p＜0.01，＊＊＊表示 p＜0.001；M 表示平均数，SD 表示标准差，下同。

　　综上，通过本阶段的学习和训练，矫正对象认识到理财对人一生的重要性和必要性，对过度消费、畸形消费、恶性消费与犯罪关系的认识有了一定的强化，矫正对象消费观、创业观和理财理念得到了有效的矫正，这些变化为提高罪犯理财能力奠定了基础。总体来看，矫正达到了预期效果，可顺利进入下一阶段。

　　（3）阶段三评估（7 月 30 ~ 8 月 26 日）

　　本阶段共开展了 9 次矫正活动，活动实施完毕后，项目组通过以下三个方面，对本阶段活动的矫正效果进行了评估。

　　一是矫正民警项目日志评估。总结本阶段项目日志发现：矫正对象对理财基本含义的理解存在很大的误区，因此，在矫正活动的初始阶段必须引导矫正对象正确认识"理财"的含义。矫正对象在入狱前均未经历过有规划的理财行为，甚至有个别矫正对象未使用过银行卡、从未去银行存取过钱。所以，在矫正课程内容的设置上，要充分考虑矫正对象的实际情况，即使是十分基础的常识类知识，比如"如何使用银行卡"，也要列入矫正内容。

在模拟理财训练活动中，矫正对象已经较好地掌握了理财训练的基本流程，训练现场领用代币、储蓄、购买理财产品等均井然有序，同时，不同的矫正对象之间也展现出了在理财产品选择方面的明显不同。

在心理剧的编演中，矫正对象的参与感逐渐增强，与之相对应的就是自我反思的程度逐步加深，多数矫正对象结合自身经历，对心理剧的剧本或表演提出了建设性的意见。

二是监督方评估。监督方记载表显示：本阶段的 9 次矫正活动，内容安排合理，矫正方法运用得当，罪犯积极参与，特别是"心理剧"的编演进一步丰富了矫正手段。活动达到了预期的矫正效果。

三是矫正对象单次矫正活动综合评分。综合评分显示，在参与本阶段的"理财的基本内容；理财的常用知识和原则定律"和"理财的常用知识和原则定律"后，分别有 90% 和 80% 的矫正对象在单次矫正活动后取得了 3 分以上的矫正成绩，（其他七次活动为模拟训练活动和心理情景剧，不进行评分）。

3 分以下的矫正对象在活动中普遍表现为：文化水平偏低、课程知识掌握较差、不愿按要求完成矫正作业。专职矫正民警在下监房时对这部分矫正对象进行了 0.5 课时的个别辅导，帮助其了解相关知识，完成规定的矫正作业。但是矫正对象 0103 崔某、0109 李保某、0302 闻成某、0306 张艾某、0309 周步某仍未达到本阶段"理解了理财的基本内容，理财风险承受能力明显的提升"的矫正目标。

四是使用《服刑人员理财风险承受能力调查评估表》对实验组和控制组进行前测和后测。结果显示：实验组的理财风险承受能力呈现出了明显变化，控制组无明显变化，见图 3.6：

图 3.6　服刑人员理财风险承受能力调查评估表平均分

　　采用独立样本 t 检验对两组的测试结果进行统计分析，采用配对样本 t 检验对实验组前后测结果进行统计分析。从表 3.6 中可以看出实验组和控制组的测试结果在前测（t = 1.442，p > 0.05）无明显差异，实验组和控制组的结果在后测（t = 5.462，p < 0.001）存在明显差异，实验组的测试结果（t = − 7.964，p < 0.001）在矫正干预前后存在显著差异。说明，矫正训练帮助实验组矫正对象树立了正确的理财观念，使他们的理财风险承受能力有了显著的提升，矫正项目起到了较为明显的效果。

表 3.6　服刑人员理财风险承受能力调查评估结果差异性分析

	M	SD	差值	t
实验组前测	31.1600	3.60185	1.92000	1.442
控制组前测	29.2400	5.59970		
实验组后测	36.5200	5.32385	8.12000	5.462＊＊＊
控制组后测	28.4000	5.18813		
实验组前测	31.1600	3.60185	− 5.36000	− 7.964＊＊＊
实验组后测	36.5200	5.32385		

综上，通过本阶段的学习和训练，矫正对象理解了理财的基本内容，掌握了入狱前普遍没有接触过的理财常用知识和原则定律，理财风险承受能力有了明显的提升。本阶段的矫正达到了预期效果，可顺利进入下一阶段。

（4）阶段四评估（8月27~10月14日）

本阶段共开展了12次矫正活动，其中"和李先生一起学记账""情满中秋，为爱献礼"两次活动是在实验过程中根据项目需要新增的内容。活动实施后，项目组通过以下四个方面，对本阶段活动的矫正效果进行了评估。

一是矫正民警项目日志评估。总结本阶段项目日志发现：矫正对象对学习与生活密切关联的理财技能抱有浓厚的兴趣，参与积极性较高。经过学习和多次训练，矫正对象对于如何理财有了各自的想法，在本阶段的模拟理财训练中，有人购买收益更高但是不保本的产品，有人购买保本但收益相对较低的产品，有人选择购买多种理财产品以降低理财风险，矫正对象在办理手续时也更加谨慎细致。

社区巩固法对改变各种行为都很有效。罪犯在合适的环境中获得家庭成员、配偶和相关人员的支持对其行为影响较大。根据循证矫正"获得未来社区支持"原则，项目组在矫正过程中增加了一场"情满中秋，为爱献礼"专项矫正活动，引导矫正对象用理财收益购买商品送给家人，邀请矫正对象亲属来监现场共享他们亲人在狱内取得的理财收益，并参观矫正对象的改造成果。

二是监督方评估。监督方记载表显示：本阶段的12次矫正活动，内容安排合理，干预措施运用得当，特别是"情满中秋，为爱献礼"矫正活动，将矫正对象理财训练成果和服刑人员家属帮教成功地结合在了一起。活动达到了预期的矫正效果。

三是矫正对象单次矫正活动综合评分。综合评分显示，在参与本阶段的"职业生涯规划与理财目标""我的生活方式——就业与创业""分类记账与财务计算""合理消费和省钱妙招""民间借贷与纠纷处理"活动后,分别有 80%、90%、100%、83.3% 和 80% 的矫正对象在单次矫正活动中取得 3 分以上矫正成绩,达到了活动预期的矫正效果,("和李先生一起学记账"活动的矫正效果通过《记账水平测试卷》进行评估,其他两次活动为模拟训练活动,不进行评分)。

3 分以下的矫正对象在活动中普遍表现为:文化水平偏低、认知水平较差、上课睡觉,不做笔记,活动参与积极性不足、不愿按要求完成矫正作业。专职矫正民警在下监房时对这部分矫正对象进行了 0.5 课时的个别辅导,以确保其完成规定的矫正作业。但经过个别辅导,矫正对象 0109 李保某、0302 闻成某、0306 张艾某、0307 张建某、0309 周步某仍未达到本阶段"掌握了理财的基本方法和步骤,记账水平得到一定幅度提高,树立了正确的人生目标和理财目标"等的矫正目标。

四是使用《记账水平测试卷》对实验组和控制组进行前测和后测。结果显示:实验组的出错量显著减小,控制组的出错量也有一定的减少,但是减少的幅度明显低于实验组。见图 3.7:

图 3.7　记账水平测试卷出错量平均值

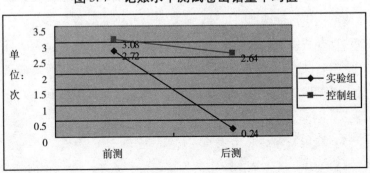

采用独立样本 t 检验对两组的测试结果进行统计分析，采用配对样本 t 检验对实验组前后测结果进行统计分析。从表 3.7 中可以看出实验组和控制组的测试结果在前测（t = - 1.165，p > 0.05）无明显差异，实验组和控制组的结果在后测（t = - 8.457，p < 0.001）存在明显差异，实验组的测试结果（t = 9.824，p < 0.001）在矫正干预前后存在显著差异。说明，矫正训练显著地提高了实验组矫正对象的记账水平，培养了他们的记账习惯，矫正项目起到了明显的效果。

表 3.7　记账水平测试卷结果差异性分析

	M	SD	差值	t
实验组前测	2.72	1.137	- 0.36	- 1.165
控制组前测	3.08	1.038		
实验组后测	0.24	0.831	- 2.400	- 8.457 * * *
控制组后测	2.64	1.150		
实验组前测	2.72	1.137	2.480	9.824 * * *
实验组后测	0.24	0.831		

综上，通过本阶段的学习和训练，矫正对象逐步掌握了理财的基本方法和步骤，特别是记账水平有了大幅度提高。矫正对象树立了正确的人生目标和理财目标，了解了就业创业形势，熟悉了"怎样成功创办和经营自己的生意"，为刑满后顺利融入社会生活打下了一定的基础。同时，矫正对象能够识别消费陷阱，规避理财风险的意识明显提高。本阶段的矫正达到了预期效果，可顺利进入下一阶段。

（5）阶段五评估（10 月 15 日 ~ 11 月 11 日）

本阶段共开展了 7 次矫正活动，其中"重塑生命，走向新生"

矫正活动是在实验过程中根据项目需要修正、增加的内容。活动实施完毕后，项目组通过以下四个方面，对本阶段活动的矫正效果进行了评估。

一是矫正民警项目日志评估。总结本阶段项目日志发现：矫正对象明显对"应用——理财工具"这一矫正内容更感兴趣，这说明，矫正对象对于实用的知识和技能更为看重。但是在教授矫正对象掌握理财工具和理财技能的基础上，仍然要强化前期矫正中传达的理财理念和价值观念。

"模拟超市购物"达到了强化观念、促进行为养成、检验矫正效果的目的。

二是监督方评估。监督方记载表显示：本阶段的 7 次矫正活动，内容安排合理，矫正方法运用得当，矫正对象可以在矫正民警的引导下积极参与。其中"重塑生命，走向新生"矫正活动用新颖的形式将"两名矫正对象刑满"与项目矫正目标结合在了一起。活动总体实现了矫正目的，对矫正对象达到了预期的矫正效果。

三是矫正对象单次矫正活动综合评分。综合评分显示，在参与本阶段的"储蓄理财的技巧""保险的理财功能""股票常识与模拟操作""基金与互联网理财"活动后，分别有 86.2%、89.6%、88.8% 和 88% 的矫正对象在单次矫正活动后达到了活动预期的矫正效果（"重塑生命，走向新生"矫正活动未做评估要求，其他两次活动为模拟训练活动，均不进行评分）。

3 分以下的矫正对象在活动中普遍表现为：活动参与积极性不足、认知水平较差、活动配合程度低。专职矫正民警在下监房时对这部分矫正对象进行了 0.5 课时的个别辅导，以确保其完成规定的矫正作业。但经过个别辅导，矫正对象 0109 李保某、0302 闻成某、0306 张艾某、0307 张建某、0309 周步某仍未达到本阶段"了解了各种理财工具的特点，培养风险控制意识，掌握了主流理财工具的基本操作方法"等的矫正目标。其中矫正对象0302闻成某和0307张建某在活动中表现出了较为明显的抵触情绪，主动申请退出矫正项目，项目组讨论后决定将两人退出项目。

四是矫正对象消费习惯评估。通过狱内正常消费情况、狱内不良消费比重和服刑人员在模拟理财训练活动中的消费情况三个方面评估矫正对象的消费习惯。

a. 矫正对象狱内消费总额

将矫正对象在项目开始前一个月的狱内消费平均值作为前测数据，以项目运行的最后一个月的狱内消费平均值作为后测数据，对比发现，实验组的消费平均值有一定降低，控制组基本无变化，见图3.8：

图 3.8　矫正对象狱内消费总额平均值

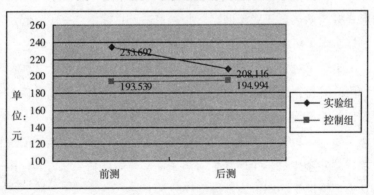

采用独立样本 t 检验对两组的消费情况进行统计分析，采用配对样本 t 检验对实验组前后测结果进行统计分析。从表 3.8 中可以看出实验组和控制组的结果在前测（t = 1.223，p > 0.05）无明显差异，实验组和控制组的结果在后测（t = 0.410，p > 0.05）无明显差异，实验组的结果（t = 1.393，p > 0.05）在矫正干预前后无

显著差异。说明矫正项目对实验组矫正对象的狱内消费总额情况未产生明显影响。

表 3.8　矫正对象狱内消费总额差异性分析

	M	SD	差值	t
实验组前测	233.692	89.8684	40.1531	1.223
控制组前测	193.539	125.6685		
实验组后测	208.116	101.3622	13.1216	0.410
控制组后测	194.994	106.3787		
实验组前测	233.692	89.8684	25.5760	1.393
实验组后测	208.116	101.3622		

分析这一结果产生的原因主要在于，在监禁状态下，矫正对象账户上的现金总量和每月可消费额度都有明确的规定，所以，狱内消费总额无法完全体现出矫正对象的实际消费习惯。

b. 矫正对象狱内不良消费比重

项目组依据"该物品在服刑人员改造生活中的必需程度"，将服刑人员的可开账物品分为三类：生活必需品（如毛巾、牙膏、卫生纸等）、生活改善型物品（如牛奶、蜂蜜等）、生活享受型物品（如各种饼干、饮料等）。其中，"生活享受型物品"在消费中所占比例即为该犯狱内不良消费所占的比重。

将矫正对象在矫正项目开始前一个月的狱内消费中不良消费所占的比重作为前测结果，将矫正对象在矫正项目最后一个月的狱内消费中不良消费所占的比重作为后测结果。对比分析发现，实验组矫正对象的不良消费在消费总额中所占的比重在矫正前后有一定降低，而控制组矫正对象的不良消费所占的比重在同期也有一定的降低，见图 3.9：

图 3.9 矫正对象不良消费所占比重平均值

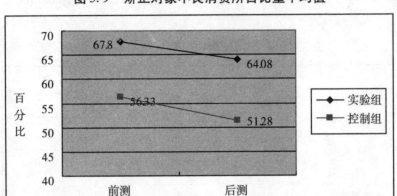

采用独立样本 t 检验对两组的消费情况进行统计分析，采用配对样本 t 检验对实验组前后测结果进行统计分析。从表 3.9 中可以看出实验组和控制组的结果在前测（t = 1.434，p > 0.05）无明显差异，实验组和控制组的结果在后测（t = 1.297，p > 0.05）无明显差异，实验组的结果（t = 0.634，p > 0.05）在矫正干预前后无显著差异。说明，矫正项目的开展对实验组矫正对象的狱内消费结构未产生明显影响。

表 3.9 矫正对象不良消费情况差异性分析

	M（%）	SD（%）	差值（%）	t
实验组前测	67.80	21.527	1.467	1.434
控制组前测	56.33	30.971		
实验组后测	64.08	25.120	12.802	1.297
控制组后测	51.28	36.047		
实验组前测	67.80	21.527	3.720	0.634
实验组后测	64.08	25.120		

分析这一结果产生的原因，项目组认为在监禁状态下，矫正对

象可选购的商品种类有明确的限制，在结构上以生活必需品和牛奶、蜂蜜等补充营养的食品为主。所以，矫正对象的狱内消费结构情况无法完全体现出矫正对象的实际消费习惯，也就无法完全体现出矫正项目对矫正对象在消费结构层面的矫正效果。

c. 矫正对象行为训练中的消费情况

在理财行为训练活动中，实验组矫正对象共利用理财收益进行了三次购物，分别为模拟超市购物（第一次）、模拟超市购物（第二次）和"情满中秋，为爱献礼"矫正活动。

在模拟超市购物（第一次）中，实验组矫正对象共消费262.3元，其中，购买香皂、沐浴露等生活必需品共花费87.1元，占消费总额的33%，购买饼干、奶糖等生活享受型物品共花费175.2元，占消费总额的67%。

在模拟超市购物（第二次）中，实验组矫正对象共消费2309.6元，其中，购买香皂、沐浴露等生活必需品共花费1354元，占消费总额的59%，购买饼干、奶糖等生活享受型物品共花费845.4元，占消费总额的36%，购买书籍共花费110.2元，占消费总额的5%。

在"情满中秋，为爱献礼"矫正活动中，实验组矫正对象主动提出想用模拟理财收益为家人购买节日礼品，最终，矫正对象共消费1873元，用于购买书包、文具、小米手环等物品。

观察记录结果显示，实验组矫正对象的消费选择大体经历了三个阶段。在首次兑现模拟理财收益时，矫正对象申购的商品多数是食品或其他改善狱内生活的用品，消费选择尚处于自发、原始、无序的状态。经过了针对性的矫正之后，在第二次兑现模拟理财收益时，矫正对象申购的商品普遍是文具、书籍，包括送给自己家人的书包、手环、吊坠等。购物选择逐渐趋于理性，开始注重消费选择的内涵。在第三次兑现模拟理财收益时，矫正对象针对项目组提供的消费品组

61

合，能够结合自己的收益系统规划，量入为出，多番对比，谨慎选择。25 名实验组矫正对象中，仅有 3 人选择了香烟、啤酒等在狱内明显不合理的消费品。矫正对象在实证期间的消费习惯较矫正前的"过度、畸形、恶性消费"有了明显变化，矫正措施的干预效果得到了初步显现。从三次活动的结果中可以看出，实验组矫正对象经过行为训练，有效地修正了消费习惯，形成了较为合理的消费观念。

综合以上四点，通过本阶段的学习和训练，矫正对象逐步熟知了银行基础业务、储蓄理财的技巧与保险的理财功能，熟悉了股票、基金和互联网理财的常识，了解了各种理财工具的特点，培养了风险控制意识，掌握了主流理财工具的基本操作方法。项目开展到这一阶段，因全面受到监禁环境影响，矫正对象在狱内的开账消费额度及消费结构并未呈现出明显的变化。但是，在兑现"代币制"模拟理财收益的环节，矫正对象的购物选择呈现出了注重内涵、趋于理性的特点。本阶段的矫正达到了预期效果，可顺利进入下一个阶段。

（6）阶段六评估（11 月 12 日 ~ 11 月 18 日）

本阶段共开展了 3 次矫正活动，其中"彩虹希望，炫色明天"出监生涯规划是在实验过程中根据项目需要修正新增的内容。活动实施完毕后，项目组通过以下两个方面，对本阶段活动的矫正效果进行了评估。

一是矫正民警项目日志评估。总结本阶段项目日志发现：大多数矫正对象对刑满后的生活有好的期望，并具备一定的谋生手段，如何引导他们发现自己的优势，改掉自己的不足，是矫正民警应该去关心的重点。

根据矫正对象课堂表现，结合个别谈话发现，矫正对象能够正确认识个人生涯规划的重要作用，多数矫正对象已经为刑满后的生活制定了初步的规划。

二是监督方评估。监督方记载表显示：本阶段的 3 次矫正活动，内容安排合理，矫正方法运用得当，矫正对象可以在矫正民警的引导下积极参与，特别是矫正对象通过"彩虹希望，炫色明天"出监生涯规划活动，对自己刑满后重新融入社会树立了信心。活动总体实现了矫正目的，对矫正对象达到了预期的矫正效果。

综上，通过本阶段的矫正，矫正对象在掌握理财知识和技能的基础上，也逐步端正了自己的人生观、金钱观和亲情观，这有助于促进矫正对象在服刑期间的踏实改造，更有利于保障矫正对象在刑满后更好更快的适应社会。

2. 结项评估

在项目实施完毕后，采用定量和定性的方法对开发的项目是否能够有效地干预高风险盗窃犯的理财能力差的犯因进行评估，是验证理财能力矫正项目研发是否科学的唯一标准。

（1）矫正对象理财能力评估

使用《服刑人员理财能力评估测试卷》对实验组和控制组矫正对象进行前后测数据的对比分析，实验组的测试成绩在矫正前后有明显的提高，控制组的测试成绩无明显变化，见图 3.10，

图 3.10 服刑人员理财能力评估测试平均分

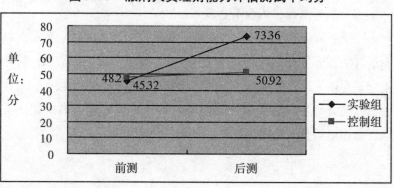

采用独立样本 t 检验对两组的测试成绩进行统计分析，采用配对样本 t 检验对实验组前后测成绩进行统计分析。从表 3.10 中可以看出两组的测试成绩在前测（$t = -0.792$，$p > 0.05$）无明显差异，在后测（$t = 5.191$，$p < 0.001$）存在明显差异，实验组的测试成绩（$t = -11.106$，$p < 0.001$）在矫正干预前后存在显著差异。

表 3.10　服刑人员理财能力评估测试结果差异性分析

	M	SD	差值	t
实验组前测	45.3200	10.47107	-2.88000	-0.792
控制组前测	48.2000	14.87167		
实验组后测	73.3600	14.66254	22.44000	5.191 ***
控制组后测	50.9200	15.88217		
实验组前测	45.3200	10.47107	-28.04000	-11.106 ***
实验组后测	73.3600	14.66254		

数据分析结果表明，矫正训练显著提升了实验组矫正对象理财相关的知识理念，培养了他们的记账能力和理财规划能力，帮助他们熟悉、掌握了财产保值增值的技巧，矫正项目起到了较为明显的效果。

（2）矫正对象狱内改造表现评估

用矫正对象的奖励分作为该矫正对象狱内表现的评价依据。将矫正对象在项目开始前三个月的奖励分平均值作为前测数据，将矫正对象在矫正项目最后三个月的奖励分平均值作为后测数据，对比分析的结果显示：实验组的奖励分平均值在矫正前后有一定的提高，而控制组基本无变化，见图 3.11

图 3.11 矫正对象奖励分平均值

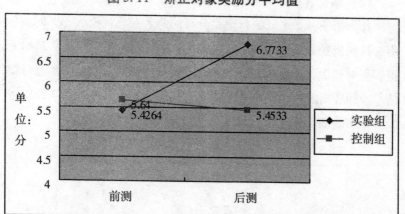

采用独立样本 t 检验对两组的奖励分情况进行统计分析，采用配对样本 t 检验对实验组前后测结果进行统计分析。从表 3.11 中可以看出两组的结果在前测（t = −0.21333，p > 0.05）无明显差异，在后测（t = 1.32000，p < 0.01）存在明显差异，实验组的结果（t = −8.274，p < 0.001）在矫正干预前后存在显著差异。说明，矫正项目的开展一定程度上有利于改善实验组矫正对象的狱内改造表现。

表 3.11 矫正对象奖励分结果差异性分析

	M	SD	差值	t
实验组前测	5.4264	1.19369	−0.21333	−0.369
控制组前测	5.6400	2.16650		
实验组后测	6.7733	1.67697	1.32000	2.773＊＊
控制组后测	5.4533	1.68841		
实验组前测	5.4264	1.19369	−1.34667	−8.274＊＊＊
实验组后测	6.7733	1.67697		

（3）银行客户经理评估

作为第三方，平安银行南京分行的两名专业理财人士，对实验组和控制组矫正对象采用问卷调查与结构化面谈，分别从理财意识，理财知识，理财规划，风险意识，理财经历五个方面进行评估。按照理财能力由高到低将矫正对象分成 A、B、C、D 四个等级。评估的结果见图 3.12。

图 3.12　第三方银行客户经理评估结果

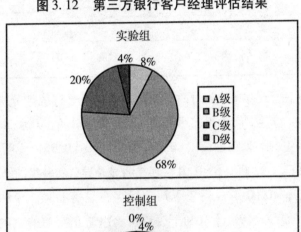

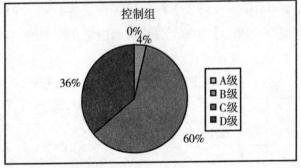

（4）矫正对象自评

矫正对象高某："要早有人给我学习这个就好了，以前都不了解按揭、分期付款这些事，要不然我也许就不会着急筹钱去盗窃了。这段时间的学习让我既后悔又惋惜，不过对未来也更有信心了，以后不会再去做偷啊摸啊的事情了，出去以后好好干，好好理财，日子肯定能过好！"

矫正对象陈某："我吧，就感觉从来没有跟警官的关系这么近过，你们几乎每天都在我们身边，回答我们的问题都很耐心，我就觉得你们讲的东西就是对的，而且我以前在外面也参与过民间放贷，说来可笑，我都不知道欠条和收条是怎么写的，出去之后不会再干这行了，这段时间的学习让我进步不少，起码不会再次赔本上当了！"

矫正对象王某："对别人我不知道，反正我觉得很有用，尤其是听完储蓄的那节课之后，感觉特别明显，如果我以前知道每个月都存一部分钱作为定期，放在银行，一年之后，就每个月都有钱拿了，那心里总会有个盼头，生活就正常了，步入正轨了，也就不会整天动歪脑筋了，我出去后只要不大手大脚的乱用，坚持储蓄这一条就够。还有，就是感谢，感谢监狱，感谢警官，我想把模拟理财的收益给警官们买些什么，把礼物送给你们。"

（5）专职矫正民警评估

矫正民警对 5 个月的矫正过程中矫正对象的行为观察记录进行统计分析，表明实验组矫正对象的理财意识和理财知识显著改善和提升，在"赚钱、用钱、省钱、借钱、存钱、护钱"六个方面呈现出了行为逐步改善的轨迹。见图 3.13。

图 3.13 矫正对象行为改善轨迹图

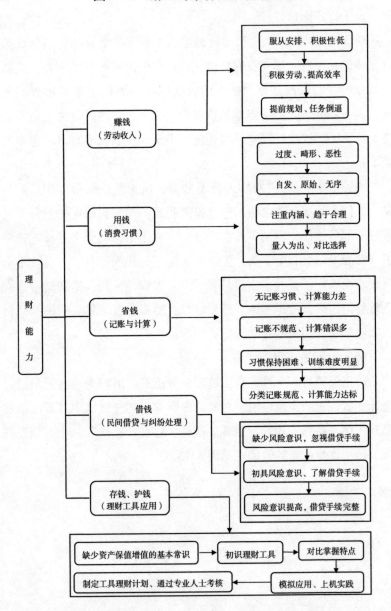

第四部分
结　论

经实验验证，可对研发的理财能力矫正项目得出以下三个方面的具体结论：

一是在监禁状态下，对具有高再犯危险、有一定矫正意愿、具备小学二年级以上文化程度、成年男性盗窃犯理财能力差的犯因，本项目具有明显的改善作用。

二是矫正意愿不足的罪犯和文盲罪犯不能直接适用该项目。因此，在运用该项目时，需要在矫正导入阶段充分激发矫正对象的矫正意愿，并在项目运行过程中注重保持矫正对象的参与积极性。对于文化水平低、认知能力差的矫正对象需要在日常矫正活动中增加相应的矫正量，以保证矫正效果。

三是对犯因性问题为理财能力差的其他罪名的高再犯危险罪犯，本项目也具备一定的探索应用价值。

项目实验是在监禁状态下进行的，矫正对象刑满释放后再犯罪风险是否明显降低，还有待于进一步观察验证。

理财能力矫正项目指导手册

第一部分
实施指南

一、实施目的

　　将经过循证、司法部预防犯罪研究所等国内权威机构认证、被认定有充分证据证明有效的理财能力矫正项目付诸实践。通过对主要犯因为"理财能力差"的狱内在押高再犯风险盗窃犯实施理财认知与理财行为干预，达到改善犯因、提高基础理财能力和生活技能、增强社会适应性，降低再犯罪风险的目的。

二、实施对象

　　项目适用于理财能力差、重新犯罪风险高、具有矫正意愿、小学二年级以上文化程度的成年男性盗窃犯。不具有矫正意愿的罪犯和文盲罪犯不能直接适用。矫正民警必须熟悉已选定的每一名矫正对象的基础资料、再犯风险水平、理财能力缺陷的具体情形以及其他犯因性因素，在开展理财知识和理财行为集中矫正的同时，对个体的具体犯因要予以个别化矫正，对个体理财能力之外的其他犯因要根据时间予以基本的分析和指导，帮助矫正对象全面认识自己存在的问题。

　　矫正对象筛选过程如下：

　　1. 基本要求

　　采用档案调查的方式，从在押服刑人员中筛选出成年男性盗窃犯，作为初始目标人群。

2. 采用《再犯风险测试量表》对目标人群进行测试，根据量表测试结果，由高到低筛选出具有较高再犯风险的罪犯。

3. 评估矫正需求

对筛选出的具有高再犯风险的成年男性盗窃犯进行《矫正需求量表》测试，筛选出主要犯因性问题为"理财能力差"的罪犯。进而通过结构化访谈、辅助问卷调查等方式从理财观念、理财知识、消费习惯、理财技能、理财工具应用等方面评估确认罪犯个体的具体犯因，即梳理出每个个体详细的矫正需求。

4. 定位矫正目标

根据评估确定的具体矫正需求，确定相应的矫正目标。表1中涵盖了基础理财能力范围内的绝大部分矫正需求，在此目标体系之外，如果矫正对象依然存在属于理财能力范围的个别化矫正需求，矫正民警需在日常矫正活动中适当增加矫正剂量，加强个别指导，针对性地予以解决。

表1　矫正目标体系

矫正目标	矫正子目标	
提高理财能力 降低再犯风险	提升知识理念	树立正确理财的观念
		掌握理财的基础知识
		了解就业与创业常识
		学会制定理性的生涯规划
		掌握理财纠纷预防与处理常识
	修正消费习惯	修正过度消费习惯
		修正畸形消费习惯
		修正恶性消费习惯
		培养记账习惯
		培养理财规划的能力
	学会保值增值	掌握储蓄理财的技巧
		熟悉保险的理财功能
		了解股票、基金与互联网理财

三、实施要求

项目的设计与实验遵循现有的最佳矫正证据。矫正民警在操作本项目之前，要对这些最佳证据作全面的了解，弄明白项目的基本原理、干预方式与操作流程，掌握项目的实施要素、运行条件、过程控制和注意事项。

（一）熟悉项目的理论原理与方法原理

理解项目的理论原理与方法原理是矫正民警操作本项目的首要前提。理财能力矫正项目遵循社会学与社会心理学的基本原理以及人的认知行为规律，采用社会学习方法和认知行为治疗方法对被矫正人施加正面影响，实施系统化矫正。项目的理论原理与方法原理如下。

1. 理论原理

理论原理解决的是改变人的认识论问题。人的社会化理论认为，犯罪是社会化失败的结果。罪犯出狱后能否成为守法公民，不再重新犯罪，取决于罪犯的再社会化水平，再社会化程度越高，出狱后适应社会生活就越快，越能降低重新犯罪的风险。本项目旨在通过提高再犯风险盗窃犯的理财能力，继而提高其生活技能和再社会化水平，从而达到增强社会适应能力、降低再犯罪风险的目的。其原理如图 1 所示：

图 1　理财能力矫正项目理论原理

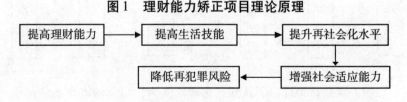

2. 方法原理

方法原理解决的是改变人的方法论问题。

（1）社会学习理论。以班杜拉为代表的社会学习理论认为，个体的需要和兴趣是增强注意稳定性的内部条件，活动内容的丰富性和形式的多样性是增强注意稳定的外部条件，这就离不开良好的情境设置。本项目设置了模拟企业、模拟银行、模拟社区等多种情境，注意把知识学习与狱内监禁环境以及罪犯的原有生活经验紧密相联，将矫正对象在狱内的计考得分、生活消费等转化为相应的代币（练功钞），使矫正对象处于模拟劳动收入、日常消费和储蓄投资的生活状态。矫正对象通过观察学习、模拟实践和强化训练的过程获得基础理财能力。如图 2 所示：

图 2　理财能力矫正项目方法原理一

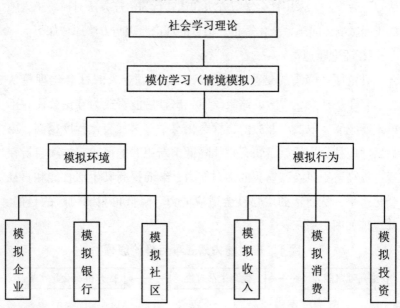

（2）认知行为理论。认知行为理论认为，对个体内在的认知重

建和外在的行为修正能促进其建立理性的思维过程和行为模式，进而帮助个体恢复到理想的生活状态。认知行为理论模式下的认知行为治疗方法一直具有减少重新违法犯罪的效果，在监禁背景下实施认知行为疗法应当和其他矫正措施一起结合使用，同时也要合理地使用角色扮演、奖励、惩罚等项目，这样矫正效果将更显著。本项目采用罪犯教育矫正技术、代币治疗、模拟训练、正面激励、行为泛化、心理情景剧等技术，重建盗窃犯的内在认知，修正他们的外在行为。其方法原理如图3所示：

图3 理财能力矫正项目方法原理二

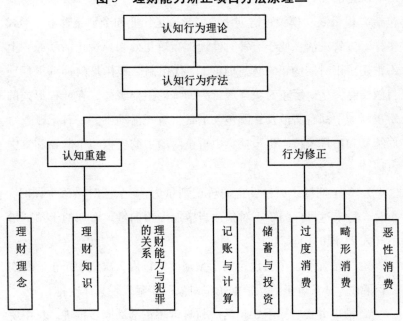

（二）明确项目实施要素

矫正民警必须熟悉项目实施要素，在实施矫正活动的过程中，既要注重计划性和系统性，也要突出针对性和灵活性。项目的实施要素主要包含以下几项内容。

1. 项目周期。项目设定的实施周期为 5 个月，包含 22 周左右的时间。

2. 矫正活动形式。矫正活动分为集中矫正活动和日常矫正活动。集中矫正活动利用"学习日"的时间，采用课堂化的形式，全体矫正对象在矫正民警的带领下，按照特定的程序和内容开展规范性学习与训练，主要包括视听教学、情景模拟、案例分析、行为训练等。日常矫正活动是指矫正民警利用矫正对象的日常学习时间开展的矫正活动，主要集中在每个工作日的晚上 7：30 ~ 8：30，主要包括"代币制"模拟理财训练、辅导矫正作业和个别化矫正，形式多样、方式灵活，便于有针对性地提高矫正效果。矫正活动原则上不占用矫正对象的正常休息时间。"代币制"模拟理财训练贯穿项目的始终，是对矫正对象开展行为训练的主要载体，在两种形式的矫正活动中都有所涉及，既包含了日常矫正活动中的每日记账、每周结算和按月考核，也包括集中矫正活动中的模拟超市购物和集中点评。

3. 矫正剂量。项目设定的矫正剂量为 71 个课时，每个课时 1 小时。对未达目标的矫正对象适当增加干预剂量，增加的干预剂量不计入 71 课时中。

4. 干预强度。项目设定的干预强度为每周 2 次集中矫正，每次 2 个课时。日常矫正活动根据矫正对象的实际表现具体安排。

5. 推进方式。集中矫正活动与日常矫正活动同步推进。集中矫正活动为矫正对象提供相对完善的理财知识体系和基础理财能力训练体系，并集中解决日常矫正活动中出现的典型问题。日常矫正活动是对集中矫正活动内容的消化运用和巩固提升，有效解决矫正对象在理财能力差的整体背景下不同的矫正需求，与矫正对象的日常改造充分融合，多方位提高矫正对象的基础理财能力。

6. 实施进度。项目的矫正内容分为六个阶段，每个阶段的内容既独立成章，又相互关联，共同构成了项目的矫正体系。

（1）矫正导入，激发、强化矫正意愿。（10个课时）

（2）理财意识教育与培养：纠正金钱观念与理财观念的偏差。（6个课时）

（3）理财基础知识教育：学习掌握基础的理财知识。（18个课时）

（4）理财技能知识与应用：培养记账、计算、消费管理、理财风险控制，理财纠纷处理和制定理财规划的能力。（18个课时）

（5）理财工具知识与应用：了解储蓄、保险、基金、股票、互联网理财的基本常识，识别各个理财工具的特点，模拟应用理财工具。（14个课时）

（6）评估总结：通过模拟理财收益兑现活动，检验矫正对象在消费规划、消费选择方面的矫正效果，通过第三方评估，检验矫正对象在理财工具使用、理财规划方面的矫正效果，帮助矫正对象认识理财的终极意义是为了更好的生活。（5个课时）

7. 操作要点。一要强化矫正意愿，促使矫正对象充分认识到理财能力对正常生活的重要性以及理财能力缺陷与盗窃犯罪之间的关联性。二要做到定位准确，充分考虑矫正对象的接受能力和认知特点，尽量采用通俗化的讲解和具体化的操作，通过代币制理财行为训练，使罪犯明白项目并非培养投资理财专家，而只是帮助他们逐步掌握"赚钱、用钱、省钱、借钱、存钱、护钱"等基础理财能力，以适应正常社会生活。三要注重因人施矫，在理财能力差的整体背景下，矫正对象的具体矫正需求各不相同，需要矫正民警区别对待，在完成集中矫正活动的基础上，加强对矫正对象在日常矫正活动中的分类指导，针对性解决具体犯因问题。

（三）掌握矫正技术与干预措施

在项目实施的六个阶段，需要用到不同的矫正技术与干预措施。在项目投入运行之前，矫正民警需要掌握相关的操作知识与技巧。（相关矫正技术见附录：项目术语）

为摆脱罪犯"坐不住、听不进、低接受"的局面，巩固矫正效果，丰富矫正对象的反馈信息，进一步发现矫正对象的具体矫正需求，项目采用了多种干预措施，如漫画阅读、问题讨论、分享交流、写周记（理财学习心得）、头脑风暴法、《大富翁》理财游戏、《随手记》记账应用、软件案例法、辩论法、故事教学法、出监漫画扑克牌、理财知识竞赛、"节约"心得交流、《工业大亨》虚拟经营游戏、模拟炒股、自由组合虚拟公司、债务问题讨论、制定各类理财规划等，这些干预措施可选择、可重复、好操作，不拘时空限制，具有形象、直观的动态试听效果，能够调动罪犯眼、耳、口、手、脑等多种感官参与信息的吸纳，通过影像、声音、文本、图画等构成视听同步的矫正方式，既增加教学的生动性、形象性和仿真性，又能强化罪犯的学习兴趣，增进对矫正内容的理解，综合提高矫正效果。

（四）做好实施准备

为了保障项目在各个阶段的实施效果能够符合设计之初的预设，项目的正常运行除了需要罪犯具有矫正的需要和动机外（内因），还必须具备一定的外部条件，主要包括矫正工作者、矫正的物质与装备、矫正所处的环境影响等。

1. 实施环境。本项目遵守刑法、刑诉法和监狱法之相关规定，参与项目矫正的罪犯与同一监区的其他服刑人员执行相同的监管改造政策和处遇规定。在项目运行期间，矫正民警与矫正对象需要遵守项目管理的各项制度。

项目制度是项目运行所遵循的各类规范的总称，是实施项目控制与管理的主要工具。项目管理者运用系统的观点、方法和理论，通过对有限资源的计划组织和实施控制，实现对项目各个环节的管理，达到提高民警工作效率、降低项目运行成本，控制罪犯矫正质量的目的。理财能力矫正项目的主要制度有：代币制度与实施方案、矫正对象参与集中矫正活动效果评估分级评分标准、组织集中矫正活动的规范程序、关于实验监区服刑人员参与循证矫正项目的加分细则、矫正对象狱内开账物品结构化分类标准、矫正民警工作日志管理制度、项目激励办法等，项目制度的具体内容详见附录三。

2. 组织保障。实施本项目的监所单位需成立项目工作小组或项目办公室，建立矫正工作机制，协调相关职能部门与实验监区的工作安排，保障项目运行期间的安全管理与矫正资源调配，保障项目的顺利运行。

项目运行需配备专职矫正民警，负责矫正内容的分步实施，专职矫正民警应具备心理学、教育学或统计学背景，有一定的项目操作经验或矫正工作经验，为提高矫正工作的针对性和有效性，专职矫正民警与矫正对象的人数比例不宜低于1：7。另外，需要为项目运行配备若干名兼职矫正民警，负责矫正对象的日常管理并搜集反馈信息。同时，项目的运行应在第三方的监督指导下进行，监督方可以由有关专家或专业人士担任，对项目的运行过程进行跟踪、评价与指导。

3. 物质准备

为满足项目运行各阶段的软硬件需求，需要从场地、设施等方面做好准备。

（1）矫正监区。选择盗窃犯押犯比例较高，日常管理规范，各项功能完备的生产型监区作为矫正监区。将所有矫正对象调入该监区。

（2）独立监舍。将矫正对象集中关押在独立的监舍，便于开展日常矫正活动。

（3）多媒体教室。用于开展多媒体教学与各类行为训练，大小以能容纳所有矫正对象为宜。

（4）机房。用于开展电子记账训练和模拟股市操作训练。

（5）训练工具。主要包括开展"代币制"模拟理财训练所需的代币（练功钞）、点钞机、钱包、记账本、《大富翁》模拟道具和文具等。辅助学习资料有学习手册、理财入门书籍和音视频资料。

（6）经费准备。以矫正对象的人数计算，本项目的基本预算为5000元/人。

（五）注重过程控制

过程控制是项目运行的重要组成部分，矫正民警需要在过程中对项目的实施效果进行动态评估，检验各个环节的工作是否有效，各个阶段的矫正目标是否清晰地实现。矫正民警可以根据评估结果对矫正的内容和形式进行适当调整，以提高矫正工作的针对性和有效性。开展矫正效果评估的种类与方法主要有：

1. 矫正前评估。确定矫正对象之后，实施干预措施之前，通过量表测试、试卷考试、个别谈话等方式对矫正对象的理财理念、理财知识、理财技能和理财工具的掌握情况进行矫正前评估，形成书面评估结果。

2. 单次矫正活动评估。根据《矫正对象参与集中矫正活动效果评估分级评分标准》，结合《监督方课程记载表》与民警项目日志，对每名矫正对象参与单次集中矫正活动的效果进行评级分类，为阶段性评估提供原始数据。

3. 阶段性评估。在项目运行的每个阶段结束后，分别针对本阶段的矫正内容，运用相应的评估工具，完整阶段性矫正效果评估。

4. 结项评估。在矫正内容全部结束后，对应矫正前评估，对矫正对象进行量表测试、试卷考试、第三方评估、矫正民警评估、监区民警评估、矫正对象自评和矫正对象互评，综合各项评估结果，得出项目结论。

评估用到的专业工具及使用说明详见附录四，开展评估的具体操作方法在集中矫正活动的相应阶段均有详细介绍。

（六）确保项目安全运行

在项目运行期间，矫正器材的频繁使用和理财收益兑现的指定商品均会带来一定的安全隐患，因此，矫正民警、项目监督人员、第三方评估人员均需要深入罪犯监管改造一线，加强项目运行期间的安全管理。

1. 人身安全。项目运行期间，矫正对象在从监区到矫正教室之间的带进与带出需要严格遵守监狱安全管理制度。工作日的晚上，矫正民警开展日常矫正活动应坚持 2 人搭班制，或者由监区民警陪同，禁止矫正民警在夜间单独下监房。

2. 器材安全。开展矫正活动所用到的代币、笔和其他工具均应集中管理，使用完毕立即收回并清点数目，避免扩散使用，引发监管安全事故。

3. 食品安全。用于兑现模拟理财收益的指定商品包含多种食品，也包括用于加餐奖励的食物，对这些食物均应加强源头管理，确保矫正对象的食用安全。

第二部分
实施过程

理财能力矫正项目的实施过程分为六个阶段，开展总计71课时的集中矫正活动，同步推进理财行为训练。在实施过程中，矫正民警可以根据每个阶段的评估结果对矫正的内容、形式、频次做适当的调整，对未达矫正目标的矫正对象适当增加干预剂量。

阶段一　矫正导入

【矫正目标】促进矫正对象了解项目的基本流程和意义，缩短矫正对象之间以及矫正对象和矫正民警之间的距离，激发服刑人员的矫正意愿与动机；获得实验组和控制组的前测数据；引导矫正对象参与兑换收入、消费结算、模拟储蓄、购买模拟理财产品等模拟理财活动。

【矫正内容】

（1）项目启动仪式；

（2）矫正前评估；破冰之旅——组建团队；

（3）"代币制"模拟理财训练（第一次）；

（4）电影欣赏：当幸福来敲门；

（5）阶段一评估。

【矫正量】5 次，共 10 小时。

【干预措施】团体辅导；小组讨论；电影疗法；知识讲解；模拟训练。

1.1 项目启动仪式

1.1.1 矫正方案

矫正目标	促进矫正对象了解项目的基本流程、意义和目标，激发服刑人员的矫正意愿与动机
矫正量	2 小时
矫正重点	领导参与，程序较多，组织要有序，安全有保障
干预措施	目标分析、集体动员
实施步骤	专家组成员、监狱领导参观矫正资料和矫正工具→监狱领导动员→专职矫正民警讲解理财能力矫正项目概况→矫正对象代表表态发言→实验监区监区长发言→省局专家组成员讲话→合影

1.1.2 矫正过程

第一步（30 分钟）　专家组成员、监狱领导参观矫正资料和矫正工具；

第二步（20 分钟）　监狱领导动员；

第三步（20 分钟）　专职矫正民警讲解理财能力矫正项目概况；

第四步（5 分钟）　矫正对象代表表态发言；

第五步（5 分钟）　实验监区监区长发言；

第六步（20 分钟）　省局专家组成员讲话；

第七步（20 分钟）　合影：

1. 所有与会领导、专家与专兼职矫正民警合影；

2. 所有专兼职矫正民警与实验组矫正对象合影；

3. 所有实验组与对照组矫正对象合影。

第八步　布置作业

一、2015 年 6 月 10 日，监狱在文教楼四楼演播厅举办了服刑人员理财能力矫正项目启动仪式，省局领导和监狱主要领导在启动仪式上发表了重要的讲话。对于你个人来说，即将参与到监狱的重要科研项目当中，这是服刑生活当中一次难得的机遇，请你谈谈自己的感受。

二、在参加启动仪式之后，你对理财能力矫正项目有哪些了解？

三、对于参加项目矫正，你准备好了吗？有哪些期待？

四、本次科研活动最醒目的是代币制度，请回答下列问题
（一）什么是代币制度？

（二）获得代币的方法有哪些？

答：1. 奖励分兑换：1 个奖励分兑换_____元代币；

　　2. 储蓄、理财产品等投资收益；

　　3. 向项目组贷款；

　　4. 服刑人员之间转借。

（三）代币券的消费标准？

答：1. 住宿每天_____元代币；

　　2. 伙食每天_____元代币；

　　3. 就医：每次消费 50 元代币，按次计算；

　　4. 日常消费：电话费充值、书市购书、报刊订阅、点餐等狱内消费按照 1∶1 比例结算。

（四）上个月大账点购金额是多少元？如果换算成代币应该是多少？

（五）完成以下填空

储蓄利率：_____；理财产品起购金额为____元。

活期储蓄的年利率为__%；"创富一号"预期年化收益率为__%。

1年期定存年利率为__%；"聚鑫一号"预期年化收益率为__%。

2年期定存年利率为__%；"保利一号"预期年化收益率为__%

3年期定存年利率为__%；贷款利率为__%；

1.1.3 单次矫正活动评估

根据《矫正对象参与集中矫正活动效果评估分级评分标准》（见附录3.2）对矫正对象本次矫正活动进行评分，并结合《监督方活动记载表》（见附录3.3附件）和《矫正民警项目日志》（见附录3.6四）对本次矫正活动的矫正效果进行评估。

同时，根据评估结果，对未达到矫正目标的矫正对象进行个别辅导，以尽可能保证总体矫正效果。

1.2 矫正前评估

1.2.1 矫正方案

矫正目标	对矫正对象在矫正前的理财能力情况进行综合评估
矫正量	2小时（对矫正对象的逐人面谈评估不计入此时间）
矫正重点	获得真实有效的资料和数据
干预措施	量表、试卷测试
实施步骤	《理财能力心理测试量表》测试→《服刑人员理财观念调查表》测试→《服刑人员理财风险承受能力调查评估表》测试→《服刑人员理财能力评估测试卷》测试

1.2.2 矫正过程

第一步（15 分钟）　　组织《理财能力心理测试量表》测试

1. 发放《理财能力心理测试量表》。

2. 矫正民警说指导语：

各位服刑人员，大家好。本次测试的主要目的是了解大家的理财能力，以利于项目组根据具体情况给予大家更合适的矫正，同时，也利于你更好地了解自我、认识自我。

测试时请各位服刑人员保持良好的心态，认真阅读说明或指导语，心平气和地答卷。请务必根据自己的实际情况如实选择或填写，不要与他人交谈与讨论，也不要过多地琢磨，凭第一印象，独立完成。

请将服刑人员姓名、调查时间等相关信息填写完整，对你所提供的各种个人资料及测试结果我们将为你严格保密。

接下来，请各位服刑人员认真完成《理财能力心理测试量表》。

3. 组织矫正对象填写评估表。

4. 回收测试表。

第二步（5 分钟）　　休息

第三步（15 分钟）　　组织《服刑人员理财观念调查表》测试

1. 发放《服刑人员理财观念调查表》

2. 矫正民警说指导语：

各位服刑人员，大家好。本次测试的主要目的是了解大家的理财观念，以利于项目组根据具体情况给予大家更合适的矫正，同时，也利于你更好地了解自我、认识自我。

测试时请各位服刑人员保持良好的心态，认真阅读说明或指导语，心平气和地答卷。请务必根据自己的实际情况如实选择或填写，不要与他人交谈与讨论，也不要过多地琢磨，凭第一印象，独

88

立完成。

请将服刑人员姓名、调查时间等相关信息填写完整，对你所提供的各种个人资料及测试结果我们将为你严格保密。

接下来，请各位服刑人员认真完成《服刑人员理财观念调查表》。

3. 组织矫正对象填写评估表

4. 回收调查表

第四步（5 分钟）　休息

第五步（15 分钟）　组织《服刑人员理财风险承受能力调查评估表》测试

1. 发放《服刑人员理财风险承受能力调查评估表》

2. 矫正民警说指导语

各位服刑人员，大家好。本次测试的主要目的是了解大家的理财风险承受能力，以利于项目组根据具体情况给予大家更合适的矫正，同时，也利于你更好地了解自我、认识自我。

测试时请各位服刑人员保持良好的心态，认真阅读说明或指导语，心平气和地答卷。请务必根据自己的实际情况如实选择或填写，不要与他人交谈与讨论，也不要过多地琢磨，凭第一印象，独立完成。

请将服刑人员姓名、调查时间等相关信息填写完整，对你所提供的各种个人资料及测试结果我们将为你严格保密。

接下来，请各位服刑人员认真完成《服刑人员理财风险承受能力调查评估表》。

3. 组织矫正对象填写评估表

4. 回收评估表

第六步（5 分钟）　休息

第七步（60分钟）　组织《服刑人员理财能力评估测试卷》测试

1. 发放《服刑人员理财能力评估测试卷》。

2. 矫正民警说指导语：

各位服刑人员，大家好。本次测试的主要目的是了解大家的理财能力，以利于项目组根据具体情况给予大家更合适的矫正，同时，也利于你更好地了解自我、认识自我。

测试时请各位服刑人员保持良好的心态，认真阅读题目，独立、仔细答卷。不要与他人交谈与讨论。

请将服刑人员姓名、调查时间等相关信息填写完整，对你所提供的各种个人资料及测试结果我们将为你严格保密。

接下来，请各位服刑人员认真完成《服刑人员理财能力评估测试卷》。

3. 组织矫正对象完成测试卷。

4. 回收试卷。

1.3 破冰之旅——组建团队

1.3.1 矫正方案

矫正目标	通过团队组建活动，将矫正对象分为不同小组，作为集中矫正、团体辅导、讨论交流等活动的单元，促进各小组成员间相互了解、相互信任、相互学习、相互帮助，浓厚学习氛围、提高团队凝聚力，为矫正活动的开展奠定基础
矫正量	2小时
矫正重点	队长选举；自我介绍；集思广益
干预措施	交流讨论、团队展示
实施步骤	问候：统一方式→组建团队：在规定的时间内完成六个任务→团队展示→分享→布置作业

1.3.2 矫正过程

第一步（15分钟）　统一问候方式

引导大家在已经摆放好的椅子上坐下，确认所有的人员坐好后，宣布开始。

矫正民警致问候："各位服刑人员，大家好！"

仔细倾听矫正对象的回应，看有没有统一的回应方式。

大家都上过学，都知道上课前要跟老师问好，我们现在也是课堂，只是跟以前的学校不一样，我们有我们独特的问候方式。以后每次上课，矫正民警说："各位服刑人员，大家好！"，矫正对象高喊："好！"。

现在就请大家按照我们矫正训练中矫正民警与服刑人员互致问候的方式来做，当我向大家问好的时候，请大家用一个字来回答我，这个字就是"好"，我希望大家给我的这个反馈又整齐又响亮。能喊出你们的威风和气势。好，让我来看看你们的气势，"各位服刑人员，大家好！"

第二步（50分钟）　组建团队

请所有的矫正对象站成一排，按1、2、3报数，报到"1"的为第一队，报到"2"为第二队，报到"3"的为第三队，按所报数字分别站成一对。

布置任务：

第一个任务——自我介绍。当我们这一队人坐在一起之后，第一件事就是大家要互相认识、了解和熟悉，因此，每个人都要把自己介绍给自己的队友，告诉大家，我姓什么？叫什么？来自什么地方。

第二个任务——选队长。我们的第二个任务就是在刚才大家互相认识、了解的基础上推举出我们这个队的队长。大家都知道一头绵羊带领一群狮子一定没有一头狮子率领一群绵羊的战斗力强这个道理，因此领导的作用太重要了，关系到我们这个队的训练成果，因此大家一定选好这个队长，标准只有一个，就是大家都相信他的组织能力和领导才能，能够带领我们这个队把这两天所有的项目高质量地完成，当然这个人最好还有点体能和牺牲精神。

队长一旦被选出，立刻就要承担责任了，要带领全体队员完成下面的4项任务。

第三个任务——起队名。第三个任务是请大家为自己的队起一个响亮的队名，可以体现我们此次训练的目标，也就是理财，同时要展示我们组员的精神风貌，而且要好记，比如，发财队、创业队等等。

第四个任务——画队徽。第四个任务是为自己的队设计下一个队徽，也就是你们队的一个标志，LOGO，大家充分发挥你们的想象力、创造力，无论画成抽象还是具体的都可以，但是一定要有意义，要与队名有一定的联系，在后面的团队展示的时候，要告诉大家，我们为什么画这样一个东西，它代表的是什么。

第五个任务——创作口号。第五个任务是创作一个队训，也就是一句口号，最好是两句话，八个字，要朗朗上口。比如说，一个队起名为发财队，可以以"发财，发财，我要发财"为口号，当然这样口号就是比较俗的。

第六个任务——创作队歌。请大家找一个共同熟悉的曲调或旋律，最好是雄壮有力的，千万不要选那些过于缠绵的曲调，国歌不允许作队歌。

准备两张大白纸和记号笔，请大家用中文正楷把所有队员的名字、队名、队长、口号、队徽，在白纸上写或者画出来。

第三步（30分钟）　团队展示

30分钟后，各队长带领队员，把创作的作品展示给其他队看，队长把本队的队名和队徽给大家解释一下，为什么要起这样一个队名？为什么要画成这样一个队徽？队长带领大家把自己的队训高喊一遍，队歌高唱一遍。三个队逐队操作。

第四步（20分钟）　分享

有人知道我们刚才的活动有什么意义吗？如有人举手，可点名发言或选两名矫正对象发言。

第五步（5分钟）　总结

1. 我们刚才组建的三个小队，就是我们整个项目训练期间的分组安排，后期很多活动和考核奖惩都以小队为单位开展。

2. 所有队员必须相互了解、精诚团结，以队长为核心，积极参与到项目训练中，及时完成训练任务。

3. 大家要熟记自己所在的小队队名、口号，队歌，以后每次训练开始前都要进行PK。

第六步　布置作业

一、你知道你所在的团队吗？

队名：_____

口号：_____

队歌（歌名）：_____

队长：_____

二、你们的队长是怎样产生的？

三、团队组建活动让你想到了什么？

1.3.3　单次矫正活动评估

根据《矫正对象参与集中矫正活动效果评估分级评分标准》对矫正对象本次矫正活动进行评分，并结合《监督方活动记载表》和《矫正民警项目日志》对本次矫正活动的矫正效果进行评估。

同时，根据评估结果，对未达到矫正目标的矫正对象进行个别辅导，以尽可能保证总体矫正效果。

1.4 "代币制"模拟理财训练（第一次）

1.4.1 矫正方案

矫正目标	引导矫正对象熟悉"代币制"模拟理财训练的制度、方法和流程，初步掌握储蓄、购买理财产品的方法
矫正量	2 小时
矫正重点	引导矫正对象熟悉"代币制"模拟理财训练的制度、方法和流程
干预措施	情景模拟、点评讲解
实施步骤	计算应发工资和应缴消费款项→发工资，办理消费结算→模拟储蓄和申购理财产品事项说明→办理储蓄、理财产品申购业务→督促记账

第一步（20 分钟）　计算应发工资和应缴消费款项

1. 公布上月奖励分和本月大账等消费数据。

2. 应发工资：矫正对象按奖励分与代币 1∶500 的比例计算应得工资额（单位：元代币）。

3. 应缴消费款：

（1）住宿每天 10 元代币，每月按 300 元代币标准扣除；

（2）伙食每天 10 元代币，每月按 300 元代币标准扣除；

（3）就医：每次消费 50 元代币，按次计算；

（4）日常消费：电话费充值、书市购书、报刊订阅、点餐等狱内消费按照 1∶1 比例结算。例如：矫正对象大账消费 X 元人民币则相应扣除该犯 X 元代币券；

（5）大账点购：按分段加权法折算代币券，具体分段计算方法见下表：

94

点购金额	代币折算方法
0～100 元	每花费 X 元人民币，扣除 X 元代币
100～150 元	100～150 元部分，每花费 X 元人民币，扣除 2×X 元代币
150～200 元	150～200 元部分，每花费 X 元人民币，扣除 4×X 元代币
200～300 元	200～300 元部分，每花费 X 元人民币，扣除 6×X 元代币
300 元以上	超出 300 元部分，每花费 X 元人民币，扣除 8×X 元代币

上表中，以下均包含本数。例：矫正对象某月大账点购花费 350 元，则折算代币券的计算方法为：$100 + 2 \times 50 + 4 \times 50 + 6 \times 100 + 8 \times 50 = 1400$ 元。

第二步（30 分钟）　发工资、办理消费结算

按先计算完先领先交的原则，已经完成计算的矫正对象依次到发工资窗口领取工资、缴纳消费款，四名矫正民警分两个窗口分别负责发放工资、和收取消费款，并要求矫正对象签字确认（课前已将每名矫正对象的应发工资和应缴消费款项额核算制作成表，见下表）。

（　　）月份代币券发放登记台账

姓名	计考分	代币券发放量	签名

（　　）月代币扣款明细

姓名	大账开账额（元）	大账折算额（元代币）	点餐（元代币）	食宿（元代币）	就医（元代币）	合计（元代币）	签字	备注

第三步（15 分钟）　模拟储蓄和申购理财产品事项说明

1. 储蓄业务

（1）时间周期：1 个自然月视作 1 年，利息按照年利率计算。

（2）储蓄利率：活期储蓄的年利率为 2%；1 年期定存年利率为 3%；2 年期定存年利率为 5%；3 年期定存年利率为 7%。

2. 理财产品

（1）计算周期：实际期限按天计算，1 个自然月视作 1 年，利息按照年利率计算。

（2）拟推产品：

产品名称	发行银行	起购金额（元）	募集期限	计息期限	是否保本	年化预期收益率	风险等级
"创富 1 号"理财计划	浦监模拟银行	2000 元	6.5～6.9	91 天 6.10～9.9	不保本	9%	高
"彩虹 1 号"理财计划	浦监模拟银行	1000 元	6.5～6.9	30 天 6.10～7.9	不保本	8.2%	中
"保利 1 号"理财计划	浦监模拟银行	1000 元	6.5～6.9	60 天 6.10～8.9	保本	7.4%	低

第四步（35 分钟）　办理储蓄、理财产品申购业务

四名矫正民警，两人一组，一组负责办理储蓄，另一组负责办理理财产品申购。向矫正对象出具："代币券储蓄单""模拟申购理财产品凭证（客户联）"，做好"代币券储蓄台账""模拟申购理财产品台账"登记备案工作。

代币券储蓄单

姓名：   账号：

日期	摘要	存入	支出	余额	备注

代币券储蓄台账

姓名：   账号：

日期	摘要	存入	支出	余额	备注

模拟申购理财产品凭证（存根联）

姓名：   账号：

申购时间	理财产品名称	期限	购入金额	预期收益率	备注

模拟申购理财产品凭证（客户联）

姓名：   账号：

申购时间	理财产品名称	期限	购入金额	预期收益率	备注

模拟申购理财产品台账

姓名：　　　　　　　　　　　　　账号：

购入时间	理财产品名称	期限	购入金额	预计收益率	兑付时间	兑付总额	实现收益

第五步（20分钟）　督促记账

指导矫正对象把本次训练发放、缴纳以及办理相关理财业务的金额明细记录到记账本上，逐人检查过关。

1.4.3　单次矫正活动评估

结合《监督方活动记载表》和《矫正民警项目日志》对本次矫正活动的矫正效果进行评估。同时，根据评估结果，对未达到矫正目标的矫正对象进行个别辅导，以尽可能保证总体矫正效果。

1.5　电影赏析：美国励志电影《当幸福来敲门》

1.5.1　矫正方案

矫正目标	用生动形象的形式让罪犯明白幸福生活要靠不断的努力去争取
矫正量	2小时
矫正重点	让罪犯明白电影的主题：只要有毅力和信心不停地去追求幸福，这个过程本身就是一种幸福
干预措施	电影疗法
实施步骤	导语→观看电影→结语→布置作业

1.5.2 矫正过程

第一步　导语

2006年上映的好莱坞影片《当幸福来敲门》是一部以追寻梦想为主题的励志影片，虽然它没能在当年获得奥斯卡奖，但却赢得了全美最高票房。该片改编自美国著名黑人投资专家克里斯·加德纳出版的同名自传，讲述了一名黑人父亲克里斯从推销员成为成功的股票经纪人的艰辛历程，生活中的种种磨难都没有将他打败，他始终坚守着自己的梦想，与儿子相依为命，凭着自己的努力追求，最终赢取了成功，获得了幸福。

第二步　放电影

第三步　结语

中文片名《当幸福来敲门》带给观众的就是无限的遐想：幸福怎样来敲门？什么是幸福？影片最终所诠释的幸福到底是什么呢？欣赏完电影后，大家可以深切地感受到，贯穿影片的也并不全都是克里斯的苦难与挫折，在他追求幸福的过程中，幸福一直与他相伴，当他把丢失的扫描仪找回，当他把全部扫描仪都推销出去，当他和儿子相依为命，共渡难关……在追逐过程中的每一个落脚处我们都可以感受到他的幸福。正是因为他不懈的追求，最后幸福才会拥抱了他，回头再看，他的这些经历本身也是一种幸福。

幸福，并不是每个人都拥有的。但怀着一颗追求的心，用自己最大的努力去追求，幸福还会远吗？只要我们相信自己，有毅力和信心不停地去追求幸福，这个过程本身就是一种幸福。

第四步 布置作业

一、电影《当幸福来敲门》剧情回顾

《当幸福来敲门》是由加布里尔·穆奇诺执导，威尔·史密斯等主演的美国电影。影片取材真实故事，主角是美国黑人投资专家 Chris Gardner。

电影剧情：已近而立之年的克里斯·加德纳，事业不顺，生活潦倒，每天奔波于各大医院，卖骨密度扫描仪，偶然间认识到做证券经纪人并不是需要大学生文凭，只要懂数字和人际关系就可以做到后，就主动去找维特证券的经理 Jay twistle，并凭借自己的执着，得到了一个实习的机会。但是实习生有20人，他们必须无薪工作六个月，最后只能有一个人录用，这对克里斯·加德纳来说实在是难上加难。这时，妻子因为不忍穷苦的生活，独自去了纽约，克里斯·加德纳和儿子亦因为极度的贫穷而失去了自己的住所，过着东奔西跑的生活，他一边卖骨密度扫描仪，一边作实习生，后来还必须去教堂排队，争取得到教堂救济的住房。但是克里斯·加德纳一直很乐观，并且教育儿子，不要灰心，尤其在篮球场的那段话使人记忆犹新："别让人家跟你说，你成不了大器，即使我也不行。"因为极度的贫穷，克里斯·加德纳甚至去卖血。功夫不负有心人，克里斯·加德纳最终凭借自己的努力，脱颖而出，获得了股票经纪人的工作，后来创办了自己的公司。

加德纳的四个阶段："我生活的这一部分叫做搭公车""我生活的这一部分叫做犯傻""我现在生活的这一部分叫做疲于奔命""我生命中的这个阶段——这个很短的阶段叫做幸福"。

二、布置作业

1. 你对影片的哪个片段印象最深？为什么？

2. 你入狱前有无与影片主人公相似的经历？简要说明。

3. 你认为什么样的生活才算幸福生活？结合影片谈谈你的看法。

1.5.3 单次矫正活动评估

根据《矫正对象参与集中矫正活动效果评估分级评分标准》对矫正对象本次矫正活动进行评分，并结合《监督方活动记载表》和《矫正民警项目日志》对本次矫正活动的矫正效果进行评估。

同时，根据评估结果，对未达到矫正目标的矫正对象进行个别辅导，以尽可能保证总体矫正效果。

1.6 阶段一评估

总结本阶段的《矫正对象单次矫正活动综合评分》《监督方活动记载表》及《矫正民警项目日志》，对本阶段矫正效果进行综合评估。

阶段二 理念——理财先导

【矫正目标】强化矫正对象对过度消费、畸形消费、恶性消费与犯罪关系的认识，培养矫正对象正确的理财观念，为提高罪犯理财能力奠定基础。

【矫正内容】

（1）"富不过三代"：理财重要性和理财误区；

（2）模拟超市购物（第一次）；

（3）让时间为你积累财富：16 种理财理念；

（4）《服刑人员理财观念调查表》后测；

（5）阶段二评估。

【矫正量】3 次，共 6 小时。

【干预措施】团体辅导；小组讨论；知识讲解；故事分享；小组讨论；模拟训练。

2.1 富不过三代：理财重要性和理财误区

2.1.1 矫正方案

矫正目标	使矫正对象明白理财能力缺陷与犯罪之间的关联性，懂得理财对人一生的重要性和一般人都存在的理财误区
矫正量	2 小时
矫正重点	过度消费、畸形消费、恶性消费与犯罪的关系
干预措施	视频教学、知识讲解、故事分享、小组讨论、团体交流、个体咨询、阅读书籍《从零开始学理财》等
实施步骤	导语→分享：理财名言与理财故事→团体交流："一样的 13 万，不一样的用法，结果大不同"→知识讲解：理财的重要性及理财与理财能力的概念→知识讲解：理财问题与误区→故事分享：我的理财问题与犯罪的关系→布置作业

2.1.2 矫正过程

第一步（20 分钟）　分享：理财名言和理财故事

【导语】

各位服刑人员，大家上午好！今天是我们课堂化集中矫正活动第一次课，讲解理财重要性与理财误区。中华民族历来崇尚"集腋成裘，积沙成塔"的坚韧和耐性，习惯于省吃俭用来积攒财产；更习惯于精打细算，分毫斟酌地使用和安排财产。但随着时代前进的步伐，尤其是进入 21 世纪以来，伴随着我国经济的快速增长，人们在保留艰苦朴素传统美德的同时，也摒弃了将传统的银行储蓄作为个人财产保值、增值之唯一手段的古老方式。与此同时，随着市场化改革进程的推进和社会保障体系的建立，国家已不可能为家庭提供完全的风险保障。需要在财产保值、增值的基础上，通过投资理财手段化解不确定性对生活产生的危害。于是个人理财规划便应运而生。"管好自己的钱""让钱生更多的钱"，便成了人们普遍膨胀的愿望。作为理财能力严重缺失并导致犯罪的服刑人员迫切需要健康的消费观念、强烈的理财意识、基本的理财知识与能力、合适的理财项目与成功的理财范例。

让我们先来看一些理财名言和理财故事。

【PPT：理财名言】

理财实是对自己的打理与磨砺。

——《富爸爸财务自由之路》

20 岁以前，所有的钱都是靠双手勤劳换来的，20 岁至 30 岁之间是努力赚钱和存钱的时候，30 岁以后，投资理财的重要性逐渐得到提高，到中年时赚的钱已经不重要，这时候反而是如何管钱比较重要。

——华人富豪　李嘉诚

理财的开始是省钱。

——国内著名理财专家　刘彦斌

中国有句古语，"穷不过三代，富不过三代。"因此，"授人以财，不如授人理财"。

——《理财》杂志执行总编　王再锋

【PPT：理财故事】

1. 李嘉诚的理财故事

李嘉诚是全球华人首富。2008 年，在全球金融危机的影响下，李嘉诚仍然以 162 亿美元的身价蝉联福布斯香港十大富豪榜榜首。他旗下的长江实业和和记黄埔，每年的利润都有数百亿港元；李嘉诚仅出售 Orange 电讯公司的股份，一次获利达 1000 多亿港元。李嘉诚这样的超级富豪是怎样看待钱的呢？李嘉诚的节俭是众人皆知的，他常年佩戴一块精工牌手表，仅值几十美元。他的标准装束是普通的白衬衫和蓝西服。

有一次李嘉诚从酒店里出来，一掏兜不小心掉下来一枚硬币，那枚硬币顺着地面向沟渠滚去，李嘉诚弯下腰就想捡这枚硬币，这时候酒店的保安抢先替他捡了起来。李嘉诚收起了这枚硬币，然后拿出 100 港元给了这名保安。他的随从大惑不解地问："这是为什么？"李嘉诚说："如果不把这枚硬币捡起来，它很可能滚进沟渠，或者被汽车压在土里面，制造这枚硬币的金属就浪费了，这枚硬币也就浪费了。我们把它捡起来，是因为硬币还有它的用处。"他的随从又问："您为什么给那个保安 100 元港币呢？"李嘉诚说："这是两码事。我给他 100 元港币，那是给他的报酬。这 100 元对保安来说是有用的。钱可以用掉但不可以浪费掉。"

从这里我们可以看出，爱惜钱已经成为李嘉诚的一种习惯。

2. 连战家庭的理财故事

连战先生的祖籍是福建漳州，祖上于明末清初迁到台湾的台南，世代以经商为生。虽说其祖上一直是台湾的名门望族，但真正使连家"富甲一方"，还应归功于连战的父亲连震东和连战这两代人。经过两代人的努力，连家的财产总值估计达 300 亿元新台币。但你所不知的是，连战父子的发家并不是依靠经商做买卖，而是凭借科学的理财。

说起连家的理财，不能不说到连战的母亲赵兰坤。赵兰坤出身于沈阳的名门世家，毕业于燕京大学。由于连战的父亲连震东公务繁忙，几乎没有时间过问家庭理财事务，因此赵兰坤便成为连家的当家人。她不像一般的富人那样只会把钱存入银行，而是积极地进行投资理财。"台北中小企业银行"董事长陈逢源与连震东是台南老乡，私交甚好。因此赵兰坤便大胆地购买该行"北企"的原始股，并担任了"北企"的董事。赵兰坤又在"彰化银行"董事长张聘三的引见下，购买该行"彰化银行"的股票。此后，又陆续购买了华南银行、国泰人寿等20多种股票，这些股票为连家带来了丰厚的回报。

由于连家持有金融公司的股票，获取贷款比较方便。在进行股票投资的同时，赵兰坤向"彰化银行"贷款，开始积极涉足台北的房地产业；她陆续在台北购买了大量的房地产，并只租不卖持续投资，使连家的资产不断增值。据台湾有关资料记载，登记在连战名下的有6块土地，约合20250坪。据台湾有关部门估值，2万余坪的土地，按照台湾当前的市价计算，价值约200亿元新台币。

连战曾透露他们家的理财方式是"无为而治"，也就是买进之后长期持有。40多年前，他家把所有的家产投资于股票和房地产，并耐心等待，在此期间很少买卖。他家长期投资的平均收益率达到每年20%以上。在不考虑复利因素的情况下，连家的资产以五年翻一番的速度在增长，从而创造了"富甲一方"的神话。

3. 胡适不注重理财的故事

胡适先生是著名的学者、教育家、外交家。他的一生始终处于社会的上层，在步入中年之前，一直收入丰厚。1917年，27岁的胡适留学回国，在北京大学任教授，月薪280银元。那时一银元相当于现在的人民币40多元，月薪约合人民币11200元，除了薪水，他还有版税和稿酬。1931年，胡适从上海回北大，任文学院院长，月薪600银元。当时他著作更多，稿酬更多。据估算，每月收入1500银元。那时一银元约合现在的人民币30多元，月收入相当于现在人民币45000元，年收入达到50多万元，他家住房十分宽敞，雇有 6 个佣人，生活富裕。但胡适不注重理财，经常吃干花净，长期没有积蓄。在 1937 年抗日战争爆发时，也就是胡适步入中年以后，他的经济生活开始拮据起来，且持续一生。进入暮年，胡适每次生病住院医药费都告急，总要坚持提前出院。晚年他多次告诫身边的工作人员："年轻时，要在意多留点积蓄。"

4. 迈克·泰森破产的故事

泰森拥有一双令对手胆寒的铁拳，它们却不能让他掌握住自己用血汗换来的金钱。2003 年 8 月 2 日，泰森向纽约曼哈顿区破产法院提出破产申请，这给他混乱的人生轨迹中又增添了不光彩的一笔。事实上，他 20 年职业生涯中聚敛了 3 亿至 5 亿美元的财富，转眼间却灰飞烟灭了。

第二步（40 分钟）　团体交流："一样的 13 万，不一样的用法，结果大不同"

1. 引言故事——小明和老婆共 13 万闲钱，想买 13 万的车，但一哥们儿因生意资金短缺苦求小明帮他一把，小明的做法……

2. 宣布团体交流活动规则：每个小组充分交流，然后各组推选 2 名代表，分别说出各组支配金钱的方式，并进行团体交流，宣布 4 种支配方式。

A. 小明和老婆共 13 万闲钱，想买 13 万的车，但一哥们儿因生意资金短缺苦求小明帮他一把，与老婆多次沟通未果后，小明偷偷将钱拿给哥们儿使用，三年后哥们儿生意好转还钱 13 万，三年里小明和老婆却因此事经常吵架最后分道扬镳了。（小明最后得到的还是原来自己的 13 万元钱但是没了爱情）

B. 小明和老婆共 13 万闲钱，想买 13 万的车，但一哥们儿因生意资金短缺苦求小明帮他一把，小明很想帮他，毕竟是多少年的哥们儿，可是老婆不愿意，非要买车，多次劝说无果，结果买了 13

万的车，老婆高兴了，但是哥们儿情意从此断送。（小明最后得到了自己13万的车却输了友情）

C. 小明和老婆共13万闲钱，想买13万的车，但一哥们因生意资金短缺苦求帮他一把，小明经过大量的工作，最后结果如下，买一台QQ汽车3万，余款10万借给哥们，哥们儿感觉心里有愧（心想本来小明能买13万的车，因为自己的原因而买了QQ）为求心理安慰每月付小明2分利息2000元钱，3年后哥们儿生意好转10万全额还给小明，却不知三年里小明两口因为这辆QQ而吵了多少次的嘴。（三年里利息为72000元＋100000元本金共计：172000元＋QQ汽车一辆）

D. 小明和老婆共13万闲钱，想买13万的车，但一哥们儿因生意资金短缺苦求小明帮他一把，哥们儿既然开口小明心想一定要帮，但是老婆大人那关不好过，最后决定还是买13万的某型号车，网上看到该车可以0利息的按揭广告，于是拨打他们的销售热线咨询。最后到店里办理成分期付款，首付39000元，三年分期，月供2500元。余款近10万资助哥们儿，小明既然义气哥们儿也不含糊，每月付给小明3分利息3000元，（因为哥们儿心想因为自己小明贷了款，这个钱理应自己为其垫付，况且现今的社会这个利息在民间也是很正常的）三年过后，哥们生意好转还钱10万，小明车款也已还清，之后情意更胜从前！老婆也夸小明对人好会办事，好酒好烟总不断，从此二把手升级一把手。（三年利息为108000元＋本金100000元共计：208000＋13万元汽车一辆）

点评：

从上面几个故事以及大家对13万块钱的不同用法中我们可以看出：注重理财、善于理财，就能步入财富的殿堂；而不注重理财、不善于理财，即使有再高的工资，再多的收入，生活最终也会陷入困境，度日艰难，可见理财是多么的重要。下面我们就来讲讲理财有哪些重要性。

第三步（30 分钟）　　PPT 讲解，"富不过三代"：理财的重要性与理财、理财能力的概念

中国有句古话，"富不过三代"。第一代积累财富，第二代守护财富，第三代则把它挥霍一空。投行 JP 摩根的最新调查也印证了这句话：全球大部分超级富豪过去 20 年都不能守住自己的巨额财富，其"败家率"高达 80％。有人把《福布斯》杂志最新的全球富豪榜与 20 年前相比，发现平均每 5 名榜上有名的超级富豪中，只有 1 名能依然屹立在榜单上。从上一堂课"理财故事"中，以及刚才对大家各自理财特点的分析中，我们都感觉到了消费与理财的重要性与紧迫性。希望大家带着欠缺与补足的心态进入我们的课堂学习。

是否具有独立的生活能力和社会责任感的一个重要表现是对钱财的管理。

理财是对个人一生收入、支出的规划，理财能力是开启幸福生活的钥匙，财商与智商、情商并列，已成为现代社会能力三大不可或缺的素质。应对生活就必须要理财。我们生活在商品社会里，每天的生活都离不开钱。君子爱财，取之有道；君子爱财，更应治之有道。这里说的"取"，就是赚钱，这里说的"治"，就是理财。用一种形象的说法就是，收入是河流，财富是水库，花出去的钱就是流出去的水。理财就要开源节流，管好你家的水库。刑期就是学期。如果通过学习，能在狱内掌握一些必需的理财常识，养成一些较好的理财习惯，必将受益终生。

我们先来看看理财的概念：

何谓个人理财？

目前，理财在不同的学科有不同的解释。一般认为理财不是投

资就是炒股。在百度中输入"理财",一秒钟不到可以返回超过一亿个页面。《辞海》认为"理财学是清末对英语 economics 的中译名之一。"《辞源》则认为"理财是管理财物,后指管理财政。"《现代汉语词典》将"理财"解释为管理财物或财务。《现代汉语大词典》则解释为"管理财务,特指为了使财产保值、增值对财务进行管理。"美国理财师资格鉴定委员会把理财定义为:"个人理财是指如何制定合理利用财务资源、实现个人人生目标的程序。理财的目的是以较低的成本,实现消费的合理安排、财务风险的可靠保障以及钱财的最优跨期配置。"

我们认为理财是社会成员(一般是指成年人)对自己的可支配收入进行合理消费与储蓄投资,以确保其正常生活的一种方式。理财是理一生的财,也就是个人一生的现金流量与风险管理。包含以下涵义:

(1)理财是理一生的财,不仅仅是解决燃眉之急的金钱问题而已。

(2)理财是现金流量管理,每一个人一出生就需要用钱(现金流出),也需要赚钱来产生现金流入。因此不管是否有钱,每一个人都需要理财。

(3)理财也涵盖了风险管理。因为未来的更多流量具有不确定性,包括人身风险、财产风险与市场风险,都会影响到现金流入(收入中断风险)或现金流出(费用递增风险)。

何谓理财能力?

关于理财能力的概念,不同的学科也有不同的解释。二十世纪八十年代初,罗伯特·清崎在其《富爸爸 穷爸爸》一书中正式提出了财商的概念。在这一概念中主要包括两方面含义:一是正确认识金钱及其规律的能力;二是正确使用金钱及其规律的能力。随着研究与实践的不断深入，理财能力内涵已扩展到对所有财富的认知、获取和运用的能力。有学者在关于学校理财教育的研究中提到，"学生需要习得的理财能力包括理财理解力（对金钱的本质及功能、投资与储蓄、信用与债务、理财产品与服务、消费权利与保护等的理解）、理财责任感（经济契约中的道德伦理及价值观问题、个人财务决策与他人及社会的关系等）、理财胜任力（阅读财务报表、制定财务预算、财务决策、整理制作消费记录等）、理财事业心（理财风险与回报、理财创新等）。"

我们将"理财能力"定义为社会成员在赚钱、用钱、存钱、借钱、省钱、护钱等方面的认知水平和应用能力。

与西方许多发达国家相比，我国的理财教育非常落后，把"孩子"和"钱"扯在一起是让中国家长担心的事情，似乎孩子一接触钱就会变坏。许多人在小学、中学、大学的上学过程中，没有接受过任何理财教育。我们国家85%以上的孩子不会理财，而财商是现代社会人们必备的基本素质之一。许多事实证明，青少年期间缺乏理财教育，成年后就会引发各种各样的问题，有的甚至引发犯罪。

我们国家的理财教育为什么这样落后呢？原因如下：

（1）我国传统的价值观念使人们耻于谈钱。在我国2000多年的农业社会中，人们形成了重农抑商、重义轻利的文化传统，主流的政治价值观和社会伦理观均排斥对公民尤其对青少年进行投资理财的教育。

（2）改革开放前的国情让人们觉得没有必要理财。在物质匮乏的年代，金融机构很不发达，理财产品屈指可数，人们几乎不需要专业的理财知识来打理日常生活，他们最主要的工作就是通过勤俭节约把基本生活安顿好。正是由于时代的原因，中国的成年人普遍缺乏理财意识，已经远远落后于市场经济发展的需要，因而应对全民进行理财教育。

（3）对理财的误解使我国多数人没有去理财。很多人认为理财就是生财、发财，是一种投资增值，只有那些腰缠万贯、家底殷实、既无远虑又无近忧的人才需要理财，在自己没有一定财富积累的时候还很难涉及理财。我国是一个发展中国家，大多数人还不富裕，不具备理财的条件，而有的罪犯一贫如洗，更是无"财"可理。这是一种狭隘的理财观念，生财并不是理财的最终目的，理财包括节流和开源两个基本的方面，它是对自己人生的一种长期规划，目的在于学会使用钱财，使个人与家庭的财务处于最佳的运行状态，从这种意义上说，穷人、不富裕的人群更应该学习理财。

实际上，正确的财富观有助于帮助我们如何使用钱财，使个人与家庭的财务处于最佳的运行状态，从而提高生活的质量和品位。在美日等发达国家，理财教育已经融入了国民教育的方方面面，他们总结出了一整套值得我们借鉴和学习的科学教育方式。在美国，理财教育的方式是清晰地依据少儿生理和心理的自然发展规律，由浅入深，循序渐进地教授理财知识。孩子3岁时，能辨认硬币和纸币；4岁时知道每枚硬币是多少钱，认识到收入无法把全部商品买完，学会选择商品；照此循序渐进，到17岁时孩子能比较各种储蓄和投资方式的风险和回报，比较年利率，以便决定把钱存在哪里，从谁那里借钱，尝试进行股票、债券等投资活动以及商务、打工等赚钱实践。与此同时，还注意培养孩子的劳动意识，使他们懂得劳动创造财富的道理，从而知道赚钱的正当途径。美国石油大王洛克菲勒，作为19世纪美国三大富豪之一，虽然一生积攒了大量的财富，但他却一直秉持着爱惜钱、节省钱、钱生钱的理念。有一次洛克菲勒下班，想坐公共汽车回家。他突然发现兜里的钱不够，还少1美元，就向秘书借。他告诉秘书，记得提醒我明天还这1美元。他的秘书跟他说："先生，1美元算不了什么。"洛克菲勒非常严肃地回应："谁说1美元算不了什么？1美元要是放在银行里，10年之后会生出另外的一些美元。"

个人理财问题与需求其实是人生存的一种基本状态。从此种意义上说，理财应该伴随人的一生，每个人在开始获得收入和独立支出的时候就应该开始学习理财，从而使自己的收入更完美，支出更合理，回报更丰厚。学会记账和编制预算这是控制消费最有效的方法之一。其实记账并不难，只要你每天抽空整理一下，就可以掌握自己的收支情况，从而对症下药。遵守合理、适度的生活消费原则，不该花的钱不要花。从小事做起，生活中有很多小开支，这里几元，那里几块，看似不起眼，但积少成多就是一个大数目。

个人理财规划可进一步细分为生活理财和投资理财两个部分。

生活理财主要是考虑自身整个生命周期，将未来诸如职业选择、子女教育、医疗、养老等生活中个人所需面对的各种事宜进行妥善安排，在不断提高生活品质的同时，即使到年老体弱以及收入锐减时也能保持所设定的生活水平，最终到达终生的财务安全、自主、自由和自在。

而投资理财则是在以上的生活目标得到满足以后，追求投资于股票、债券、金融衍生工具、不动产以及其他各种投资工具时的最优回报，加速家庭（个人）资产的成长，从而提高家庭的生活水平和质量。

严格来讲，生活理财和投资理财之间存在着水乳交融的关系，很难彻底区分开来，之所以强调它们之间的这种划分，也是为了明确一点：即个人理财规划的核心并不只在于投资收益的最大化，而在于个人资产分配的合理化，以满足个人对理财安全性、收益性的要求。

人的一生，从出生、幼年、少年、青年、中年直到老年，各个时期都需要理财。让我们从人一生的成长和发展的需要来看，个人理财是何等的重要和何等的必要。

（1）应对恋爱和结婚的需要。对绝大多数人来讲，恋爱和结婚是人生必经的过程。恋爱需要钱，结婚也需要钱，我们先说说恋爱，没有钱光有爱情是不够的，女孩子都喜欢浪漫，但是没有钱就难有浪漫。很多女孩子恋爱的时候都喜欢吃烛光晚餐。但是，如果没有钱，就只能带女朋友去吃"路灯晚餐"。

（2）应对提高生活水平的需要。每个人都希望过上越来越好的生活。从吃不饱到吃好穿好，从租房子到自己买房子，从没有车到自己有汽车，从普通汽车到换上更高级的汽车，这是人们普遍的愿望。要提高生活水平，就需要钱的支持。我们讲理财，就是要做到未雨绸缪，而不是在经济问题来临时手忙脚乱，甚至去偷去抢。

（3）应对赡养父母的需要。人们常说"不养儿不知父母恩"，父母的恩情是我们一辈子都报答不完的。赡养父母是每个人应尽的义务。有些人的父母有比较稳定的收入，有社会医疗保险，做子女的财务负担减轻了。但是也有一些人，他们的父母没有稳定的收入，需要儿女供养。因此家中的积蓄应该备出一份钱来应对父母的意外需求。

（4）应对抚养子女的需要。从孩子出生到上幼儿园、小学、中学、大学，每个时期都需要用钱；因此，子女抚养费也是理财中的一个很重要的问题。什么时候生孩子，不是随机的，而是应该同自家水库中的水量相适应。大家常说30岁以前活自己，30岁以后活孩子。为了让孩子健康成长，就需要有自己的积蓄，理好自己的财。

（5）应对意外事故的需要。人们常说："天有不测风云，人有旦夕祸福。"有时候会有很多意想不到的事情发生。这些事情会对家庭生活造成巨大的影响，我们应该通过理财来达到转嫁风险的目的。一个人需要买保险，就如同一个人需要穿衣服；一个没买保险的人，就如同一个裸体人，称为财务裸体。

（6）应对养老的需要。人人都会老，都会有干不动的时候。怎样来安度自己的晚年，是大家都要面对的问题。现在人的寿命长了，有可能活到 80 岁甚至 90 岁以上。现在基本上都是"4 + 2 + 1"家庭，要是指望儿女，就得让一对夫妻支撑 4 位老人养老，这不现实。第一是父母都不想给儿女增加麻烦；第二即使儿女有赡养父母的孝心，他们在精力上和财力上也承受不了。老了干不动了，收入必然会减少。而由于年老多病等原因，支出会增加。人穷志短，要是没有钱，可能在老的时候要看别人的脸色活着，这样的老年是没有尊严的。在这种情况下，要想有一个幸福的晚年，自己就要在年轻时未雨绸缪，搞好理财，多留一点积蓄，为自家的水库积蓄足够数量的水，以应对养老的需要。

第四步（30 分钟）　针对服刑人员中存在的理财误区，阐明错误的理财观念以及错误的理财观念、理财习惯与犯罪之间的关联性

导语：

既然理财对人的一生那么的重要和必要，为什么还有那么多人没有做好理财这门功课呢？原因是中国理财观念尚未深植大众心中，有钱、没钱、钱多、钱少都成了忽视理财的借口。人们对理财存在很多误区，有的认为收入勉强糊口，"我没钱，没财可理"，"等我有了钱再理财"，有的认为"财是赚出来的，不是理出来的""理财是富人的事，我都吃不饱，有什么关系"，还有的认为理财就是炒股票、买基金等。尤其是有些罪犯畸形的消费习惯把自己送上了犯罪的道路。具体来说有哪些误区呢？

1. 消费至上

当前，成功的企业家是卖什么的，大家知不知道，最初级的是

你缺什么，我就做什么卖给你，例如在小区门口卖早点的，知道大家上班早上偷懒或者其他原因，不在家吃早饭，有这样的需求，所以这些卖早点的商人看见了需求，就让你消费他的商品。比这个高级一点的是卖品牌，他把早餐店做成品牌了，大家都觉得他家的早点质量有保证，不用地沟油，这个时候，他的价格就要比旁边同样的早餐店更贵一些了，但是，很多人还是会去消费，生意好了，老板就开加盟店，自己不用出摊也赚钱了。更高一级的就是卖理念了，他会通过一系列的宣传，销售手段，包装，让你觉得吃了他的早饭就特别有面子，吃了他的早饭你就是消费了"奢侈品"，自己一下子就"高大上"了，你要早上不吃他的早点，你都不好意思和别人打招呼。我们身边很成功的一件商品就是运用了这样的营销模式，是什么？就是苹果手机。但是，我们中有很多人是没有能力去消费这样的商品的，因为，你的收入水平在这里，你对手机功能的需求在这里，手机的使用寿命决定了这是一种淘汰率很高的消耗品，那么，我们身边很多人这样的消费正常吗？正确吗？所以，我告诉大家，最成功的商人，不是满足大众的需求，而是，创造虚假需求，而且，他还会忽悠得你觉得这个就是我的必需品。

课堂讨论：我们大家能不能举例，我自己或者身边的人花了大价钱购买的虚假需求？

这种虚假需求的原因在哪里，在我们自己的内心。在社会媒体对消费主义铺天盖地的宣传，营造了一种消费至上，享受生活的社会环境，给一些自控力差的人带来了强烈的刺激和诱惑。很多人开始相互比较，受到商品广告宣传及周围环境，以及周围人消费的影响，盲目消费、攀比消费、享乐消费。觉得别人有了我没有，我就是"混得很惨"，我有了别人没有，我内心就很满足。这其实就是内心极度的不自信带来的消费观。前段时间，很多国人跑到日本买马桶盖，还是中国生产的马桶盖，为什么，就是觉得日本的就比中国的好，这就是对国家的不自信，同时，我也很想问，用上这样的马桶盖你就很舒服了，就让你不便秘了，我看也不是，更多的是一种"炫耀性消费"，和别人聊天时都可以自豪地说，我家的马桶盖都是日本原装的。

2. 无计划消费

学者杨玲丽在《消费与犯罪——基于改革开放 30 年的统计数据的分析》一文中认为，盗窃犯中的大多数人物质消费的起点都比较低，有着人生在世，吃喝玩乐的颓废心态，手里一旦有了钱，就以高消费来弥补精神空虚，没有享受过的都要享受一下。很多服刑人员缺乏科学的消费观和健康的消费意识，有着不良的消费行为和习惯，消费过程中缺乏计划性，同时容易受外界刺激物的影响，且盗窃犯大多是从事简单劳动者，对技能和科学没有较高需求，不屑于花费时间和金钱来换取知识，常见的物质享受已经不能满足穷奢极欲，于是嫖娼、赌博一掷千金，以换取更有刺激性的"享受"。对偷来的钱心里更是没底，说不定哪天会被发现，有朝不虑夕的不稳定感，反正是偷来的，所以有钱赶紧往外花，及时享乐，不问将来。

中国有句俗话叫作"得到越快，失去越快"。为什么说富不过三代，就是因为，很多企业家的子女没有体会过创业的艰辛，生下来就享有大量的财富，在财富的使用上就不会认真计算，结果，一旦遇到一些突发的情况就会很快失去自己先辈打拼的财富。

收看视频：《山西海鑫钢铁》。

3. 恶习型消费

这种消费就是把钱财用到那些完全无益于身心，却直接产生若干社会公害的项目上去。最典型的表现形态有三：赌博、嫖娼、吸

116

毒。这三种消费的危害还需要我们课堂上来说吗？我看就不必要了，我们就看几段视频就可以更加深入地知道这些消费的危害。有人对我说，"小赌怡情，大赌伤身"，"吸毒偶尔吸两口没有关系，还能减肥"，"嫖娼有什么关系，你情我愿的"。我只能说，如果你有这样的想法，那你准备再来监狱吧。大家都知道东西往下掉吧，掉下来一般还是越掉越快，我们的人生也是这样，往上很难，往下很快，而且会越来越快，直到摔成粉碎。我和很多服刑人员聊天的时候，他们中的一些人都会提到，自己原本有一个很幸福的家庭，或者有一份很稳定的工作，总之就是生活很平静，但是，自己染上了恶习型消费后，自己就沉沦了进去，而且，这样的毒瘾、赌瘾、嫖娼，靠自己的力量想从中走出来，不再沾染是很难的，为什么，因为，你一旦参与进去，你周围所谓的朋友，你的社交圈就都是这样的人，你想出来，别人也会把你再次拉进去，所以，如果你因为这些原因进了监狱，现在，在这样一个封闭的环境，就是给你机会改正自己的习惯，等你回到社会，再有你过去的朋友请你进行这样的消费，你就完全有理由对他说，我为了这个坐了几年牢，现在再也不想碰了，否则，一旦你再次沾染上，你就再也无法拒绝。

（现场鼓励罪犯说一说自己恶性消费的情形……）

点评：

消费观念作为一种生活理念深入地影响每个人的生活。消费观超前、消费观畸形与消费实力滞后之间的矛盾使罪犯非理性消费倾向扩大，铤而走险走上犯罪道路。非理性消费的背后存在着特有的反应模式、心理特质和心理需求。

观察罪犯反应，确定个别咨询对象。（课外另找时间咨询）

提示：通过专题讲座和个别咨询相结合的方式，对罪犯的不当消费、过度消费、畸形消费等不良心理与行为实施矫正，帮助其摆脱不良心理因素的困扰。

4. 理财 = 发财

观看视频：《华尔街之狼》片段

理财不是教会大家发财，而是传授正确处理自己财产的观念，所以，前面讲了那么多的消费误区，现在，我们再讲一讲投资的误区。近几年来，非法集资带来的社会影响性非常的大，一个地区一旦出现巨大的非法集资案件，往往这个地区的很多人都会受到影响，从政府到参与集资的个人，都是深受其害。为什么会有人参与非法集资，为什么会有人心甘情愿地把自己一年，十年，甚至一生的积蓄交给另一人。原因只有一个，就是贪婪，贪图他所承诺的高回报，眼红其他人从他那里已经得到的高利息，希望自己一年的资产可以上浮百分之二十、三十甚至更多。在做任何投资的时候，我们永远要记住，高回报等于高风险，有时百分之三十的回报就意味着百分之九十的风险。

今天的课程就是这样，请利用空闲时间自学我们下发的理财书籍。今晚将由我们的矫正民警利用晚间活动时间组织大家收听录音《生意通》茶馆故事。

第五步　布置作业

1. 今天的团体课程当中，我们提到了若干个理财方面的名人故事，你对于哪个人的故事印象比较深刻？（　　　）

A. 李嘉诚　　　B. 连战　　　C. 胡适　　　D. 泰森　　　E. 车晓

你为什么会对他的故事印象深刻？请简要的谈一谈。

2. 在今天的团体课程中，我们对下面的这个案例进行了相应的分析和讲解，请你谈谈自己的感想与收获？

小明和老婆共 13 万闲钱，想买 13 万的车，但一哥们儿因生意资金短缺苦求小明帮他一把，小明的做法……

3. 今天我们讲到了理财的四个误区，分别是＿＿＿＿＿、

＿＿＿＿＿、＿＿＿＿＿、＿＿＿＿＿。

过去的你存在这方面的误区吗？（是□　否□　）

你认为这类误区是否与你的服刑存在因果关系？　（是□

否□　）

4. 你是否曾经有过类似下面的这些想法？（请在相应的序号前打钩）

（1）"我没钱，没财可理"

（2）"财是赚出来的，不是理出来的"

（3）"等我有了钱再理财"

（4）"理财是富人的事，我都吃不饱，有毛关系"

通过今天的学习，你对理财是否产生了新的认识？你的主要收获是什么？

2.1.3 单次矫正活动评估

根据《矫正对象参与集中矫正活动效果评估分级评分标准》对矫正对象本次矫正活动进行评分，并结合《监督方活动记载表》和《矫正民警项目日志》对本次矫正活动的矫正效果进行评估。

同时，根据评估结果，对未达到矫正目标的矫正对象进行个别辅导，以尽可能保证总体矫正效果。

2.2 模拟超市购物（第一次）

2.2.1 矫正方案

矫正目标	通过模拟理财训练的收益可以用来在模拟超市中"购买"物品的项目设定，促使矫正对象更加认真地对待矫正课程，并培养其根据所学理财知识进行合理理财的习惯 通过对"购买"物品品种的限定和教育引导，使矫正对象认识到钱财的获得来之不易，明白要合理理财，更要注重理性消费
矫正量	2 小时
矫正重点	使矫正对象理解模拟超市购物活动的制度和目的
干预措施	模拟训练、知识讲解
实施步骤	课前准备→"模拟超市物品征集意见表"进行讲评→宣布《模拟超市购物制度》并公示商品价格→组织矫正对象根据《模拟超市购物制度》进行物品购买→统计与点评→情感引导与拓展

2.2.2 矫正过程

第一步　课前准备

提前一周向矫正对象发放模拟超市物品品种征集意见表并回收。

模拟超市物品品种征集意见表	
姓名	拟购买物品

课前对矫正对象的意见进行汇总整理，将矫正对象的购买需求按生活必需品、生活改善型物品、生活享受型物品进行分类。结合监狱的具体要求和矫正对象的理财收益购买力，合理的采购超市货品。

第二步（10 分钟）　对"模拟超市物品征集意见表"进行讲评

针对矫正对象购买需求的分类进行讲评。对要求购买生活必需品和生活改善型物品的行为予以鼓励，对要求购买生活享受型物品的要求予以指导，对个别妄图购买监狱明令禁止的违禁品的行为予以严肃批评。

第三步（15 分钟）　宣布《模拟超市购物制度》并公示商品价格。

模拟超市购物制度

1. 项目组根据服刑人员理财收益数额，按一比五发放购物专用代币。购物专用代币在购物中与商品售价的单位一致，即一元代币可购买标价一元的商品。

2. 此次购买将考察各位服刑人员在消费时对个人所持资金的规划能力。在购买活动开始之前，项目组会在 PPT 中公示所有可购商品的价格，服刑人员需在座位上根据手中所持有的代币量，结合自身需求，设计自己的购物计划。

3. 购物计划完成的服刑人员，在向民警示意后，经允许，方可离开座位，到达指定购物区域进行购物。

4. 购物区域为单向通道式，服刑人员在商品选取过程中，一旦前行，则不可后退。所以，再次强调，请各位服刑人员在座位上慎重的设计自己的购物计划。

5. 购物的结算：

（1）购物通道尽头为收银台，服刑人员在商品选择完毕后至收银台处用专用代币结算。

（2）服刑人员一旦到达收银台进行结算，则不可再回到商品区域。

（3）如所购商品价格高于所持代币，收银台将根据所购商品的单价，按从高到低的顺序剔除，直至所持代币足够支付所购买的商品。因此而产生的代币结余将直接作废。

（4）各位服刑人员在座位上慎重的设计自己的购物计划。

第四步（60分钟）　组织矫正对象根据《模拟超市购物制度》进行物品购买。

组织矫正对象进行物品购买，在此过程中，要严格按照《模拟超市购物制度》的相关要求执行，矫正民警不可对矫正对象的购买能力计算及资金的分配予以帮助和指导。

在购物结算阶段，要准确计算每一名矫正对象的购物总额，对所购商品价格高于所持代币的，要严格按要求扣除其所购买的物品。

第五步（20分钟）　统计与点评

对矫正对象购买的物品进行统计，重点统计"只购买生活享受型物品""购物超出购买力""购物未充分使用所持代币"的行为。

针对矫正对象的购物行为进行点评，表扬在模拟超市购物环节中可以清晰、科学规划自己购买力的矫正对象，对"购物超出购买力""购物未充分使用所持代币"的行为予以引导，对"只购买生活享受型物品"的行为予以批评。

第六步（15分钟）　情感引导与拓展

询问矫正对象对通过理财获得理财收益并购买心仪的物品是否有满足感和幸福感。

询问矫正对象是否在服刑前用自己的合法收入为家人购买过礼物。

询问矫正对象是否有意愿用自己的理财收益为家人买一件礼物。

发放《"我想给家人买的礼物"意见征集表》，组织矫正对象现场填写。根据意见征集情况，拟举办"情满中秋，为爱献礼"循正矫正专场活动。

"我想给家人买的礼物"意见征集表	
姓名	拟购买物品

2.2.3 单次矫正活动评估

结合《监督方活动记载表》和《矫正民警项目日志》对本次矫正活动的矫正效果进行评估。同时，根据评估结果，对未达到矫正目标的矫正对象进行个别辅导，以尽可能保证总体矫正效果。

2.3 "富不过三代"：理财重要性和理财误区

2.3.1 矫正方案

矫正目标	培养矫正对象正确的理财观念
矫正量	2 小时
矫正重点	16 种理财理念比较复杂，要采取列举身边生动的事例予以讲解
干预措施	知识测试、知识讲解、视频教学、故事分享、案例分析
实施步骤	知识测试→团体交流：个人理财习惯与特点→知识讲解：16 种理财理念→知识讲解：积累财富的秘密——时间的价值→观看视频：时间都去哪儿啦→布置作业

2.3.2 矫正过程

第一步（15 分钟）　知识测试，对上一堂课讲解的理财重要性、理财误区进行笔试

第二步（25 分钟）　对矫正前《理财心理测试量表》、《理财风险承受能力调查评估表》、《理财综合调查问卷》的评估汇总情

况进行课堂分析与团体交流，让每名罪犯概括自己的理财特点，提醒罪犯在接下来的矫正活动中关注自己欠缺的部分，并通过学习予以矫正

第三步（40 分钟） 传授 16 种理财理念（PPT）

理财观念是人们在长期的生产与生活实践中形成的对财务事项和财务行为的基本看法和认识，对理财行为起着指导作用。以家庭或个人致富为基本目标的理财观念决定着大众的理财行为，理财行为又决定着家庭财富的积累。只有依靠科学的理财知识，合理的管理自己的钱财，才能让低收入家庭"衣食无忧"，让工薪家庭生活富足，才能让低起点的创业者迅速积聚起创业所需要的资金，把财富的"雪球"越滚越大。

那么，什么样的理财理念才是最好的呢？其实，理念没有最好，只有最适合的。只有根据个人的特点，包括家庭背景、学历专业、从事行业、行业熟悉程度和财务背景等，甚至包括闲暇时间，选择最适合自己的理财方式，才能做到轻松理财和适当理财，以最快的速度走上自己的财富之路。

1. 要成为有钱人必须先有钱。也就是说理财之前你必须先解决最初的生存问题，你的第一笔收入，无论多少，都得计划着花，而不是"吃光用光，身体健康"。钱少的时候，人们可能会抱怨无财可理；钱多了，又觉得没时间理财。理财并不是有钱人的专利。你的收入可能只够勉强维持生计，似乎无财可理，但理财不仅要开源，也要节流，钱少的人更需要合理安排自己的支出，增加自己的投资知识，尽量获得高回报率，使自己的资产增值。实际上，理财是一个观念问题，是一种生活态度。赚钱之道，上策是靠钱生钱，中策是靠知识赚钱，下策是靠体力赚钱。

2. 及早储蓄——复利威力。理财能否致富，并不像人们想象的

那样与金钱的多寡有巨大的关联性，却与理财时间的长短有着非常大的关系。

【案例】

假设回报率为6%，采用每月复利方式，设计方案并加以对比，见下表：

方案一和方案二对比

开始储蓄年龄	方案一（22岁）	方案二（32岁）
储蓄终结年龄	32岁	57岁
每月供款	3000元	3000元
总供款	360000元	900000元
储蓄年期	10年	25年
57岁时累积价值	2206124元	2089376元

为何结果会这样呢？一般误解皆认为方案二的储蓄年期长15年，以相同的回报率计算，累计价值应比储蓄10年的多。但事实并非如此，其关键在于及早理财，配合复利增长，善用理财方法，便可以轻松拥有更多财富。

3. 分散投资——组合魅力。既然要投资，就一定会伴随着风险。在投资理论中，"风险"可解释为实质回报与预期回报差异的可能性，这包括赚钱的可能性和本金遭受损失的可能性。每项理财工具都涉及不同程度的风险，其中可分为市场风险及非市场风险。市场风险是指一些能影响大市的风险，例如利息率的变化、减税或经济衰退等，这是投资者不能回避的。非市场风险是指个别投资项目独有的风险，投资者可通过分散投资，达到降低非市场风险的目标。所谓分散投资就是将资金投放于不同类别的资产上，如股票市场、债券市场、外汇市场，而这些市场的升跌不会在同一时间发生。各个市场的影响因素，包括利率的走势、经济发展周期、财政政策和货币政策等，各不相同。这些市场之间不划一的因素使彼此收益的相关系数减低，使风险进一步分散，不失为一个令资产保值增值的好办法。

4. 一次性投资与定期供款——成本平均法。投资可分为两类：一种是"一次性投资"形式，投资者需要准确掌握市场走势，判断最佳的入市时机；另一种是"定期供款"形式，这种方法依赖既定的投资策略及机制，适合做教育基金和退休计划之用。现今社会信息万变，要准确分析市场情况并且作出正确的决定并不容易。若决定错误，更可能损失巨大。因此，如果投资者对市场走势没有一个比较肯定的预测，分段入市以减低风险，不失为一个好办法。就定期供款形式而言，投资者可以通过定期、定额及持续地投资，达到储蓄或其他理财目标。这种方法的好处是，投资者用成本平均法来减低风险、降低成本，而且无需在为寻找最佳入市时机而伤脑筋。

5. 你不理财，财不理你——理财光明正大。很多人还有着上一辈人的观念，认为理财不是一件特别光彩的事，不正大光明；或者认为就算在理财，也不爱跟周围的亲戚朋友说起，总是在偷偷摸摸地做；或者认为"老算计钱挺没劲的"等等。其实大可不必，理财是一件正大光明的事情，它与生活质量息息相关。我们要善于跟周围朋友共同探讨理财这件事，共同学习，共同提高理财技巧，合理合法地为自己、为家庭积累财富。

6. 理财真谛——从现在开始并长期坚持。什么时候开始理财最好？理财就如同学习，什么时候开始都可以，但越早越好。从现在开始，刻不容缓。

7. 理财目的——梳理财富，增值生活。根据前面讲到的理财五大目的，我们可以看出，理财的基本思路应该是：先积累，再保险，再应急，然后是还贷，最后才是投资和消费。不应按相反的顺序来理财。目前有大部分的人都是先消费、再投资，最后还贷款，不保险。这些做法是不可取的。你们当中甚至有人光想着消费，不去积累，更不用说保险和投资了。另外，要克服理财就是为了获得高收益这一思想误区。理财的目的是"梳理财富，增值生活"。通过梳理财富这种手段来达到提升生活水平的目的。不要把理财当做拿钱来生钱，一味地追求利润和回报。理财的最终目的不是"用钱生更多的钱"，而应是"用钱生合适多的钱"。因为期望的收益越高，潜在的风险和损失也会越大。（举例：泗洪"宝马乡"服刑人员因非法集资陷入生活困境与犯罪生涯）

8. 健康——财富。有道是"健康是福"，身体健康不上医院不吃药，自然就能省下一大笔钱。如果不顾身体而节省，什么钱都不舍得花，无疑步入一种"贪小失大"的误区；何况医药费已不可能全报。一旦身体不适，上一次医院少则几十元，多则几百元。若患上重病，可能会将多年积蓄一扫而光，严重的甚至有倾家荡产的危险。有的人贪图享乐，今朝有酒今朝醉，生活没有规律，常常出入不健康场所，日夜颠倒，"该睡觉不睡觉，该工作不工作"，花掉了积蓄还糟蹋了身体。因此，应该在健康上多做些投资，唯有健康才是最大的节约。

9. 平安——赚钱。人生在世，平平安安不仅是一种福气，而且等于赚了钱。理财应当把安全放在重要位置上。从居家到出门，从大人到小孩，从用电到用火，从骑车到走路，都应该做好安全防范工作。安全上不出问题，等于抱了一个"金娃娃"。

10. 心明——不破财。现在市场上"李鬼"不少，骗人的把戏更层出不穷，且往往打着各种诱人的幌子。为此，要使自己不受骗破财，就应该保持足够警惕。尤其是对那些类似"双簧"的把戏，更应该克服"贪便宜"的心理，离得越远越好。"天上不会掉馅饼"，明白了这一点，就不会上当受骗。不破财也就是最成功的理财。

11. 发现——发财。现在值钱的东西越来越多，诸如钱币、字画、古董、家具、古籍……一旦发现其身价，简直是挖到了一堆金元宝。尽管不是每个家庭都有可发现之物，但"明珠"被埋没的家庭恐怕也不会是少数。如上述这类值钱的东西在不少家庭都是可以找出一些来的。即使没有古董，现代的东西，如分币、像章、粮票、小人书……现在也开始值钱了。因此，在理财中，应该时时翻翻家里的"老底"，理理角角落落那些不起眼甚至是积满灰尘的东西，说不定也会有所发现，给你一个极大的惊喜呢。

12. 富翁——源于节流。美国研究者托马斯·史丹利和威廉姆·丹寇曾经针对美国身价超过百万美元的富翁作过一项有趣的调查。他们发现："高收入"的人不必然会成为富翁，真正的富翁通常是那些"低支出"的人。这些被史丹利和丹寇调查的富翁们很少换屋，很少买新车，很少乱花钱，很少乱买股票，他们致富的最重要原因就是"长时间内的收入大于支出"。在美国另外一项对富翁生活方式的调查中，我们发现，他们中大多数人时常请人给鞋换底或修鞋，而不是扔掉旧的。近一半的人时常请人修理家具，给沙发换垫子或给家具上光，而不是买新的。近一半的人会到仓储式的商场去购买散装的家庭用品。大多数人到超市去之前都有一个购物清单。这样做不仅会省钱，还可以避免冲动购物，而且，如果有清单，他们在商店购物的时间就会减少到最低限度。他们宁愿节约时间用于工作或与家人在一起，也不愿意在超市胡乱地走来走去。这个结论看来再简单不过，却是分隔富人和穷人最重要的界限。任何人违背这条铁律，就算收入再高、财富再傲人，也迟早会被甩出富人的圈子。任由门下三千食客坐吃山空的孟尝君、胡乱投资的马克·吐温，当然还有无数曾经名利双收却挥霍无度滥赌乱投资的知名艺人，都是一再违背"收入必须高于支出"的铁律之后千金散尽。更妙的是，一旦顺应了这条铁律，散尽家财的富人也可东山再起。

13. 少冒险——赚大钱的唯一途径。规避风险是积累财富的基础。如果你为赢利而冒极大的风险，你更有可能以大损失而不是大赢利收场。正是因为"避免赔钱"的观念深入人心，所以大多数都将资金安全放在第一位，面对投资时都表现出一种谨慎的态度。

14. 相信自己——只按自己的方式做投资。100 个人有 100 种投资理念，如果每个投资分析师的话都可能对你产生影响的话，最好的方法就是谁说的也别信，靠自己作决断。按自己的方式投资的好处就是，你不必承担别人的不确定性风险，也不用为不多的赢利支付那么多的咨询费用。投资都会经历三种境界：第一种境界叫做道听途说。每个人都希望听别人的建议或内幕消息。道听途说的决策结果是赔了又舍不得卖，就会去研究，很自然就会去看图，于是进入了第二种境界，叫做看图识字。看图识字的时候经常会恍然大悟，于是进入第三种境界，就是相信自己。在投资决策的过程中，相信别人永远是半信半疑，相信自己却可以坚信不疑。

15. 买保险——做一个有责任心的人。有一个调查显示，说起理财，八成白领都不会选择保险，他们都认为保险的回报率太低。其实，他们是误解了保险的作用。风险投资、股票投资也许体现的是钱生钱，而保险则反映了钱省钱。买保险才是有责任感的体现。这个责任感源自一个假设：如果你不幸罹难，你的亲属怎么办，你是否为他（她）们准备好了足够的退路？所以，购买寿险的主要原因是保护你和依赖你的人。万一有不幸的事情发生，而你再没有能力或机会保护他们的时候，保险公司可以站出来代替你在财务上的角色，至少能为陷入经济困境的家人减少痛苦。而同样的逻辑也为你解决了另外一个问题：是否该为孩子购买保险？显然在这些脆弱的小生命肩上尚未烙下"责任"的痕迹，相反，他们时时刻刻依赖着你，所以你需要给孩子买份保险的理由远远超过给自己。越来越多的人认同了保险的作用，保险体现着爱，体现着责任。钱生钱固然重要，钱省钱也很关键，保险就是花较少的钱来获得较大的保障。至于要购买多少保险，没有标准的答案，但如果追根溯源，你承担的责任多大，保额就该多大。

16. 最大的投资——投资自我。有个名人曾说过："对于自身的投资是最大的投资。"和一般性商业投资的最大不同之处，自我投资绝对有收益，而且时间越久，获益越多。更重要的一点是，自我投资绝对不会血本无归，更没有谁能分享甚至抢走这属于你的获益。自我投资的另一大好处是，任何时候开始都不嫌迟。只要你愿意，今天的投入，必然是明天的收获。自身投资分两个方面：硬件方面和软件方面。

（1）硬件方面。硬件方面就是要做好身体素质的锻炼，也就是健身理财，这一点已经得到越来越多人的认可。身体是赚钱的本钱，健康是我们最大的财富，因此锻炼身体在年轻的时候就要进行。近些年来，虽然人们的收入在不断地增加，但还赶不上看病住院的花费涨得快。当前人们健康观念逐步转变，全民健身越来越热，家庭用于外出旅游、购买健身器械、合理膳食、接受健康培训等方面的投资呈上升之势。因为大家都明白，这些前期的健康投资增强了体质，减少了生病住院的可能性，实际上也是一种科学理财。

（2）软件方面。软件方面就是要拓宽知识面，不断学习以提升自己。知识就是财富，年轻时把钱装进口袋不如装进脑袋。积累财富的途径之一就是提升自我价值，为知识进行的投资是很有价值的，我们要看长远的收益而不是一时的付出。

第四步（30 分钟）　讲解：积累财富的秘密——时间的价值

看视频：《让梦想照进现实 让时间积累财富》

（1）假设你从现在开始每月拿出 1000 元本金来投资，年化收益率保持在保守的 5% 水平：10 年后你就拥有了 158480 元；20 年后就是 416630 元！这就是复利的威力。

爱因斯坦说："复利是人类最伟大的发现，是宇宙间最强大的力量，是世界第八大奇迹"。也许你现在一穷二白，别担心，只要从现在开始理财，时间会让你越来越有钱，因为再微小的起点，利滚利，就像滚雪球，越"滚"越大。所以起点低并不可怕，更不要小看一点一滴的"小钱"，经过时间的发酵，小流终能汇成江海。

第一桶金挣得越早越好。

两个雪球，一大一小，大雪球本来就大，相同的速度可以滚动更大的面积，小雪球体积小，所以相同的速度滚的面积小，假设一块地上的积雪一定，那么大雪球可以变得非常大，而且吸走绝大多数积雪，小雪球增加的雪就非常小了，最后，两个雪球体积相差更大。这就是雪球效应，经济学上称为"报酬递增率"。对于白手起家的人来说，如果第一个百万花费了 10 年时间，那么，从 100 万元到 1000 万元，也许只需 5 年。所以第一桶金挣得越早越好，一旦达到某个临界点，你的财富就会呈指数级增长。

要变成富人，最大的困难是最初几年。不过，接下来会越来越有乐趣，且越来越容易。努力拼搏度过最初的"艰苦日子"，拥有丰富的经验和启动的资金，就像汽车已经跑起来，速度已经加上去，只需轻轻踩下油门，车就会疾驶如飞。

所以理财投资，越早开始越好，坚持就是胜利。

　　（2）一位投资专家说过：在时间和金钱这两项资产中，时间是最宝贵的。如果你想让时间为你增值，那么，你赚钱的速度就要以秒来计算，要分秒必争地捕捉瞬息万变的商业信息。

　　萨姆·沃尔顿自建立起沃尔玛特零售连锁商店后，他就采用先进的信息技术为其高效的分销系统提供保证。公司总部有一台高速电脑，同20个发货中心及上千家商店连接。通过商店付款柜台扫描器售出的每一件商品，都会自动记入电脑。当某一商品数量降低到一定程度时，电脑在一秒钟内就会发出信号，向总部要求进货。当总部电脑接到信号，在几秒钟内调出货源档案提示员工，让他们将货物送往距离商店最近的分销中心，再由分销中心的电脑安排发送时间和路线。这一高效的自动化控制使公司在第一时间内能够全面拿捏销售情况，合理安排进货结构，及时补充库存的不足，降低存货成本，大大减少了资本成本和库存费用。

　　萨姆·沃尔顿还在沃尔玛特建立了一套卫星交互式通信系统。凭借这套系统，沃尔顿能与所有商店的分销系统进行通信。如果有什么重要或紧急的事情需要与商店和分销系统交流，沃尔顿就会走进他的演播室并打开卫星传输设备，在最短的时间内把消息送到那里。这一系统花掉了沃尔顿7亿元，是世界上最大的民用数据库。

　　沃尔顿认为卫星系统的建立是完全值得的，他说"它节约了时间，成为我们的另一项重要竞争。"如果说，以分来计算时间的人比用时来计算时间的人，时间多了59倍的话，那么以秒来计算时间的人则比用分来计算时间的人又多了59倍。沃尔顿建立的高科技通信系统，可以说每分钟都是钱。

　　时间无价，因为虚掷一寸光阴即是丧失了一寸执行工作使命的宝贵时光。因此，那些让时间白白流走，或是花费在无为的玄思漫想中的行为是毫无价值的，而如果是以牺牲人的日常工作为代价的话那么必将遭到严厉的谴责。

第五步（10分钟）　观看视频，结束课程

观看感人动漫 MV《时间都去哪儿啦》，谆谆教导服刑人员珍惜时间，你不珍惜的话，转眼间时间就不知道去了哪儿：从现在开始，学会理财。

第六步　布置作业

1. 在本次活动中，大家学习了16种健康理财的观念：

（1）要成为有钱人必须先有钱。

（2）及早储蓄——复利威力。

（3）分散投资——组合魅力。

（4）一次性投资与定期供款——成本平均法。

（5）你不理财，财不理你——理财光明正大。

（6）理财真谛——从现在开始并长期坚持。

（7）理财目的——梳理财富，增值生活。

（8）健康——财富。

（9）平安——赚钱。

（10）心明——不破财。

（12）富翁——源于节流。

（13）少冒险——赚大钱的唯一途径。

（14）相信自己——只按自己的方式做投资。

（15）买保险——做一个有责任心的人。

（16）最大的投资——投资自我。

请你对这16种理财观念做一个简要的回顾……思考之后将相应的标号填到下面的括号里。

A. 最适用于我本人的（　　　）

B. 我曾经曾经忽视的（　　　）

C. 我曾经在这些方面犯过错误的（　　　）

D. 我不认可的（　　　）

2. "复利"被称为世界第八大奇迹。今天的课程中我们讲到了复利在理财过程中的重要作用，请问：

你了解"复利"吗？（是□　否□）

你会计算复利吗？（是□　否□）

如果今后开设财务计算的课程，带领大家学习基本的财务计算方法，你乐意学习吗？

（是□　否□）

3. 今天我们在课堂上共同观看了感人的动漫《时间都去哪了》，你怎样看待时间、亲情和理财之间的关系？

4. 布置自学《从零开始学理财》一书。该书简明、有目的地教给各阶层的读者关于节约、银行、保险、家庭、投资、创业等六个方面的理财方法，并且针对大家的人生规划及不同的投资条件和水平提供了不同的投资策略。依靠《从零开始学理财》的引领，可以通过理财规划，让收支平衡；可以了解各种投资工具的特点和应用，并有可能成为某类工具的投资高手，从而实现"以钱赚钱"的梦想；同时更能敏锐地捕捉到各种赚钱机会，实现财务自由。

2.3.3 单次矫正活动评估

根据《矫正对象参与集中矫正活动效果评估分级评分标准》对矫正对象本次矫正活动进行评分，并结合《监督方活动记载表》和《矫正民警项目日志》对本次矫正活动的矫正效果进行评估。

同时，根据评估结果，对未达到矫正目标的矫正对象进行个别辅导，以尽可能保证总体矫正效果。

2.4 《服刑人员理财观念调查表》后测

2.4.1 矫正方案

矫正目标	获得真实有效的《服刑人员理财观念调查表》后测数据
矫正量	20 分钟左右（本调查评估表在使用中不对矫正对象的填写时间做限制。根据调查表题目数量，一般情况下，20 分钟是足够完成整个测试的。建议此次测试不单独组织，在前一次矫正活动结束后安排）
矫正重点	确保数据的真实有效
干预措施	量表测试
实施步骤	发放《服刑人员理财观念调查表》→矫正民警说指导语→组织矫正对象填写评估表→回收评估表

2.4.2 矫正过程

在本阶段的活动中，项目组通过团体辅导、小组讨论、知识讲解、故事分享、小组讨论、模拟训练等方法，对矫正对象的理财意识进行了针对性的矫正。在本阶段矫正活动结束时，项目组使用《服刑人员理财观念调查表》对矫正对象进行后测，以获得后测数据，用于与前测数据进行比较，检验本阶段的矫正效果。

第一步（3 分钟）　　发放《理服刑人员理财观念调查表》

第二步（3 分钟）　　矫正民警说指导语

各位服刑人员，大家好。本次测试的主要目的是了解大家的理财观念，以利于项目组根据具体情况给予大家更合适的矫正，同时，也利于你更好地了解自我、认识自我。

测试时请各位服刑人员保持良好的心态，认真阅读说明或指导语，心平气和地答卷。请务必根据自己的实际情况如实选择或填写，不要与他人交谈与讨论，也不要过多地琢磨，凭第一印象，独立完成。

请将服刑人员姓名、调查时间等相关信息填写完整，对你所提供的各种个人资料及测试结果我们将为你严格保密。

接下来，请各位服刑人员认真完成《服刑人员理财观念调查表》。

第三步（10分钟）　组织矫正对象填写调查表

第四步（4分钟）　回收调查表

2.5 阶段二评估

总结本阶段的《矫正对象单次矫正活动综合评分》《监督方活动记载表》及《矫正民警项目日志》，对本阶段矫正效果进行综合评估。

使用SPSS软件对《服刑人员理财观念调查表》的前后测数据进行独立样本t检验和配对样本t检验，检验矫正对象在理财观念方面的矫正效果。

阶段三　知识——理财基础

【矫正目标】使矫正对象了解理财的基本概念，掌握理财的基本知识和原则定律。

通过理财行为训练，消化、巩固矫正理财知识内容，促使矫正对象对自己的不良理财行为进行反思，培养良好的理财习惯。

【矫正内容】

（1）理财的基本内容；

（2）理财的常用知识和原则定律；

（3）"代币制"模拟理财训练（第二次）；

（4）心理情景剧《守财奴与败家子》；

（5）《服刑人员理财风险承受能力调查评估表》后测；

（6）阶段三评估。

【矫正量】9 次，共 18 小时。

【干预措施】视频教学、情景教学、知识讲解、故事分享、小组讨论、模拟训练、心理情景剧、量表测试。

3.1 理财的基本内容

3.1.1 矫正方案

矫正目标	使矫正对象了解理财的基本概念，指导矫正对象对理财这一行为形成理性的认识，引导其对自己入狱前的行为进行反思
矫正量	2 小时
矫正重点	理财的五个方面；理财与投资的异同
干预措施	视频教学、知识讲解、故事分享
实施步骤	温故而知新→故事分享：李先生的故事（一）→自查与反省：我的狱内消费方式→讲解与讨论：哪种狱内消费方式更合理→故事分享与讨论：李先生的故事（二）→知识讲解：理财与投资→布置作业

3.1.2 矫正过程

第一步（10 分钟）　温故而知新

回顾电影欣赏课《当幸福来敲门》，分享矫正对象在课后作业中的答案。

有的矫正对象在作业中写道：我对下面这个情节印象深刻：克里斯带着儿子住在地铁洗手间里，外面有人敲门，他却不敢开门，默默流出了眼泪。我从克里斯的眼睛里看到了恐惧和不安，他的眼泪承载了很大的压力，当时的他，多么的无助，承载了多么大的压力。每个人要有所成就，真的要付出很多。

有的矫正对象在作业中写道：我认为一家人在一起就是幸福生活。在片中，只要有儿子，能给儿子一个家、一张床、一件礼物、看见儿子的一个笑容，听见儿子的欢笑，这就是幸福。

有的矫正对象在作业中写道：我认为我的幸福就是，能尽自己的努力，让家人笑容不断，不会落泪。

通过观影后心灵感悟的分享，强化矫正对象对于幸福的正确认识，鼓励矫正对象时刻保有一颗有爱、感恩、拼搏的心。

第二步（20分钟） 故事分享

通过和矫正对象分享李先生和他弟弟的故事，组织矫正对象进行讨论：为何李先生的弟弟会出现大账不够用的情况呢？

【李先生的故事（一）】

李先生是一位普通的中年人，普普通通地大学毕业，找了一份普普通通的工作，娶了一个普普通通的妻子，生了儿子，后来又学着人家随随便便地跳了几次槽。一晃眼三十五六岁了，房贷还剩一大半没还清，银行里也没啥存款。总之，就是和大多数中国人一样，普通的活着。

李先生在家是老大，还有个弟弟，可这弟弟从小就不让家里人省心，职高毕业后在汽修场干过一段时间，后来嫌太辛苦，辞了职，一直在社会上晃荡。2014年6月，李先生的弟弟因为酒后驾车肇事逃逸，被判有期徒刑三年。

李先生每隔几个月就会带着父母来监狱探监，了解弟弟的改造情况。弟弟说，监狱里的管理都很文明的，请家里人放心，可就是大账配额太少了，三四百块钱的配额，根本不够，常常月末的时候还要借同改的卫生纸、洗衣粉用。

李先生很纳闷，弟弟一个月可以买三四百块钱的东西，为啥到月底连卫生纸都不够用呢？

第三步（25分钟） 自查与反省：我的狱内消费方式

在我国，为加强罪犯生活保障工作，稳定监所秩序，切实维护罪犯的合法权益，各监狱均按规定设立了为罪犯提供生活必需品的罪犯日用品供应站。罪犯可以使用个人大账上的钱款以"量入为出、不得透支""适度消费"的原则,在日用品供应站购买生活必需品及学习用品等。

虽然这种消费是有额度限制和品种限制的,但是,这一消费过程仍然可以折射出罪犯基本的理财观念,而且,不同理财观念对罪犯的狱内生活和改造产生着截然不同的影响。

某监狱不同等级处遇的犯人在开大账和开香烟时的配额限制（2015）

等级处遇	食品开账限额（元）	香烟开账限额（包）
A	400	8
AB	350	5
B	300	5
BC	200	3
C	200	0

某监狱罪犯供应站商品价格表（部分）（2015）

商品名称	价格（元）	商品名称	价格（元）
香薄趣	14.5	洗面奶	39.9
Sod 蜜	11	豆腐干	5.8
软面包	7.9	曲奇	5.2
洋槐蜜	29.9	苹果	50
牛奶	58	香皂	4.8
牙膏	6.3	洗衣粉	5
卫生纸	5.3	牙刷	4.5

组织矫正对象去回忆自己在服刑期间大账都是怎么开的,是不是在有些方面和李先生的弟弟有些类似,是否有不合理的地方?

第四步（25 分钟） 讲解与讨论

1. 两种开账思维：（1）先买食品，食品买够了再买生活用品；（2）先买生活用品，在确保生活用品足够的前提下，根据饮食需要，酌情购买食品。

为保证日常生活用量，罪犯每月一般需要在购买生活用品，如牙膏、牙刷、洗衣粉、卫生纸等物品上花费 40～50 元。可是有一些罪犯，本来大账上面的余额就不多，可为了可以多吃点小食品，贪图嘴上的享乐，尽可能的少开，甚至不开基本生活用品。月底的时候，没有洗衣粉了，向同改借；没有卫生纸了，向同改借，搞得同改见到他都赶快躲，同改之间的关系处得自然也比较紧张。

组织矫正对象讨论比较两种开账思维。

2. 两种大账物品的使用思维：（1）爽一天是一天，小包装发下来放开吃；（2）根据自己的营养和饮食情况，合理的规划小包装的食用。

有些服刑人员，倒是记得买生活用品，可是每次购买的物品发到手中，正常的饭菜就不吃了，早中晚三顿小包装食品，一个月还没过十天，小包装没了，后面的日子，只能看着别人吃，自己悄悄吞口水。

组织矫正对象讨论比较两种大账物品的使用思维。

"投资理财"看起来是一个高深艰涩的词，仿佛远离普通大众，特别是对于正在监狱服刑的罪犯而言，因为基本没有财务行为，所以似乎更和投资理财没有关系。其实不然。一个人，只要手中有可以支配的钱，就必然会安排金钱的走向，不管你有意还是无意，你其实每时每刻都在进行着理财，只是理得好与不好而已。

从服刑期间点购大账的例子可以看出来，无论在什么情况下，树立合理的理财观念，拥有科学的理财能力，都会对你的生活产生积极的影响。

第五步（25 分钟）　　故事分享与讨论

组织矫正对象在看到李先生的经历后，分享自己的理财经历以及自己对理财的认识。讲解理财所包含的五个方面。

【李先生的故事（二）】

李先生最近一些日子有些烦，孩子眼瞅着就要上中学了，开销越来越大，弟弟在监狱里服刑，赡养老人的责任都压在了自己肩上。不过话又说回来，那小子就算没坐牢，成天在社会上瞎晃悠，也帮不了家里什么忙。哎，看着银行卡里的那点存款，李先生是愁眉苦脸直摇头，心想着在这么下去，真要抢银行了，呵呵，哎——

同事看李先生上班的时候总是情绪低落，关心地问他怎么回事。李先生把困难告诉了同事，同事说："老李啊，你不会是月月都把工资放在银行里当活期存着吧？嘿！我算是服了你了，活期存款才几个利息啊，你得学会理财，钱生钱，懂吗？""钱生钱？不成，放高利贷可是违法的！""嗨，谁让你放高利贷了，我是说你得会理财。""理财？我知道，不就是炒股吗，小王他们几个人天天盯着电脑看的那个东西，黑不溜秋的，还有红的线绿的线，咱看不懂，也没那时间天天瞅着啊。""我看你是啥都不懂，是，炒股也是理财的一部分，可理财的学问大着呢，那可是一种生活的态度。算了，这会儿反正也没事，我来给你上个启蒙课，回头得请我喝顿酒啊。"

从理财的基本内容上来说，理财主要包括：现金管理、资产管理、债务管理、风险管理、投资管理等。它们之间或相互关联，或相互促进，或相互制约，要想把财富管理好就要把以下五个方面做好。

理财之现金管理。现金在个人与家庭理财中十分重要，因为现

141

金流入与流出是进行有效管理中最基础的环节。现金管理是指对日常收支的经营和管理，涉及生活中的每个细节，与之相匹配的管理工具包括众多的银行卡类业务。对现金流量的管理是理财规划中最基础的，其不仅是掌握财务状况最有效的手段，也是分析理财行为的准绳。

理财之资产管理。在日常生活中人们的经济状况和生活水准达到一定水平时，就会逐步积累一定的资产，这部分资产是家庭财富的主要部分，对这部分资产的有效管理，自然也就成为理财活动的重要部分。资产按流动性区分，包括固定资产和流动资产。固定资产是指住房、汽车、物品等实物类资产；流动资产就是指现金、存款、证券、基金以及投资收益形成的利润等。所谓流动，是指可以适时应付紧急支付或投资机会的能力，或者简单地说就是变现的能力。其中固定资产可以分成投资类固定资产、消费类固定资产。如房地产投资、黄金珠宝等可产生收益的实物是投资类固定资产；消费类固定资产是家庭生活所必需的生活用品，它们的主要目标就是供您家庭成员使用，一般不会产生收益（而且只能折旧贬值），如自用住房、汽车、服装、电脑等。

理财之债务管理。债务的有效管理对理财规划十分重要，通过对债务的有效管理可以实现财务压力的有效转移。在生活中，人们为了尽早实现理财目标，不可避免要面临债务问题。只有通过对债务的合理控制，才能更加有效地解决财务难题，实现生活品质的提高。所以说合理的债务管理是达成理财目标的捷径。

理财之风险管理。在日常生活中的确有着众多不确定因素和越来越多的安全问题需要面对，人身和财产的有效管理变得十分必要。"千里之堤溃于蚁穴"，"凡事预则立，不预则废"的格言都在告诫我们风险防范关乎大局的成败。有效的风险管理是现代社会先进管理理念的体现，如果没有参与风险管理，许多经济活动的秩序就会变得混乱。而在家庭流动性越来越强时，有效的风险管理成为个人与家庭安稳而幸福的重要保证。

理财之投资管理。理财是为了让人们更快、更好地实现生活目标和人生理想，为了更好地实现财富的增长，人们只有选择有效的投资。投资包括固定资产投资和金融资产投资，但由于投资市场有特殊性和较高的风险，不论哪种投资都需要有丰富的专业知识和经验做指导。有效的投资管理能促进财富的迅速增值，使得理财规划可以支配的余地更大，所以投资管理是理财道路更加畅通的有效途径。

第六步（15 分钟）　　知识讲解

一说到理财，大家可能最先想到的是买股票炒股、基金、买房等等之类的事情。由此可见，大家是多么的容易把理财与投资、赚钱等概念混到一起。

投资是理财的一个组成部分，格雷厄姆认为：投资是指经过详细分析之后，本金安全且有满意回报的操作。因此，投资具备三个基本特征：

1. 投资必须建立在详尽分析的基础之上。所谓详尽分析，是指通过以既定的安全标准和价值标准对投资对象进行研究工作。

2. 投资必须在承担一定的必要风险的情况下有安全保障，虽然投资市场充满了各种风险，没有绝对的安全，但经过详尽分析以后被选定的投资对象应该具有投资的内在价值，同时存在相对安全的价值空间。

3. 投资的结果必须能够得到满意的回报。这种令理性的投资者满意的回报，具有更广泛的含义，即不仅包括了利息和股息，而且包括了资本价值和利润。

而理财更偏重的是一个人的人生规划，它是一种财务的积累，它是一种财富的保障办法。它是通过系统的有目的的规划所进行的的财务管理，以使一个人及其家庭能够获取最大化的收益。理财的范围是很广泛，它理的是一个人一辈子的财，而不是一时的财；理财，它是一个人这一辈子的现金流量和对风险的管理。人的一生会不断地赚钱和不断地花钱，而在未来有那么多的不确定性，包括了人身风险、财产风险、市场风险等，这些风险都有可能会导致个人的收入中断或者费用递增等等情况。因此每个人都需要合理地进行理财。

通俗来讲，理财也就是我们老百姓常挂在嘴边的赚钱、用钱、存钱、借钱、省钱和护钱（收入、支出、资产、负债、节税、保险），而投资指的是赚钱。

第七步　布置作业

1. 从理财的基本内容来分析，理财包括哪五方面内容？

2. 你在开大账的时候一般考虑哪几项因素，下个月的大账，你准备怎么开？

3. 通过李先生的故事，你获得了哪些启示？

3.1.3 单次矫正活动评估

根据《矫正对象参与集中矫正活动效果评估分级评分标准》对矫正对象本次矫正活动进行评分，并结合《监督方活动记载表》和《矫正民警项目日志》对本次矫正活动的矫正效果进行评估。

同时，根据评估结果，对未达到矫正目标的矫正对象进行个别辅导，以尽可能保证总体矫正效果。

3.2 理财的常用知识和原则定律

3.2.1 矫正方案

矫正目标	使矫正对象掌握理财的基本知识和原则定律，使矫正对象认识到理财是和自己的生活息息相关的行为，学会合理的理财将对自己刑满后的新生活产生积极的意义
矫正量	2 小时
矫正重点	利率与复利；理财的基本原则
干预措施	视频教学、知识讲解、故事分享、小组讨论
实施步骤	温故而知新→讲解讨论：不同类型的银行和银行卡→对话讲解：存贷款利率→故事分享与讲解：复利→故事分享与讨论：我也是纳税人→故事分享与讲解：理财原则和定律

3.2.2 矫正过程

第一步（10 分钟）　温故而知新

组织回忆上次课中学习的知识点，重点梳理理财的五个方面，强化比较理财和投资之间的异同。

第二步（20 分钟）　讲解讨论

通过分享笑话"银行的有趣谐音"，引导矫正对象了解不同类型的银行。

【银行的有趣谐音】

1. 中国建设银行——CBC——"存不存？"

2. 中国银行——BC——"不存"

3. 中国农业银行——ABC——"啊，不存。"

4. 中国工商银行——ICBC——"爱存不存。"

5. 国家开发银行——CDB——"存点吧"

6. 汇丰银行——HSBC——"还是不存。"

讲解介绍"存折""借记卡""信用卡"等知识点。

存折，或存款簿，俗称红簿仔，是用来记录存款户口的银行交易的簿子。存折是不需要年费的，但是现在使用率已经非常低了，有些银行已经取消了存折的办理业务。

借记卡是指先存款后消费（或取现）没有透支功能的银行卡。按其功能的不同，可分为转账卡（含储蓄卡）、专用卡及储值卡。借记卡是一种具有转账结算、存取现金、购物消费等功能的信用工具。借记卡不能透支。转账卡具有转账、存取现金和消费功能。专用卡是在特定区域专用用途（百货、餐饮、娱乐行业以外的用途）使用的借记卡，具有转账、存取现金的功能。储值卡是银行根据持卡人要求将资金转至卡内储存，交易时直接从卡内扣款的预付钱包式借记卡。

信用卡是商业银行向个人和单位发行的，凭此向特约单位购物、消费和向银行存取现金，具有消费信用的特制载体卡片，其形式是一张正面印有发卡银行名称、有效期、号码、持卡人姓名等内容，背面有磁条、签名条的卡片。信用卡有它特有的优点和缺点。

信用卡的优点包括：不需要存款即可透支消费，并可享有一定时间内的免息期，按时还款利息分文不收（大部分银行取现当天就会收取万分之五的利息，还有2%的手续费）；购物时刷卡不仅安全、方便，还有积分礼品赠送；持卡在银行的特约商户消费，可享受折扣优惠；积累个人信用，在您的信用档案中增添诚信记录，让您终身受益；通行全国无障碍，在有银联标识的 ATM 和 POS 机上均可取款或刷卡消费（备注：信用卡只适合消费刷卡，最好不要取现，取现手续费用很高，很不划算）；刷卡消费、部分信用卡取现有积分，全年多种优惠及抽奖活动，让您只要用卡就能时刻感到惊喜（多数信用卡网上支付无积分，但网上购物支付很方便、快捷）；每月免费邮寄对账单，让你透明掌握每笔消费支出（现提倡绿色环保，可取消纸质对账单更改为电子对账单）；特有的附属卡功能，适合夫妻共同理财，或掌握子女的财务支出；自由选择的一卡双币形式，通行全世界，境外消费可以境内人民币还款；电话24小时服务，挂失即时生效，失卡零风险。

信用卡的缺点包括：造成盲目消费。刷卡不像付现金那样一张一张把钞票花出去，一刷，没什么感觉，几个数字，导致盲目消费，花钱如流水；导致过度消费。笔记本电脑分期，数码相机分期，智能手机分期，在提前享用自己心仪物品的同时，自己还要考虑是否有能力偿还；利息高。如果你不会打理信用卡，导致最后还款日到了也不能如期还款，银行会向你收取高额利息；需交年费。信用卡基本上都有年费，但基本上都有免年费的政策，比如建行一年只要刷三次就可以免了，但是你一年没刷卡达到银行指定的次数，需要收取年费；影响个人信用记录。长期恶意欠款，自然会影响个人信用记录，甚至被银行打入黑名单，以后要向银行贷款买房买车，就会有可能被银行拒绝。

第三步（15分钟）　对话讲解

通过对话了解矫正对象的存款和贷款经历，通过展示2012～2014年存贷款利率一览表，引入存款利率和贷款利率这两个概念，并讲解利率的计算方法。

利率　表示一定时期内利息量与本金的比率，通常用百分比表示，按年计算则称为年利率。其计算公式是：利息率＝利息量/本金×时间×100%。加上"×100%"是为了将数字切换成百分率，与乘一的意思相同，计算中可不加，只需记住即可。

存款有存款利率，贷款有贷款利率，一般情况下，贷款利率要大于存款利率。

2012～2014 年存款利率变化一览表

调整时间	活期	3 个月	半年	一年	二年	三年	五年
2012 年 6 月 8 日	0.4	2.85	3.05	3.25	4.1	4.65	5.1
2012 年 7 月 6 日	0.35	2.60	2.80	3.00	3.75	4.25	4.75
2014 年 11 月 22 日	0.35	2.35	2.55	2.75	3.35	4.00	4.50

2012～2014 年贷款利率变化一览表

调整时间	六个月以内 （含六个月）	六个月至一年 （含一年）	一至三年 （含三年）	三至五年 （含五年）	五年以上
2012 年 6 月 8 日	5.85	6.31	6.4	6.65	6.8
2012 年 7 月 6 日	5.60	6.00	6.15	6.4	6.55
2014 年 11 月 22 日	5.60	5.60	6.00	6.00	6.15

第四步（25 分钟）　故事分享与讲解

分享故事《赎不回来的曼哈顿》，引导矫正对象认识新名词"复利"。通过案例分析，引导矫正对象了解复利的计算方法，理解通过复利这一貌似简单的手段获得较大收益，需要哪些条件。

【赎不回来的曼哈顿】

有一个故事，印第安人如要想买回曼哈顿市，到 2000 年 1 月 1 日，他们就得支付 2.34 万亿美元。而这个价格正是他们 1626 年出售曼哈顿时的 24 美元以每年 7% 的复利计算的结果。抛开 CPI 不计，现在很多中国人一天平均都不止挣 24 块美元（约 164 元人民币），但对于 2.34 万亿美元，很多人已经没有概念了，数字大得都不知道所对应的财富是多少，给你个相对参照物吧，相当于 2010 年初中国外汇储备总额。若再从 2000 年 2.34 万亿的基础上，再以 7% 复利增长十年到当下 2010 年，这笔钱变成 4.6 万亿美元，数目跟 2009 年中国 GDP 十分接近，2009 年美国 GDP 是 15 万亿美元左右，相当于三分之一美国国内生产总值。这就是复利的巨大魔力。

爱因斯坦曾经说过："复利是世界第八大奇迹，其威力比原子弹更大。"

复利是指在每经过一个计息期后，都要将所生利息加入本金，以计算下期的利息。这样，在每一个计息期，上一个计息期的利息都将成为生息的本金，即以利生利，也就是俗称的"利滚利"。其计算公式是：$F = (1 + i)^n$

其中：F＝本金；i＝利率；n＝持有期限

举个例子：1 万元本金，按年收益率 10% 计算，第一年年末你将得到 1.1 万元，把这 1.1 万元继续按 10% 的收益投放，第二年年末你将得到 $1.1 \times 1.1 = 1.21$ 万元，以此类推，第三年是 1.331 万元，到第八年就是 2.14 万元了。

我们再做一个简单的计算：10 万元以每年 30% 增长 50 年后是 497.9292 亿元，注意单位是亿，将近 500 亿，这个数字是真实的，并没有一丝半点夸张的修辞。一个人拥有 10 万元是很稀松平常的事，在北上广，一个卫生间的面积可能都不止 10 万元。

两个年轻人，一个在 23 岁开始每年投资 10000 元，直到 45 岁，每年按照复利 15% 的收益增长；另一位年轻时候活的自在，32 岁才开始投资，为了弥补往日失去的岁月，他每年存 20000 元，同样按照 15% 的复利计算，当二人都到 45 岁时，你认为谁的钱更多？

答案是：23 岁开始投资的年轻人。

23 岁的年轻人在 45 岁时，通过复利可以获得 137.63 万元，而 32 岁才开始攒钱的人，到他 45 岁时，虽然每年的投资金额是 23 岁年轻人的两倍，但他只能获得 68.7 万元

1 万元本金，每年按 12% 复利增长，10 年后为 3.11 万元，20 年后为 9.65 万元，30 年后为 29.96 万元。

1 万元本金，每年按 18% 复利增长，10 年后为 5.23 万元，20 年后为 27.39 万元，30 年后为 143.37 万元。

要让复利成为我们心中可观的积累需要以下几个条件：足够的本金、好的投资渠道、足够的耐心和精力。

如果我们的初始资本不变，影响复利的结果只有两个因素：一是投资增长率，二是投资时间。投资增长率越大，投资周期越长，财富的积累越大。

复利告诉我们钱能生钱，但是，请记住，有本金和渠道，更要有足够的耐心和精力，否则理财失败事小，违法犯罪事大。

第五步（20 分钟）　故事分享与讨论

分享李先生的故事，组织矫正对象讨论"我是纳税人吗？我交过税吗？我听说过哪些税种？"

【李先生的故事（三）】

李先生的侄子小李先生名牌大学毕业后进了一家大型企业工作，工作几年下来，做了一个部门的主管，听说工资挺高的，一个月一万多块呢。一个周末，小李来到李先生家里做客，聊到工资的事情，李先生不住的夸奖侄子工资高，有本事，可是小李愁眉苦脸的对叔叔说：叔，1 万块是税前工资。把该扣的一扣，就没多少钱了！税前？什么意思啊？看到叔叔一脸茫然，小李给叔叔算了自己的工资单：工资 1 万元，扣除社保和公积金 600 元，扣除个人所得税 625 元，最后到手的现金只剩下 8775 元了。啊？这，钱没到手就少了一千多啊！这个个人所得税到底是个啥玩意啊？

税收是国家凭借政治权力或公共权力对社会产品进行分配的形式。税收是满足社会公共需要的分配形式；税收具有非直接偿还性（无偿性）、强制义务性（强制性）、法定规范性（固定性）。

税收是伴随国家的产生而产生的。物质前提是社会有剩余产品，社会前提是有经常化的公共需要，经济前提是有独立的经济利益主体，上层条件是有强制性的公共权力。

根据财政部网站公布，中国目前共有 18 个税种。它们分别是：增值税、消费税、营业税、企业所得税、个人所得税、资源税、城镇土地使用税、土地增值税、房产税、城市维护建设税、车辆购置税、车船税、印花税、契税、耕地占用税、烟叶税、关税、船舶吨税。一般情况下，个人只对缴纳个人所得税有一定认识，事实上，不管你体没体会到，这十八种税种都在直接或间接的影响着我们的生活。

视频教学《五分钟读懂中国税收》，引导矫正对象认识到，税收和我们的生活息息相关，每一个公民都是纳税人。

如果你购买了一瓶 100ml 的女士香水 Chanel CoCo，市场售价为 1480 元。其中包含了 17% 的增值税 215 元，30% 的消费税 380 元，以及城市维护建设税 41.6 元，总计 636.6 元，接近商品价格的一半。

以上海产"中华"牌软包香烟为例，出厂调拨价 36.3 元/包（含增值税，税率为 17%），烟草公司批发价 55 元/包，市场指导零售价 61 元/包。

1. 烟叶的收购环节缴纳烟叶税 20%，折合到每包约 0.2 元；

2. 卷烟的生产环节缴纳的消费税为：从价税率 56%，$36.3 \div (1 + 17\%) \times 56\% = 17.37$ 元，加从量税额 0.003 元/支，每包 20 支，即 0.06 元/包，合计 $17.37 + 0.06 = 17.43$ 元/包；

3. 卷烟的批发环节税率 11%，缴纳的消费税为：$55 \div (1 + 17\%) \times 11\% = 5.17$ 元/包；

4. 卷烟的零售环节缴纳增值税，税率 17%：$61 \div (1 + 17\%) \times 17\% = 8.86$ 元/包；

5. 城建税 7% 和教育费附加 5% 为：（17.43 + 2.35 + 8.86）×
（7% + 5%）= 3.44 元；

这包香烟一共需要由烟民负担 0.2 + 17.43 + 5.17 + 8.86 + 3.44
= 35.1 元（不包括相关的企业所得税等），占到市场指导零售价 61
元的 57.54%。

第六步（30 分钟）　　故事分享与讲解

分享李先生的理财故事，组织矫正对象讨论李先生的理财方式
是否合理，为什么。

【李先生的故事（四）】

李先生自从上次听了同事给他上的投资理财启蒙课之后，就一
直在琢磨着找个门路把银行里那十多万存款拿出来"理一下"。有
一天，李先生到银行取钱的时候，正遇上银行在宣传他们新发售的
一款理财产品，预计年收益率 5.5%。"呵，5.5%，比存定期存款
的利息还要高啊，而且宣传期间购买一定数额还送色拉油。"李先
生一合计，合适啊，当即就办理了相关手续，把银行卡上的存款都
购买了理财产品。

一个月后，李先生 60 多岁的父亲突然因为高血压昏迷住了
院，前前后后在医院折腾了大半个月，老爷子算是脱离危险出了
院。老爷子这住院大半个月，虽说没有动手术，可就是治疗、买
药什么杂七杂八的算起来呢，也花了将近两万块。住院这些天一
直在刷信用卡，李先生也就没注意资金问题，可老爷子出院之后
他回过神来了："坏了，钱都买了半年期的理财产品了，现在手上
也就几千块钱的活动资金，信用卡的还款日期马上就要到了，这可
咋办啊！"

通过李先生不合理的理财方式，指导矫正对象学习理财的一些
原则和定律。

152

1. 理财的基本原则

原则之一，理财产品要合理布局，有几个小小的参数供大家参考。第一，基本开销。每月贷款支出占家庭固定支出不超过30%。我现在看到有不少人各种贷款的支出已经超过收入的50%了，这样的生活会不舒服。第二，应急储备。准备4~6个月的家庭固定支出。第三，家庭保障。家庭意外保障差不多够72个月的生活费，即如果有意外，家人可以有6年左右的生活费。家庭年保险费支出一般以不超过10%的年收入为宜。随着年龄不断地增长，大家要慢慢形成保险的概念，像意外险、医疗险，甚至寿险等，都是很具有保障功能的。

原则之二，目标清晰，知己知彼。第一，知己。理财目标要明确，比如我在30岁的时候要付得起房子的首付款，又比如我小孩上大学的时候我能准备出一定的教育费用，甚至是我两年后想去欧洲玩一趟等，都是理财目标。只有目标明确才可能坚持下去，最终达成结果。第二，知彼。现在在市场上还是有一些理财工具的。如果你已经有理财目标了，你就应该对市场上的理财信息比较敏感。目前市场上有很多专业的理财产品的提供者，如基金公司、银行等，如果你表示出有理财的意向，这些专业人员都可以提供很多专业信息给你。这里有一些大家比较关心的理财产品和方式：第一，储蓄类产品。主要指活期、定期储蓄。第二，保障型产品。主要指各种保险产品。第三，理财投资产品。国债、货币市场基金、银行理财计划、其他类型基金、股票等等。大家可能对低风险产品比较感兴趣，我这里对货币市场基金和银行理财产品做了一个大致比较，主要从安全性、流动性、透明度、投资人、收益性、税收等方面进行比较，供大家参考一下。安全性，货币市场基金和银行理财产品，安全性都较高。流动性，货币市场基金可以每天赎回，一般 T + 2 可以拿到钱，银行理财产品是否可以赎回，多久可以赎回一次，不同产品有不同规定，需要问清楚。透明度，货币市场基金透明度高，银行理财产品运作期间信息披露较少。投资人，货币市场基金机构、个人均可购买，银行理财产品多数只对个人投资者。收益性，货币市场基金和银行理财产品都比较稳定。税收，货币市场基金免个人利息税，银行理财产品不同产品不同规定。

理财的基本原则之三：时间很重要，收益很重要。由于有复利的作用，在一定收益率的前提下，我们开始投资理财越早，收益就越多。这里有几个比较经典的数字，在 2000 年之前的 70 年中，根据摩根斯坦利的统计数据，涨得最快的小型公司股票，平均每年的成长率是 12.4%；大型公司是 11%；长期政府公债是 5.3%；国库券是 3.8%；而通货膨胀率是 3.1%。这些数字有两层意思，首先是长期投资的概念，另外是不同的投资标的有不同的收益。

2. 理财的基本原则和定律

（1）72 法则

金融学上有所谓 72 法则，用作估计将投资倍增或减半所需的时间，反映出的是复利的结果。

举例：假设最初投资金额为 100 元，复息年利率 9%，利用"72 法则"，将 72 除以 9（增长率），得 8，即需约 8 年时间，投资金额滚存至 200 元（两倍于 100 元），而准确需时为 8.0432 年。

（2）4321 定律

人们在长期的理财规划中总结出一个一般化的规则，也就是所谓的"4321 定律"。这个定律是针对有一定收入水平的家庭，这些家庭比较合理的支出比例是：40% 的收入用于买房或股票、基金方面的投资；30% 用于家庭生活开支；20% 用于银行存款，以备不时之需 10% 用于保险。

按照这个小定律来安排资产，既可满足家庭生活的日常需要，又可以通过投资保值增值，还能够为家庭提供基本的保险保障。

（3）80定律

股票占总资产的合理比重等于80减去年龄的得数添上一个百分号（%）。比如，30岁时的股票可占总资产的百分之五十，50岁时则占百分之三十。

重点强调：许多人在看到股市利好的情况下，把家里的所有资产放入股市，甚至贷款、借钱炒股，是一种冒险投机的行为，是绝对不赞成的。

（4）家庭保险双10定律

家庭保险设定的恰当额度应为家庭年收入的10倍，保费支出的恰当比重应为家庭年收入的百分之十。

（5）房贷31定律

每月的房贷金额以不超过家庭当月收入的1/3为宜。

在我国，申请购房贷款需要提供收入证明，要求您提供的月收入是您月还款的两倍以上，这部分月供款包括您之前所有的银行未结清贷款，所以请注意您的月收入应该是您所有未结清贷款月还款的两倍以上。

第七步　布置作业

1.（多选）如果你想将闲置的钱进行储蓄，可以选择以下哪些银行？（　　　　　）

A. 农业银行　　B. 招商银行　　C. 中国人民银行　　D. 邮政储蓄银行　　E. 中国银行

2. 想通过复利这一手段获得较大收益，需要哪些条件？

3. 如果你现在有20万元的闲置资金，你会选择如何处理和使用这笔钱？

3.2.3 单次矫正活动评估

根据《矫正对象参与集中矫正活动效果评估分级评分标准》对矫正对象本次矫正活动进行评分，并结合《监督方活动记载表》和《矫正民警项目日志》对本次矫正活动的矫正效果进行评估。

同时，根据评估结果，对未达到矫正目标的矫正对象进行个别辅导，以尽可能保证总体矫正效果。

3.3 "代币制"模拟理财训练（第二次）

3.3.1 矫正方案

矫正目标	通过实操模拟，提高矫正对象的理财能力和意识
矫正量	2 小时
矫正重点	引导矫正对象理性地选择合适自己的理财方式
干预措施	情景模拟、点评讲解
实施步骤	计算到期储蓄及理财产品收益→兑现到期储蓄及理财产品本息→计算应发工资和应缴消费款项→发工资，收取消费款→办理储蓄、理财产品申购业务→督促记账

3.3.2 矫正过程

第一步（10 分钟）　计算到期储蓄及理财产品收益

1. 按储蓄各期限利率计算到期储蓄应得利息；

2. 按第一次课所申购模拟理财产品期限和利率，计算本次到期产品的利息（第一期发行的模拟理财产品均实现预期收益）。

第二步（20 分钟）　兑现到期储蓄及理财产品本息

矫正对象按计算完成的先后顺序排队办理储蓄和理财产品兑现业务。

第三步（10 分钟）　计算应发工资和应缴消费款项

1. 公布上月奖励分和本月大账等消费数据；

2. 应发工资（方法同第一次）；

3. 应缴消费款（方法同第一次）。

第四步（30 分钟）　发工资，收取消费款

按先计算完先领先交的原则，已经完成计算的矫正对象依次到发工资窗口领取工资、缴纳消费款，四名矫正民警分两个窗口分别负责发放工资、和收取消费款，并要求矫正对象签字确认。

第五步（40 分钟）　办理储蓄、理财产品申购业务

四名矫正民警，两人一组，一组负责办理储蓄，另一组负责办理理财产品申购。储蓄利率及周期计算同第一次课，理财产品详见下表：

产品名称	发行银行	起购金额（元）	募集期限	计息期限	是否保本	年化预期收益率（%）	风险等级
"创富 2 号"理财计划	浦监模拟银行	2000 元	7.1~7.9	31 天 7.10~8.10	不保本	8.5%	高
"彩虹 2 号"理财计划	浦监模拟银行	2000 元	7.1~7.9	62 天 7.10~9.10	不保本	7.5%	中
"保利 2 号"理财计划	浦监模拟银行	2000 元	7.1~7.9	92 天 7.10~10.10	保本	6.5%	低

第六步（10 分钟）　督促记账

督促矫正对象将兑现的储蓄、理财产品本息；重新办理的储蓄、申购的理财产品数额；领取的工资和上缴的生活费用等相关数据详细记录到记账本上。注意收支分类。

3.3.3 单次矫正活动评估

结合《监督方活动记载表》和《矫正民警项目日志》对本次矫正活动的矫正效果进行评估。同时，根据评估结果，对未达到矫正目标的矫正对象进行个别辅导，以尽可能保证总体矫正效果。

3.4 心理情景剧《守财奴与败家子》

3.4.1 矫正方案

矫正目标	在循证矫正工作中，心理情景剧作为一种辅助矫正手段，通过对矫正对象日常改造生活的模拟，既为矫正对象提供了心理宣泄的平台，又使其可以理性、清晰地正视自己的各种心理问题和犯因性需求。同时，矫正民警在情景剧表演过程中对矫正对象的指导，可以促使矫正对象产生矫正信心、找到矫正方向，为其他矫正活动的开展产生积极的效果
矫正量	6次，每周1次，每次2小时，一共12小时 （具体排练、表演、录制灵活占用服刑人员日常矫正时间）
矫正重点	引导矫正对象正视自己在理财方面存在的缺陷，并形成主动参与矫正的积极性
干预措施	集中授课、分组讨论、心理情景剧的编写与表演
实施步骤	分享与讨论→才艺大比拼→知识讲解：什么是心理情景剧→剧本讨论→片段模拟演出→剧本完善定稿→组织排练→组织录制

3.4.2 矫正过程

第一次活动（2小时） 介绍活动相关知识、调动矫正对象参与积极性

第一步（40分钟） 分享与讨论

组织矫正对象就以下几个问题进行讨论：

1. 我认为演技最好演员是谁，为什么？

2. 你在服刑前有表演的经历吗？学校、单位、家庭及朋友聚会时表演的经历都可以分享。

3. 你感觉在朋友或者陌生人面前表演，难吗？

4. 如果只是让你演自己，你还感觉难吗？

本环节旨在通过问题讨论，循序渐进地了解矫正对象对于在他

人面前表演的态度以及表演的经历。通过言语鼓励和行为引导，使矫正对象产生反思自我、演绎自我的动机。

第二步（50分钟）　才艺大比拼

组织矫正对象围成圆圈坐好，以击鼓传花的方式指定矫正对象表演一个节目，节目形式不限，可以是唱歌、跳舞、说笑话等等。

这个环节的主要目的是活跃气氛，放松矫正对象紧张拘谨的情绪，激发矫正对象的思维活力和表演勇气。

第三步（30分钟）　知识讲解

浅显的给矫正对象讲解情景剧和心理情景剧的基础知识，使矫正对象对活动的具体内容有一定知识层面的了解。

心理剧是西方最负盛名的团体心理治疗技术，创始人是雅各·莫雷诺（1889～1974年）。心理剧能帮助参与者将心理事件透过一种即兴与自发性的演剧方式表达出来。观众也是演员，演员也是观众，他们通过舞台，演出心里的东西，不管是过去、现在还是未来都可以演出来。

在心理治疗中，咨询师让来访者把自己的焦虑或者困惑用情景剧的方式表现出来，咨询师在一旁进行点评，并借此对来访者的心理问题进行指导治疗，而来访者在咨询师指导以后继续表演情景剧，直到最终对自己的问题解决有所帮助。心理情景剧通过团体成员扮演日常生活问题情境中的角色，使成员把平时压抑的情绪通过表演得以释放、解脱，同时学习人际交往的技巧及获得处理问题的灵感并加以练习。

在监狱罪犯矫正中开展的心理情景剧与心理治疗中的心理情景剧有一定的区别。矫正民警在罪犯表演过程中的介入相应的减少，而把主要精力放在罪犯在编写剧本时的自述、反省和期望活动中。因此，监狱的心理情景剧注重为罪犯提供一个通过表演解读自己、解读服刑生活、促进心理健康的平台。

第二次活动（2小时）　组织矫正对象对心理情景剧剧本进行讨论

在罪犯讨论和编写剧本的过程中，要求罪犯可以以完全放松的状态陈述自己的想法，罪犯团体也可针对某一想法和行为进行讨论，但矫正民警需将讨论的方向控制在积极和中性的范围之内。

讨论的内容主要包括：对自己违法犯罪原因的反思，对亲人最想表达的情感，对监区民警想要说的话，对同改想要说的话，在矫正活动开展过程中产生的想法，还有哪些矫正需求等等。

矫正民警要参与到讨论中，对矫正对象在讨论中所表达的焦虑、疑惑等情绪予以初步化解，对矫正对象提出的具体问题予以指导和初步解答。

对讨论内容要进行详细记录，为后续编写剧本保留参考资料。

第三次活动（2小时）　剧本讨论与片段模演

第一步（60分钟）　组织矫正对象对心理情景剧剧本进行讨论

第二步（60分钟）　组织矫正对象对心理情景剧的片段进行编写的模演

组织矫正对象将讨论中出现的情景片段模拟表演并记录下来。

在模拟表演过程中，矫正民警要积极介入，对矫正对象在表演中呈现出来的问题进行引导和化解。

第四次活动（2小时）　编写并完善情景剧剧本

第一步（60分钟）　组织矫正对象对心理情景剧的片段进行编写和模演

第二步（60分钟）　完善心理情景剧整体剧本

结合多次模拟表演的小片段剧本，完善编写成一个或多个故事情节完整的剧本。

在剧本完善过程中，要确保情节的设置与真实的改造生活相一致，并强调保留矫正对象讨论内容的原貌。同时，剧本中除了体现出矫正对象的现实情况外，还应体现矫正对象在矫正过程中产生的变化。以期在情景剧演出时对观看罪犯产生一定的矫正效果。

第五次活动（2小时）　组织排练心理情景剧

第六次活动（2小时）　录制心理情景剧（剪辑好的成片在晚上组织矫正对象收看）

3.4.3 单次矫正活动评估

结合《监督方活动记载表》《矫正民警项目日志》、矫正对象自述及最终的心理剧剧本内容对心理情景剧矫正活动的矫正效果进行评估。

在具体实施过程中，会因为矫正对象认知水平、文化水平等的不同最终形成不同的剧本[①]。

3.5 《服刑人员理财风险承受能力调查评估表》后测

3.5.1 矫正方案

矫正目标	获得真实有效的《服刑人员理财风险承受能力调查评估表》后测数据
矫正量	20分钟左右（本调查评估表在使用中不对矫正对象的填写时间做限制。根据调查表题目数量，一般情况下，20分钟是足够完成整个测试的。建议此次测试不单独组织，在前一次矫正活动结束后安排）
矫正重点	确保数据的真实有效
干预措施	量表测试
实施步骤	发放《服刑人员理财风险承受能力调查评估表》→矫正民警说指导语→组织矫正对象填写评估表→回收评估表

---

① 因篇幅有限，本书不提供剧本，如有需要可与作者联系。

3.5.2 矫正过程

通过前三个阶段的矫正，矫正对象树立了较为正确的理财理念，了解了一定的理财知识，抵御理财风险的意识和能力获得了提高。在本阶段矫正活动结束时，项目组使用《服刑人员理财风险承受能力调查评估表》对矫正对象进行后测，以获得后测数据，用于与前测数据进行比较，检验本阶段的矫正效果。

第一步（3 分钟）　发放《服刑人员理财风险承受能力调查评估表》

第二步（3 分钟）　矫正民警说指导语

各位服刑人员，大家好。本次测试的主要目的是了解大家的理财风险承受能力，以利于项目组根据具体情况给予大家更合适的矫正，同时，也利于你更好地了解自我、认识自我。

测试时请各位服刑人员保持良好的心态，认真阅读说明或指导语，心平气和地答卷。请务必根据自己的实际情况如实选择或填写，不要与他人交谈与讨论，也不要过多地琢磨，凭第一印象，独立完成。

请将服刑人员姓名、调查时间等相关信息填写完整，对你所提供的各种个人资料及测试结果我们将为你严格保密。

接下来，请各位服刑人员认真完成《服刑人员理财风险承受能力调查评估表》。

第三步（10 分钟）　组织矫正对象填写评估表

第四步（4 分钟）　回收评估表

3.6 阶段三评估

总结本阶段的《矫正对象单次矫正活动综合评分》《监督方活动记载表》及《矫正民警项目日志》，对本阶段矫正效果进行综合评估。

使用 SPSS 软件对《服刑人员理财风险承受能力调查评估表》的前后测数据进行独立样本 t 检验和配对样本 t 检验，检验矫正对象在理财风险承受能力方面的矫正效果。

阶段四　技能——理财方法

【矫正目标】促进矫正对象树立正确的人生目标和理财目标，培养矫正对象尽快适应就业创业形势、顺利融入社会生活的能力，帮助矫正对象正确认识消费陷阱，学会规避理财风险，避免因盲目消费、胡乱理财导致入不敷出、重蹈覆辙的困境。

通过理财行为训练，巩固矫正对象知识学习的内容，进一步提高矫正对象的记账能力、实务操作能力，强化其家庭观、金钱观和价值观。

【矫正内容】

（1）职业生涯规划与理财目标；

（2）我的生活方式——就业与创业；

（3）分类记账与财务计算；和李先生一起学记账；

（4）合理消费和省钱妙招；

（5）民间借贷与纠纷处理；

（6）"代币制"模拟理财训练（第三次）；

（7）"情满中秋，为爱献礼"矫正活动；

（8）阶段四评估。

【矫正量】12 次，共 18 小时。

【干预措施】视频教学、情景教学、知识讲解、故事分享、小组讨论、模拟训练。

4.1 职业生涯规划与理财目标

4.1.1 矫正方案

矫正目标	使矫正对象了解职业生涯规划的基本概念，指导矫正对象合理确立生涯目标和理财目标，掌握生涯规划的基本步骤
矫正量	2 小时
矫正重点	生涯目标的确立；生涯目标与理财目标的异同
干预措施	知识讲解、故事分享
实施步骤	故事分享：《苏格拉底和他三个弟子的故事》→知识讲解：职业生涯规划的概念→案例分享：服刑人员刘某的故事→交流讨论：职业生涯规划的作用→故事分享：《动物学校》→知识讲解：生涯规划的步骤→小测验→知识讲解：生涯目标的确定→布置作业

4.1.2 矫正过程

第一步 15 分钟　职业生涯规划的相关概念

【故事】《苏格拉底和他三个弟子的故事》

苏格拉底的三个弟子曾向老师求教：怎样才能找到理想的伴侣？苏格拉底把他们带到一块麦田，要求他们沿着田埂直线前进，不许后退，而且仅给一次机会选摘一枝最大的麦穗。

第一个弟子走几步看见一枝又大又漂亮的麦穗，高兴地摘了下来。但是他继续前进时，发现前面有许多比他摘的那枝大，只得遗憾地走完了全程。

第二个弟子吸取了教训，每当他要摘时，总是提醒自己，后面还有更好的。当他快到终点时才发现，机会全错过了，只好将就着摘了一个。

第三个弟子吸取了前两位的教训，当他走到 1/3 时，即分出大、中、小三类，再走 1/3 时验证是否正确，等到最后 1/3 时，他选择了属于大类中的一枝美丽的麦穗。虽说，这不一定是最大最美的那一枝，但他满意地走完了全程——因为他知道，自己已经尽可能争取到最好的结果了。

引导矫正对象进行思考和讨论：你该怎么选麦穗？提问 3~5 名矫正对象，然后再来看看苏格拉底三个弟子的做法，分别点评，导入本节内容——职业生涯规划。

1. 职业生涯的概念：职业生涯是指一个人的终生职业经历，是指一个人一生中所有与职业相联系的行为与活动，以及相关的态度、价值观、愿望等的连续性经历的过程，也是一个人一生中职业、职位的变迁及工作理想的实现过程。

2. 职业生涯规划的概念：职业生涯规划是在对个人的兴趣、价值观、技能、性格以及经历等方面进行客观具体分析的基础上，结合当前外部人力资源市场、行业、政策等外部社会整体环境，确定适合自己的最佳职业奋斗目标，并为实现这一目标做出行之有效的行动。从一般意义上讲，职业生涯规划是一种计划、一种安排、一种方案，目的是实现自己确立的职业方向、职业目标、职业立项、职业道路等。

3. 服刑人员职业生涯规划的概念：服刑人员职业生涯规划，是指服刑人员在监狱人民警察的教育、培训和帮助之下，不断树立正确观念，学习新知识，提高自身职业技能，培养良好心理素质，掌握职业生涯规划的理论和方法，在此基础上，根据外部环境和自身条件，确定职业目标，制定职业生涯发展策略，加强职业生涯管理。

第二步（10 分钟）　职业生涯规划对服刑人员的两个方面作用

【案例】服刑人员刘某因故意伤害罪被判处有期徒刑 8 年，其

165

服刑后，家人为了支付被害人经济赔偿，到处借债，导致家中一贫如洗、债台高筑，妻子离婚愤然离家，父母病重无钱医治，儿子小学毕业就辍学打工。刘某服刑之初想到因自己犯罪给家人带来的重大灾难和不幸多次自杀未遂，后在监狱警官的关心疏导和教育帮助下，刘某渐渐重新树立生活的目标，并对自己未来的生活进行了科学的规划设计，由于有了目标，刘某很快得以减刑回家。刑满后，刘某并没有因为无经济基础而一蹶不振，反而按照自己在监狱内规划的方案，首先到苏南某服装厂找工作，凭借自己的缝纫技术很快在一家大型服装厂找到待遇不错的工作。两年后，他邀约几名同为刑满释放人员一起创业，在老家创办了一家服装加工厂，规模和经济效益不断提高。短短五年时间，他成了当地小有名气的小老板。父母得以入院治疗、离家出走的妻子再次回到他的怀抱，也为自己的儿子打下了很好的经济基础。全家的生活幸福美满。

服刑人员刘某的故事告诉我们什么呢？我们请三名学员交流一下感受。

那么职业生涯规划具体有哪些作用呢？（简单阐释，注意时间控制）

（一）对服刑人员自身的作用

1. 帮助服刑人员明确改造目标。监狱在服刑人员中开展职业生涯规划教育与指导，有助于帮助服刑人员客观的认识自我、重新找准人生目标；同时，职业生涯规划中同样涉及服刑期间的计划和措施。拥有明确的目标和计划，服刑期间其改造动力和信心将不断提升。

2. 帮助服刑人员树立正确的职业观。通过对服刑人员开展职业生涯规划教育，可以使每个服刑人员明白职业对于人生的重要意义，明确自己刑释后"想做什么、能做什么，该如何做"等个人职业生涯的基本问题。同时，通过制订具体可行的职业生涯规划，使服刑人员根据自身实际，确立自己的职业需求和职业目标，并为实现自己的职业目标而加倍努力。这对于服刑人员树立正确的人生观、世界观和价值观，具有积极的意义。

3. 帮助服刑人员树立正确的职业心理。服刑人员刑释回归社会后，面对的首要问题是就业，一旦就业不成功，往往会产生职业挫折、职业焦虑、职业迷茫等不良心理，如若处理不当，还有可能走上重新犯罪的道路。开展服刑人员职业生涯规划，指导每个服刑人员正确面对职业挫折，走出挫折心理阴影，充分发挥职业挫折心理对职业的积极作用，认清自己职业个性特征，总结以往的经验教训，确定职业生涯目标，以新的职业人生态度，开创属于自己的职业新天地。

4. 促进服刑人员职业能力的提升。服刑人员职业生涯规划，不仅仅是对服刑人员职业生涯理论的教育和职业人生目标的规划，还包括对其职业技能的培训和实践训练。监狱企业为服刑人员提供了大量的实践岗位，同时监狱每年也组织职业技能培训和鉴定工作，无论处于服刑期间还是刑满以后，服刑人员都能拥有一技之长，具备谋生之本。

（二）对服刑人员家庭的作用

1. 保障家庭生活的正常运行。服刑人员因违法犯罪，在给他人和社会造成损失的同时，一般都会影响自己正常的家庭生活，使家庭生活陷入混乱，或给家庭带来严重的债务危机。而严重的债务问题，不仅会影响服刑人员家庭的正常生活、影响服刑人员正常的改造生活，甚至会影响到服刑人员刑满释放后的生活。服刑人员职业生涯规划，实质上是帮助服刑人员明确职业方向和职业目标，帮助其刑满释放后实现就业，确保有正常稳定的生活来源的一项重要教育工作，如果服刑人员刑满释放走上社会后能够顺利实现就业，既达到了我们教育改造的目的，又使刑释人员生活有了保障，为偿还家庭债务打下基础。

2. 维护家庭成员的尊严和形象。服刑人员因犯罪使自己的人格形象与尊严受到了损害，同时也损害了家庭成员的形象与尊严。一方面要承受社会舆论所造成的巨大压力，承受他人的"另眼相看"、"冷眼相对"；另一方面在就业、社交等社会生活中也承受着沉重的心理压力，遭遇种种困难阻碍，失去了公平的环境。面对社会的歧视与偏见，面对家庭成员的现实处境，要挽回应有的尊严，树立良好的社会形象，还得依靠服刑人员自身的努力。开展职业生涯规划并积极地实践，可以促使服刑人员树立良好的改造形象，以出色的悔改表现和改造成绩，向家人交出一份满意的答卷；可以促使服刑人员深入思考、认真谋划刑满释放后的就业计划与职业规划，找到今后的人生目标与方向；可以促使服刑人员在刑释后朝着自己确定的职业目标和发展方向，脚踏实地，努力工作，取得成绩，以回报家庭、社会和国家，以实际行动获得人们的谅解、理解与支持，消除他人的偏见与歧视，重塑良好社会形象，挽回曾经失去的尊严。

3. 促进家庭和谐。服刑人员刑满释放后，因无业可就、无所事事，就有可能走上重新犯罪的道路，同时也会破坏与其他家庭成员间的关系，影响家人和睦相处。服刑人员职业生涯规划在一定程度上有助于这一问题的解决。如果服刑人员能从入监服刑初期就开始拟定自身的职业生涯规划，注重结合自身的兴趣和文化教育背景，积极参加监狱组织的教育培训，扬长补短，有意识地培养自身的职业技能，掌握扎实的职业能力，那么刑释后找到适合自己工作的机会肯定要大得多。有了工作，生活就会变得忙碌而充实，有了对事业的追求，就会让亲人看到全新的自己，就能获得全体家庭成员的原谅、包容和接纳，以前的家庭矛盾就会慢慢化解、消融，团结和睦的气氛就会自然而然地形成。

第四步（35分钟）　职业生涯规划的四个步骤

【故事】《动物学校》

森林里有一所动物学校，学生有小鸭子、小兔子、小松鼠、老鹰，学校里开设的课程包括跑步、爬行、游泳及飞行。为了方便管理，所有的动物都参加了每一项课程。

鸭子在游泳的项目上的表现非常杰出，甚至比老师还优秀。但在飞行方面，它的成绩只是刚好及格而已，而跑步的成绩更是惨不忍睹。因为它跑得太慢，所以放学后它必须放弃游泳，留下来练习跑步，它持续地练习，直到它那有蹼的脚都磨破了，仍然只有游泳一项及格。

开始时，兔子跑步的成绩在班上名列前茅，但不久后，它便因为游泳前繁琐的化妆工作感到神经衰弱。小松鼠本来在爬行课程上表现优异，直到有次上飞行课时，教师要求它从地面起飞取代从树梢降落，造成它心理上极大的挫败感。后来它因运动过度导致肢体痉挛，使它在爬行及跑步课程中，只得了70分，刚好及格。老鹰是一个问题儿童，也因此被严厉地惩罚。以爬行课程为例，它不但打败其他同学先到树顶，同时也坚持用自己的方式。一学年结束后，只有一只稍微具有飞行能力的鳗鱼在游泳、跑步、爬行方面表现极佳，平均分数最高。成为优秀学生代表。

这个故事告诉我们什么道理呢？对我们开展职业生涯规划有什么启发呢？这个故事告诉我们：不能"让鸭子学跑步、小兔子学游泳"。要成功，小鸭子就得游泳、小兔子就得跑步、小松鼠就得爬行。成功心理学的理论告诉我们，判断一个人是否成功，最主要看他是否最大限度地发挥了自己的优势。而最大限度地发挥自己的优势，便是一个人职业生涯规划成功的重要依据。

那么我们就一起来学习一下职业生涯规划的方法和步骤：

（一）正确认识自我

1. 个人条件分析与评估。"人贵有自知之明"，正确自我分析和自我评估，主要通过以下几个方面的方法与措施来实现：第一，从别人对自己的态度来了解自己。心理学家指出，别人对自己的评价是自我评价的一面镜子。倘若我们能和多数人交往，注意倾听多数人的意见或反映，善于从周围的人的一系列评价中，概括出一些较稳定的评价作为自我评价基础，这将大大有助于自我了解。第二，通过和别人比较来认识自己。社会心理学家费斯廷格的社会比较理论认为，人有一种评估自己的内驱力；在缺乏客观的、非社会标准的情况下，人们将通过与他人的比较来评估自己。我们总是通过和自己地位、条件相类似的人的对比来估价自己以及自己和周围环境的关系。第三，通过和自己比较来认识自己。将目前的"自我"与过去的或将来的"自我"作比较，将自己的期望与实际获得的成就相比较。这两方面都是客观、正确的自我认识不可缺少的。第四，通过内省来观察自己认识自己。曾子曰"吾日三省吾身。"这说明了每个人内省的重要。因此，在依据他人的态度来观察、认识自己的同时，更应采取内省来认识自己，反省自己的情感、思维定式、内心信念，以帮助自我分析、自我认知。

2. 家庭条件分析与评估。对于绝大多数服刑人员来说，刑释后第一件事就是回家。在特殊家庭环境下所形成的情绪与感受，对人起着潜移默化的感染作用，对刑释人员具有十分重要的影响。如家庭关系和睦和谐，对服刑人员职业生涯规划的实施起着积极的推动作用；反之，则可能起反作用。另外，家庭经济条件对服刑人员刑释后职业生涯规划也起着十分重要的作用。家庭经济条件好的，服刑人员刑释后实施职业生涯规划就会顺利得多；反之，家庭经济拮据，服刑人员职业生涯规划的实施可能就会遇到重重困难。因此，服刑人员在制订职业生涯规划之初，就应该充分考虑、正确分析与评估自己的家庭条件。

3. 人际关系分析与评估。人际关系是人们在生产或生活过程中所建立的一种社会关系，包括亲属关系、朋友关系、同学关系、师生关系、雇佣关系、战友关系、同事及领导与被领导关系等。人是社会动物，每个个体均有其独特之思想、背景、态度、个性、行为模式及价值观，然而人际关系对每个人的情绪、生活、工作有很大的影响，甚至对组织气氛、组织沟通、组织运作、组织效率及个人与组织的关系均有极大影响。服刑人员刑释后的人际关系如何，对其职业生涯规划的制订与职业目标的实现，具有一定的影响与作用，因此也必须正确地加以分析与评估。

（二）客观分析环境

1. 社会环境分析与评估。服刑人员刑释后直接面对的是宏观的社会大环境，因此，对社会环境进行分析与评估是制订职业生涯规划非常重要的一个环节。一般而言，社会环境分析，就是对当前的社会政治、经济、法制、科技、文化等宏观因素的分析。社会环境对人们的职业生涯甚至人生发展都有重大影响。就目前来讲，我国社会安定，政治稳定，经济发展迅速，法制建设不断完善，文化繁荣自由。这一大环境为服刑人员职业生涯规划制订创造了良好的空间与条件。

2. 政治环境分析与评估。我们党和国家历来都十分重视服刑人员刑释后的就业和职业安置工作，制定和出台了许多有利于刑释人员回归社会就业工作的政策与措施，形成了从中央到地方的六级安置帮教工作网络，帮教队伍不断扩大，安置工作由过去主要依靠行政手段，逐步转向就业教育、技术培训、择业指导、推荐岗位、自主择业等，为服刑人员职业生涯规划的制订创造了良好的基础。因此，服刑人员应抓住国家政治稳定的有利时机，积极改造，运用职业生涯规划理论，制订切实可行的职业生涯规划，为刑释后求职就业打下基础。

3. 行业环境分析与评估。行业与职业紧密相关，有什么行业就有什么职业，行业决定着职业分类，其发展状况与程度决定职业分工数量的多少。另一方面，行业在当前与未来社会中的地位、社会发展趋势对行业的影响、行业的发展空间等要素也都对职业发展前景产生着直接的影响。因此，对行业环境进行分析与评估，是服刑人员制订职业生涯规划的重要依据。

（三）明确职业目标

【故事分享】克林顿的故事

美国一个年轻人从法学院毕业以后，买了一本书，书名为"如何管理自己的时间和生命"。书里说把你一生想要做的事情列成一个表格，然后根据你的目标列出你的具体行动。这个人回到家里，列出了自己的人生目标。他说："我要做一个好人，娶一个好老婆，养几个好孩子，交几个好朋友，做一个成功的政治家，写一本了不起的书。"然后他在每一项目标底下列出具体的行动，这个人凭着这本书和对人生的计划，做到了美国的总统，他的名字叫什么？

他就是克林顿。

他是一个出身卑微的遗腹子，却全凭个人奋斗登上了美国政治权利的顶峰；他的八年总统任期几乎都是在与对手的政治斗争中度过，却取得了美国历任总统中仅次于林肯和肯尼迪的政绩；他因性丑闻遭到弹劾，却仍然是一位举世公认的偶像人物。

1. 服刑人员职业生涯规划目标定位的意义。没有目标的人生，人生的脚步会停滞在原地观望，找不到方向，导致无所事事，不求长进，意志消沉，杂乱无章，心猿意马，游手好闲，经常在学业、工作、生活、情绪、健康等方面烦恼、焦虑、抑郁、失望，导致劳动力丧失、自暴自弃、一事无成，极易走上犯罪道路，有目标的人，无论是生活还是工作，目标明确，充满前进的动力，带着希望、决心及努力，充满面对挑战的斗志，及全心投入的冲劲。主动积极，乐观进取，鞭策自己围绕目标去做自己应该做得事，督促自己竭尽所能，影响光明的人生。

2. 服刑人员职业生涯规划目标定位的原则。俗话说"一个人的糖果可能是另一个人的毒药。"也就是说，每个人的目标不尽相同，即使同一个人，也会因为阶段不同，环境不同而产生新的目标。简单来说，目标定位的基本原则，就是通过考量个人能力及兴趣，将目标具体化，同时确保目标可衡量、可实现。

（1）具体化原则。目标具体，就是要用具体的语言清楚地表达自身的职业追求。例如，在调查中有一部分服刑人员把刑释后的目标定位为"找一份比较稳定的工作"或者"能挣钱的工作"，这种职业目标不具体，较笼统。相反，某服刑人员"承包鱼塘、开无公害餐馆"的职业目标就十分具体，具有实际意义和可操作性。可见，具体的职业生涯目标，有利于指导服刑人员努力的方向，有利于形成职业发展动力，从而推动职业生涯目标的实现。

（2）可衡量原则。可衡量原则就是要求目标量化，即用具体的数字来量化目标实际的高度。比如"能挣钱的工作"就不好衡量，只有明确到"年收入达到10万元以上",才具备可衡量性。职业目标具有可衡量性,能在目标实现过程中根据来自各方的反馈信息对其进行评价,这对于职业目标的调整、职业生涯实施方案的调整都具有重要的意义。

(3)可实现原则。可实现原则指服刑人员职业生涯目标通过努力是可以实现的,也就是说,目标不能过低和偏高,偏低了失去意义,偏高了实现不了。如有一名服刑人员,因绑架罪被判有期徒刑20年。入监之初,该服刑人员给自己设了一个不大切合实际的改造目标:要争取减刑10年。后来随着服刑的深入,发现这个目标不可能实现,于是性情大变,丧失了改造信心,产生悲观厌世的心理,结果被确立为自杀危险分子。可见,目标过高,实施难度就过大,目标实现的可能性就会降低。如果目标实现不了,就会使人产生挫折感,进而降低实践的动力。因此,在设定职业目标时,应把握好可实现的原则,脚踏实地,避免好高骛远。

(4)时限性原则。服刑人员职业生涯规划目标实现应有时限性。例如,某服刑人员刑释后,其短期职业目标是在一年内找到工作,成为一名服装厂的操作工。"一年的时间"就是一个明确的时间限制。没有时间限制的目标没有办法评价,也会使目标失去激励意义。同时,从实施效果来看,职业生涯规划目标越近,其时限应该越明确,也越接近于成功。

3. 服刑人员职业生涯目标定位的方法。服刑人员职业生涯规划的目标定位有很多方法,其中最集中体现目标定位原则的方法是职业目标递进分解法。目标分解是将目标清晰化、具体化的过程,是将目标由概念量化成可操作的实施方案。一般来说,服刑人员应根据个人的专业、性格、气质、价值观以及社会的发展趋势,把职业发展目标分解为有时限性的长、中、短期分目标,按照时间的维度，层层递进，不断地分解。具体可以分解为：职业发展长远目标和十年、五年、三年、一年或月、日职业发展目标。

（1）职业发展长远目标。主要解决"今生今世你想干什么""想成为什么样的人""想取得什么成就""想成为哪一专业的佼佼者"等人生发展的定位问题。

（2）十年大计。主要解决"今后十年，你希望自己成为什么样的人""出狱后要从事什么样的事业""将有多少收入""计划多少固定资产投资""想过上什么样的生活"等定位问题。

（3）五年计划。制定五年计划的目的，是将十年大计分阶段实施，并将计划具体化，将目标进一步分解。

（4）三年计划。在五年计划的基础上，进一步分解落实，把目标转化为可供落实的行动指南。

（5）年度计划。制定出一年的计划，以及实现计划的步骤、方法与时间表，做到具体、切实可行。年度计划在长期计划和短期计划之间起到过渡与平衡的作用。

（6）月度计划。包括当月计划做的事情，应完成的任务、质和量方面的要求，如获得多少奖惩考核分数，计划学习的新知识等。

（7）周计划。周计划是对月计划的进一步分解和落实，关键在于进一步的具体、详细、切实可行一般应在每周末提前计划好下周的计划。

（8）日计划。选择每日最重要的 1～2 件事，根据事情的轻重缓急按先后顺序认真加以落实。

【微分享】

1. 了解自己是踏出职业生涯规划的第一步，当一个人充分了解自己的内外条件后，就比较容易找到自己未来的目标与方向。

2. 改过自新、拼搏奋斗是为自己，不是为他人，要为成功找方法，不要为失败找借口。

3. 目标是一种梦想，也是一种希望，没有目标就没有希望，敢于做梦就能成功。

4. 职业生涯目标的确立，必须切实地适合自己，是自己可以做得到的。现阶段的你，最重要的目标就是积极改造、努力学法、掌握技能，充实求职战斗力，找到自我。

5. 生命的蓝图随时可以改，不要因一时的迷惑而退却，目标俯拾皆是，先去找一个小目标完成它，然后再找下一个、更多更大的目标继续努力，成功就离你不远了。

6. 有明确的目标不慌，有具体的策略不忙，有贯彻的决心不乱，有奋发的活力不懒，有必胜的信心不馁。冲！冲！冲！一个人的前途，要靠自己勇敢去冲。

（四）制定具体措施

1. 制定发展措施的重要性："职业目标说在嘴上，写在纸上，贴在墙上，不如付诸在行动上。"因此在确定了职业生涯目标后，行动便成了关键的环节，这里的行动主要指发展措施。没有行之有效的措施，任何伟大的目标、任何远大的理想都是难以实现的。因此，要想实现自己的职业生涯目标，就必须制定针对性强的措施。

目标变成现实，需要为之付出实实在在的努力。如果没有行动，目标也只能停留在空想阶段。职业生涯规划发展措施应当切实、明确，有可行性，并在行动中落实，否则规划只能是一纸空文。

2. 措施制定三要素：（1）任务。任务是指我们为实现职业生涯发展目标所做的各项工作，主要阐述"做什么"的问题。例如，某监狱服刑人员李某为了早日刑满回家，决定"今年年底前减刑"，这就是一项任务。把职业生涯科学地划分为不同的阶段，明确每个阶段的任务，进一步制定执行措施，对更好地从事自己的职业、实现人生目标非常重要。（2）标准。标准是衡量事物的准则，引申为榜样、规范。标准必须是规范、严密的，而且应该是量化的。他强调的是"做到什么程度"的问题，也就是我们为实现职业生涯发展目标而完成的每一项任务具体要做到什么程度。例如，前面提到的李某计划减刑，就涉及减多长时间的问题，要取得多少奖励分、多上行政奖励等，这些方面都要有明确的要求。标准是为实现目标服务的，也是追求学习效果和工作质量的一个重要环节。我们讲标准，就是要在明确目标的基础上吃透任务，在任务落实的细节上讲规范，在工作推进的成效上讲严格。对待每一项任务都要认真仔细、科学规范地达到设定的标准，这样才能有效地实现"一步一个台阶"。（3）时间。时间要素解决"什么时候做"的问题，有两个方面的含义：一是目标实现的期限，也就是什么时候达到这个目标；二是任务完成的时间，也就是什么时候落实达到目标所采取的各项措施。如果没有明确的时间规定，职业发展措施就是会成为空谈。

第四步（20分钟）　小测验

每人发一张纸片，列出三个问题："你现在想干什么？你将来想干什么？你的梦想是什么？"思考后作答，选出三名学员分别回答问题，导入职业生涯目标和理财目标这两个知识点。

第五步（40分钟）　理财目标

从理财目标与生涯目标的内在联系指导矫正对象明确各个阶段的目标，并围绕目标实现制定相应的计划。

我们要做好理财规划，首先要做好一个生涯规划，职业生涯目标更多地需要货币去量化，因此职业生涯目标的实现过程可以狭义地理解为赚取金钱、积累财富，而理财的前提是拥有来财之道。

（一）个人理财目标的分类

1. 按时间长短分为：

为短期目标（1年左右）、中期目标（3~5年）、长期目标（5年以上）。

2. 按人生过程分为：

个人单身期目标：开始工作到结婚之前目标；

家庭组成期目标：结婚到生育子女之前；

家庭成长期目标：子女出生到子女上学之前；

子女教育期目标：子女上学到子女就业之前；

家庭成熟期目标：子女就业到子女结婚之前；

退休前期目标：退休以前；

退休以后目标：退休以后的时期，也就是所谓的"黄金岁月"。

（二）个人理财目标的确定

1. 理财目标必须符合生涯目标。理财目标不等于最终目标，理财目标只是等于实现生活目标的手段而已，因此，理财目标是为了生活目标而服务的，脱离了生活目标，理财目标也就失去了意义。我们要做好理财规划，首先要做好一个生涯规划，而理财规划实际上就是在财务上保证生涯规划的实现

2. 理财目标必须明确而具体。"我在五年之内要有10万元的积蓄"，这对一个收入中等的工薪族来说是明确而合理的。而如果说"我要在五年之内有很多钱"，或者"我要在五年之内赚足100万"，那么说这话的人，前者是目标不明确，后者是脑子太不清醒。只有目标明确、合理，我们才能制定出有效的理财计划，才有理财的动力。当然，说目标明确，并不是说设立了目标就一成不变，而

是一定要随着时间和情况的变化而调整的，否则就起不到鼓励和敦促的作用。

3. 理财目标必须积极合理。这是对理财目标设置在定量上的限制，而这个限制主要取决于每个人的财物资源，包括现有的财物资源以及今后预期可以获得的财物资源，以及对待风险的态度。

一个过于保守的理财目标虽然很容易实现但也使你过于消极，从而没有达到你本身可以达到的生活水平。而一个过于激进的理财目标，将会使你承担超出你能够承受的风险水平，或者完全不能达到而失去了意义。

在制定理财目标的时候，要确定一个积极并且合理的理财目标，常常并不是一件很容易的事情。特别是一些长期目标，在较长的时间跨度上，资金的时间价值和通货膨胀的影响十分巨大，比如近期要退休的家庭 100 万差不多就可以了，但是对于 30 年后的家庭要退休的话 100 万远远不能满足他们的生活需要。

4. 理财目标要区分优先级别。因为我们每个人的财物资源都是有限的，所以我们为理财目标设置优先级别是必需的。你可能无法达到最初设定的所有目标，但随着时间的推移，一些目标显示出不能达到的迹象时，应该立刻调整它们，你需要对你原先设定的目标进行调整甚至要作出取舍，比如：送孩子去国外读书还是提早 10 年退休，可能只能选其一，这时就应有个优先级别，而优先级别很大程度上取决于每个人的价值观的不同。

5. 理财目标要具有内在一致性。值得注意的是，不要以为各个分项目标之间没有关联，事实上他们并不是独立存在的，例如：如果你有许多"奢侈"的短期目标，那么退休后想达到某种生活水平的长期目标就可能达不到。为你的房子付首付而存款这样一个中期计划，会对你每月现金流加以限制，你是为一生制定计划而不是接下来的几个月或者几年，不要只是做一个十年规划而对第十一年没有规划。

我们来看看按时间长短和人生过程两个分类标准区分，人生可以确立哪些理财目标。

按时间长短	按人生过程	目　标
短期（1年）		学会理财，确保衣食无忧
中期（3-5年）		买车
长期（5年以上）		买房
	个人单身期目标	收入稳定、衣食无忧、恋爱基金
	家庭组成期目标	婚房、婚礼、家庭消费
	家庭成长期目标	家庭消费、孕育子女、早教，赡养父母
	子女教育期目标	从幼儿园到大学、出国留学资金、赡养父母
	家庭成熟期目标	子女创业、就业、婚恋、婚房、家庭消费
	退休前期目标	为退休后养老、医疗旅游准备资金
	退休以后目标	养老、医疗、旅游

（三）理财计划的制定

有了明确理财目标，就要有明确的计划来实现自己的理财目标，所谓的理财计划就是按照理财目标的重要性、时间先后、实现难易等进行排序，并列出具体实现措施。

1. 制定计划之前，先根据自己当前的收支情况，债权和债务，以及将来可能的收入和用度，详列出自己的物产和可用于投资的现金及存款，专业点就是要先做出资产负债表。只要明晰了自己的财产详情，才能有针对地制定理财计划。

2. 接着，就要考虑收益期望、理财渠道和风险。大多数家庭，资产有限，用度大，都无法承受资产损失，因而，在做理财计划时，资产安全才是王道，其次再求保值增值。那些资产富余的家庭，追求高收益就比较合理，则可以选择有一定风险性的渠道理财，毕竟伴随高风险的是高收益。储蓄、国债、期货、股票、基金、债券、黄金等贵金属、收藏品、地皮、房产、珠宝、私人借贷、抵押、租赁、生产投资、典当、商品囤积，等等，都是理财渠道，选择的时候一定要在自己的风险承受范围内。

3. 理财计划的内容大体分为：闲置和空置的动产和不动产，制定租赁或出售计划；知识产权变现计划；债权考虑收益安全和最大化，安排催收；债务要合理安排还款以减少利息；现金和存款需要安排投资渠道；日常用度安排，消费计划资金安排和时间安排；融资计划；进货和囤货计划；还要有风险估计，周转资金和应急资金。

4. 理财计划的有些内容，例如债务、消费等的计划，很多人不理解，会认为不属于理财，或是认为没有理财价值。其实这是非常错误的。对于债务，还款安排合理，可以节省利息，例如信用卡欠款，一些债务拖久了，可能出现利息比本金大。此外，还可以安排债转股，以卸去债务负担，以求发展。

5. 消费是需要资金的，消费的时机安排合理，可以节省很多资金，例如，如果在泰国洪水的时候购买移动硬盘，价格非常高，如果不急用，可以缓一缓，现在就大幅降价啦；再比如旅游，一些公司对员工有旅游安排的，可以携带家人，这样可以省钱；我们还知道，集中大量采购，很多商品都是能打折的，因而可以安排亲友凑一起在某个时间采购，这样也可以省钱。

6. 计划不能安排得太死了，一定要有风险估计和应急资金。古话说：天有不测风云，人有旦夕祸福。疾病和意外事故，经营上的突发变故，都是需要花钱应急的，如果把钱都投资或是借贷出去了，急需的时候无法变现，那麻烦就大了。特别是家有老人、小孩、病人、孕产妇等的情况，一定要留有一定的应急资金。应急资金，可以留存一部分现金在手，存一部分活期存款，再存一部分定期存款。

第七步　布置作业

1.《苏格拉底和他三个弟子的故事》让你想到了什么？

2. 职业生涯规划的三个作用，你知道吗？

3. 你还记得职业生涯规划的四个步骤吗？请写出四个步骤，并按步骤完成下表。

职业生涯规划表

姓名			性别		年龄		身高	
学历			婚否		家庭住址			
我的现在	我的个性特点							
	我的兴趣爱好							
	我的职业价值观							
	我现在的改造情况							
	我的优势							
	我的劣势							

我的舞台	我面临的社会环境	
	我所在地区的经济发展状况	
	我的技能特长对应的行业发展情况	
	我的家庭情况	
	我可能到这些行业去发展	

	我的目标	我的计划
最近一年的目标		
刑满时的目标		

	我的目标	我的计划
刑满一年时的目标		
刑满三年时的目标		
刑满五年时的目标		
我的职业生涯发展终极目标		

4.1.3 单次矫正活动评估

根据《矫正对象参与集中矫正活动效果评估分级评分标准》对矫正对象本次矫正活动进行评分，并结合《监督方活动记载表》和《矫正民警项目日志》对本次矫正活动的矫正效果进行评估。

同时，根据评估结果，对未达到矫正目标的矫正对象进行个别辅导，以尽可能保证总体矫正效果。

4.2 我的生活方式——就业与创业

4.2.1 矫正方案

矫正目标	使矫正对象了解就业与创业的区别，客观分析自身条件，合理选择自己人生的职业方式，明确人生目标
矫正量	2 小时
矫正重点	如何理性的选择就业或创业
干预措施	知识讲解、故事分享、交流讨论
实施步骤	课堂提问：回顾过去→故事分享：《三个服刑人员的故事》→知识讲解：就业与创业的关系→故事分享：一支铅笔的用途→启示：如何选择→知识讲解：企业的组织形式→课堂练习：企业报表→布置作业

4.2.2 矫正过程

第一步（15 分钟）　　回顾过去

分别请有过就业、创业经历的矫正对象举手，选择 3 ~ 5 名矫正对象回忆自己的就业和创业经历，谈谈感受。

【故事分享】：有三个人要被关进监狱三年，监狱长给他们三个一人一个要求。美国人爱抽雪茄，要了三箱雪茄。法国人最浪漫，要一个美丽的女子相伴。而犹太人说，他要一部与外界沟通的电话。三年过后，第一个冲出来的是美国人，嘴里鼻孔里塞满了雪茄，大喊道："给我火，给我火！"原来他忘了要火了。接着出来的

185

是法国人。只见他手里抱着一个小孩子，美丽女子手里牵着一个小孩子，肚子里还怀着第三个。最后出来的是犹太人，他紧紧握住监狱长的手说："这三年来我每天与外界联系，我的生意不但没有停顿，反而增长了200%，为了表示感谢，我送你一辆劳施莱斯！"

【启示】：这个故事告诉我们，什么样的选择决定什么样的生活。今天的生活是由三年前我们的选择决定的，而今天我们的抉择将决定我们三年后的生活。

第二步（15分钟）　就业与创业的关系

其实就业也好，创业也罢，都是我们的一种生活方式，一旦我们选择了，我们就需要调整不同的心态和心理准备来开展我们的生活，而就业与创业本身也是不可分割的，没有创业就没有就业，没有就业，创业也是举步维艰。因此我们要正确理解，就业与创业不是天生对立的，而是有着各自的优势，劣势，好处，坏处，相互间应该是可以补充的。

通过对富士康与底特律汽车城的分析，来引导服刑人员掌握，就业与创业的关系，从而改变过去的误解。无论是就业还是创业都是一种生活方式的选择，没有哪一个是更好，只有更适合自己的选择。因为无论是就业还是创业，从某种程度上来说，都是工作。

1. 创业与就业的本质上就是一个人的生活方式的选择，适合自己的才是最好的。所以，我们要做的其实就是选择什么样的生活方式，就业，还是创业。而要想做出选择，其实就要对与创业与就业各自的优势与劣势有所了解。所以在这个部分讲解之前，先和服刑人员分享，创业与就业的优劣势。

2. 创业与就业，都是工作，不同的是一个是为老板打工，一个是为自己打工。这个环节通过服刑人员自己描述曾经的工作经历，对于他们曾经所认为的那些"就业"或者"创业"经历进行分享或者分析，比如当"打手"，在不良娱乐场所卖酒，要账等等。让服刑人员认识真正的就业与创业是什么。

3. 为了创业去就业，为了更好地就业去创业。在这个环节里，从就业与创业两个角度，来分析我们该如何去就业或者创业，可以为了掌握技术去就业，可以为了积累经验去创业，通过"小尾羊与小肥羊"，"包子铺打工"等几个例子，让服刑人员有一个直观的感受。

4. 为了生存去工作，为了更好地生存去创业。在这个部分里，通过一个农民工进城务工，在建筑工地上干活赚钱养家的例子，让服刑人员理解，如何去采用正确的，合法的途径和方式，通过自己的勤劳，来赚钱。通过展示农民工白天干活，晚上摆摊，下雨出去打零工来赚钱的经历，来教育服刑人员，即便是在为了生存而工作，对于金钱的渴望最大的时候，也不应该走违法犯罪的道路。为了生存而工作的人，有的人多打几份工，有的人白天工作，晚上摆地摊，还有的人，铤而走险，接触黄、毒、赌。在这个环节，主要对服刑人员进行警示和提醒。

5. 寻求一个有发展机会的企业，一直干下去，寻求一个有发展的行业去工作，寻求一个能够锻炼自己的环境去经历。在这个环节，是想通过前微软中国的总裁唐骏，华为的发展以及电视剧《杜拉拉升职记》，让服刑人员了解，其实每个人都可以通过自己的努力，在一个有发展的企业、行业里去得到发展。也让服刑人员明白，职场的发展，不一定要做老板，做员工也一样可以实现自己的人生价值。

第三步（30分钟） 如何选择

【故事分享】：一支铅笔的用途

纽约里士满区有一所穷人学校，它是贝纳特牧师在经济大萧条时期创办的。1983年，一位名叫普热罗夫的捷克籍法学博士，在做毕业论文时发现，50年来，该校出来的学生在纽约警察局的犯罪记录最低。

为延长在美国的居住期，他突发奇想，上书纽约市市长布隆伯格，要求得到一笔市长基金，以便就这一课题深入开展调查。当时布隆伯格正因纽约的犯罪率居高不下受到选民的责备，于是很快就同意了普热罗夫的请求，给他提供了1.5万美元的经费。

普热罗夫凭借这笔钱，展开了漫长的调查活动。从80岁的老人到7岁的学童，从贝纳特牧师的亲属到在校的老师，总之，凡是在该校学习和工作过的人，只要能打听到他们的住址或信箱，他都要给他们寄去一份调查表，问：圣·贝纳特学院教会了你什么？在将近6年的时间里，他共收到3756份答卷。在这些答卷中有74%的人回答，他们知道了一支铅笔有多少种用途。

普热罗夫首先走访了纽约市最大的一家皮货商店的老板，老板说："是的，贝纳特牧师教会了我们一支铅笔有多少种用途。我们入学的第一篇作文就是这个题目。当初，我认为铅笔只有一种用途，那就是写字。谁知道铅笔不仅能用来写字，必要时还能用来做尺子画线，还能作为礼品送人表示友爱；能当商品出售获得利润；铅笔的芯磨成粉后可作润滑粉；演出时也可临时用于化妆；削下的木屑可以做成装饰画；一支铅笔按相等的比例锯成若干份，可以做成一副象棋，可以当作玩具的轮子；在有险情时，铅笔抽掉芯还能被当作吸管喝石缝中的水；在遇到坏人时，削尖的铅笔还能作为自卫的武器……总之，一支铅笔有无数种用途。贝纳特牧师让我们这些穷人的孩子明白，有着眼睛、鼻子、耳朵、大脑和手脚的人更是有无数种用途，并且任何一种用途都足以使我们生存下去。我原来是个电车司机，后来失业了。现在，你看，我是一位皮货商。"

普热罗夫后来又采访了一些圣·贝纳特学院毕业的学生，发现无论贵贱，他们都拥有一份职业，并且都生活得非常乐观。而且他们都能说出一支铅笔至少 20 种用途。

普热罗夫再也按捺不住这一调查给他带来的兴奋。调查一结束，他就放弃了在美国寻找律师工作的想法，匆匆赶回国内。目前，他是捷克最大一家网络公司的总裁。2000 年圣诞之夜，他通过 Email 给纽约市政厅发了一份调研报告：《醒着的世界及它的休眠状态》，算是对前任市长的报答。

【启示】：

一支铅笔有超过 20 种以上的用途，是我们以前没有想到过的。

一支铅笔的作用尚且如此，作为一个人的作用就更多了。我们应该开放思维，不断挖掘自己的潜力。

树立自信，我可以做更多的事情，我有更大的作用。

我们分析了就业和创业的关系，以及二者对人生的重要意义，究竟选择就业还是创业呢？请两名矫正对象结合故事内容，分享自己的选择，并询问为什么这样选择。

做出决定前，你要先做做以下功课：

1. 了解自己

对创业，就业有所了解后，关键还在于自己要知道自己要什么，而要想做到这一点，就必须对于自己有个准确的认识和了解。古希腊神庙上的一行字，人啊，最难的就是认识你自己。虽然，我们无法很完整清晰的了解自己，但是我们可以用各种工具来分析。在这个部分，主要采用的是蜘蛛网图来帮助自己分析，自己的特性。

将下图展示在 PPT 上，要求矫正对象对照图表在自己的练习本上画出自己的蜘蛛网。

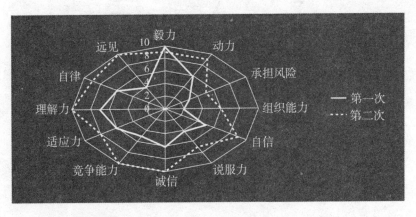

2. 了解市场

就业，创业都要了解市场，就业的得知道北京、广州、上海各地的打工价格，各行各业的待遇，哪些是趋势行业，哪些技术含量较高，哪些是有发展机会的，哪些是有污染和毒害的，因为只有了解到这些，你才能把在就业中总结的经验，用在下一份更好的工作中，才能够更好地被社会认可。创业，就得选好项目，做足市场调研，结合自身状况、充分考虑创业成本、经营利润、行业发展前景，只有了解市场，你才能在创业中找到方向，才能在遇到危机时，得到别人的帮助，甚至是接盘和购买，从而帮助自己降低创业风险。

3. 了解社会

老龄化的到来，提供了很多就业与创业的机会，养老院、老年人康复中心的需求量不断增大，城镇化进程中出现的各种机会，只有真正对社会进行关注的人，才会发现。让服刑人员真切地感受到，只要有心，只要用心，那么无论是创业还是就业，机会都在我们的身边。

在这个部分，通过一个简单的老龄化到来的示例图来让服刑人员直观感受老龄化所带来的各种问题与商机。

第四步（60分钟）　创业者必备知识

一、常见的个人创业组织形式及其比较

1. 个体工商户

个体工商户是从事工商业经营的自然人或家庭。自然人或以个人为单位，或以家庭为单位从事工商业经营，均为个体工商户。根据法律有关政策，可以申请个体工商户经营的主要是城镇待业青年、社会闲散人员和农村村民。个体工商户的债务，个人经营的，以个人财产承担；家庭经营的，以家庭财产承担。

优点：客货运输、贩运以及摆摊设点、流动服务的个体工商户可以无固定的经营场所；设立成本最低。

缺点：个体工商户除依法纳税外，还必须向工商行政管理机关缴纳管理税。

2. 个人独资企业

个人独资企业是指依法在中国境内设立，由一个自然人投资，财产为投资人个人所有，投资人以其个人财产对企业债务承担无限责任的经营实体。

优点：具有独立所有权；设立成本较低；管理方便；经营自主，可独立制订重大决策。

缺点：企业的胜败取决于创业者本人；企业由个人投资，经营规模一般很小；一人之力毕竟有限；承担无限的财务责任。

3. 合伙企业

合伙企业，是指依法设立的由各合伙人订立合伙协议，共同出资、共同经营、共享收益、共担风险，并对合伙企业债务承担无限连带责任的营利性组织。

优点：结构简单，分工合作，便于管理；设立简便，出资灵活，方便集资；限制比有限责任及股份有限公司少。

缺点：各合伙人承担无限连带责任；容易出现合伙人纠纷，影响公司运作；集资能力比不上有限责任及股份有限公司。

4. 有限责任公司

有限责任公司是指由一定人数的股东组建的，股东以其出资额为限承担责任，公司以其全部财产承担责任的企业法人。

优点：比个人独资企业风险小；集资较容易，有利于中小企业扩大资本；设立程序比股份有限公司简单方便。

缺点：不能公开发行股票；股权转让不自由，筹资能力不如股份有限公司；要缴纳双重所得税。

5. 股份有限公司

股份有限公司，又称股份公司，是指公司全部资本分为等额股份，股东以其所认购的股份对公司承担责任，公司以其全部资产对公司债务承担责任的企业法人。

优点：筹集资金最有效的方式；股份可自由流通，较大程度上分散了投资人的投资风险。

缺点：程序最复杂，设立成本最高；要缴纳双重所得税。

二、公司登记（注册）的法定条件与程序

1. 公司登记的法定条件

（1）股东符合法定人数；

（2）股东出资达到法定资本最低限额；

（3）股东共同制定公司章程；

（4）有公司名称，建立符合有限责任公司要求的组织机构；

（5）有固定的生产经营场所和必要的生产经营条件。

2. 公司登记的法定程序

（1）查询企业名称；

（2）公安刻章；

（3）开立验资账户、验资；

（4）提交工商局审批、打印营业执照；

（5）办企业代码证；

（6）办税务登记证；

（7）开立基本账户；

（9）企业正常营业。

三、制作《商业计划书》

业务类型	零售业□　批发业□　　服务业□　　制造业□
法律架构	个体工商户□　　个人独资企业□　　合伙企业□ 有限制责任公司□　　股份公司□　　非营利机构□
注册资金	

四、看看你距离成功创业还有多远？

（一）利润表

创业者应每月制作利润表来跟踪收益和支出。

1. 利润表的特点

（1）它显示出本月你记载的销售额（收入）和成本（费用）。

（2）若你的销售额大于成本，收益余额是正的，说明本月有盈利；若你的销售额小于成本，收益余额则是负的，说明本月有亏损；

2. 利润表的组成

（1）利润表包括八个部分：销售收入（又称销售额或营业收入）、销售商品成本（又称营业成本）、销售税金、毛利润（又称营业利润）、经营成本（包括固定成本和可变成本）、税前利润、企业所得税、净利润（又称税后利润、纯利）或亏损。

（2）利润表是八个部分组成的阶梯表。

利 润 表

销售收入_____¥	
减：销售商品成本_____¥	
减：销售税金（％）_____¥	
毛利润_____¥	
减：经营成本_____¥	
税前利润_____¥	
减：企业所得税（％）_____¥	
净利润或亏损_____¥	

例：假如李森的 T 恤店每月要按照销售收入的 5％ 上缴销售税金，7 月的水电费 250 元，电话费 90 元，每月店铺租金是 500 元，请计算李森的 T 恤店的 7 月份的利润表。

项目	金额（元）	计算过程
销售收入	2280	卖出 192 件 T 恤，平均售价¥11.88
减：销售商品成本	960	每件 T 恤进价¥5
减：销售税金，5％	114	C = A×5%
毛利润	1206	D = A－B－C
减：经营成本	250	水电费¥250
减：经营成本	500	房租¥500
减：经营成本	60	广告费¥60
减：经营成本	90	电话费¥90
经营成本合计	900	
税前利润	306	F = D－E
减：所得税	0	G = F×0%
净利润（或亏损）	306	H = F－G

194

注：李森的企业属于个人独资企业，因而其应交企业所得税为0。通常情况下，一般企业所得税应按25%的税率计算。

3. 实例操作

（1）假定你有一桩销售帽子的生意。这个月你以50元一顶的价格买进10顶帽子，并以每顶100元的价格全部卖出。你花去200元制作海报和宣传单，花去水、电、电话费用共40元，并缴纳5%销售税金和25%的企业所得税。请制作利润表并进行财务分析。

项　目	金　额
销售收入	
减：销售成本	
减：销售税金5%	
毛利润	
减：经营成本	
税前利润	
减：所得税（%）	
净利润	

（二）现金流量表

1. 现金流是指每月你的公司现金收入与现金支出的差额现金流量表能够跟踪现金的流入和流出。

2. 现金流量表的三个部分

（1）记录流入公司所有现金的来源和收到现金的日期。

（2）记录该月公司的现金流出量。如：销售商品成本、租金、公用事业费、保险费、工资和其他现金支出。

（3）记录现金流的净变化。创业者据此可以知道是否有正或负的现金流产生。

3. 现金流量表作用

（1）反映公司的现金流量，评价公司未来产生现金流量的能力。

（2）评价公司偿还债务、支付投资利润的能力，谨慎判断公司财务状况。

（3）分析净收益与现金流量间的差异产生的原因。

例：假如李森 T 恤店 7 月还支付了 500 元的应付账款，请编制现金流量表，再和利润表作比较。

利 润 表

单位：元

项　目	金　额	计　算　过　程
销售收入	2 280	卖出 192 件 T 恤，平均售价￥11.88
减：销售商品成本	960	每件 T 恤进价￥5
减：销售税金，5%	114	$C = A \times 5\%$
毛利润	1 206	$D = A - B - C$
减：经营成本	250	水电费￥250
减：经营成本	500	房租￥500
减：经营成本	60	广告费￥60
减：经营成本	90	电话费￥90
经营成本合计	900	
税前利润	306	$F = D - E$
减：所得税，18%	55.08	$G = F \times 18\%$
净利润（或亏损）	250.92	$H = F - G$

196

现 金 流 量 表

单位：元

项　目	金　额	项　目	金　额
现金流入：		销售税（5%）	－114
销售收入	2 280	经营成本	－900
其他（如利息收入）	0	支付应付账款	－500
现金流入总数	2 280	现金流出总数	－2 474
现金流出：		净现金流量	－194
销售成本	－960		

例 2：请用有关数据编制一个利润表，并计算出税前利润（亏损），再和现金流量表进行比较。

某店本月总收入 60000 元。支出包括进货费用 25000 元，房租 8000 元，广告费 3000 元，经理工资 2000 元，并支付 5% 销售税金和前月应付账款 25000 元。（免所得税）

利 润 表

单位：元

项　目	金　额	项　目	金　额
销售收入	60 000	减：经营成本	－8 000
减：销售成本	－25 000	减：经营成本	－3 000
减：销售税金（X%）	－3 000	减：经营成本	－2 000
销售利润	32 000	税前利润	19 000

将利润表与下列现金流量表进行观察比较。

现 金 流 量 表

单位：元

项　目	金　额	项　目	金　额
现金流入：		销售税（5%）	－13 000
销售收入	60 000	经营成本	－3 000
其他（如利息收入）	0	支付应付账款	－25 000
现金流入总数	60 000	现金流出总数	－66 000
现金流出：		净现金流量	－6 000
销售成本	－25 000		

（三）盈亏平衡点

盈亏分析帮助你发现一个平衡点，在这一点上，你的企业销售收入刚好能够抵消它的成本（又称保本点）。

盈亏平衡点的计算方式有两种

1. 按实物单位计算

$$盈亏平平衡 = \frac{固定经营成本}{单位毛利润 - 单位可变经营成本}$$

2. 按金额计算

$$盈亏平平衡点 = \frac{固定经营成本}{1 - 单位可变经营成本/销售收入}$$

例：假如企业一年的固定成本共10000元，每生产一个零件时原料加各项成本合计为30元，销售单位为50元。假设企业生产的零件全部可以销售掉，那么如何使一年的年末企业至少不亏损，即达到盈亏平衡呢？（先不考虑税金）

（1）按实物计算：

盈亏平衡点 = 固定经营成本/（单位毛利润 - 单位可变经营成本）

$=10000$ （$50-30$）

$=500$ （个）

（2）按金额计算：

盈亏平衡点＝固定经营成本／（$1-$可变成本／销售收入）

$=10000$ （$1-30/50$）

$=25000$ （元）

讨论：

如果你是该公司的经理，上一年度企业销售量为 510 件，销售额 25500 元，那该如何判断自己的经营状况？

（四）投资回报率

投资回报率是指投资与回报的比率。

公式一：（已设立企业）

$$\frac{期末资产-期初资产}{期初资产}\times 100\%=投资回报率$$

公式二：（新设立企业）

投资回报率＝净利润÷投资额×100%

把资固报率＝净利润÷创办成本×100%

公式三：（投资回收期）

投资回收期＝投资额或创办成本÷净利润

例：请计算李森 T 恤店的投资回报率和回收期。

投资回报率＝净利润÷投资额×100%

$=250.92\div 380\times 100\%$

$=1.51$ （年）

风险越高的投资，所要求的回报率越_____。

投资回报		
期末资产	期初资产	回报率
2	1	100%
30	15	___%
90	30	___%
100	200	___%
80	60	___%
1000	2000	___%
9	10	___%

例：$\frac{2-1}{1} \times 100\% = \frac{1}{1} \times 100\% = 100\%$

第五步　布置作业

1. 未来回归社会后，你是准备创业，还是准备就业，为什么？

2. 就你目前的思考而言，你觉得如果创业，你周围有什么样的商机存在，请举例说明？

3. 一家鞋店某月份的收支情况：本月总收入 40 000 元。支出包括进货费用 22 000 元，房租 7 200 元，广告费 500 元，水电费 300 元，并缴纳 5% 销售税金和 25% 的企业所得税。请制作利润表。

项　目	金　额
销售收入	
减：销售成本	
减：销售税金 5%	
毛利润	
减：经营成本	
税前利润	
减：所得税（%）	
净利润	

200

4.2.3 单次矫正活动评估

根据《矫正对象参与集中矫正活动效果评估分级评分标准》对矫正对象本次矫正活动进行评分，并结合《监督方活动记载表》和《矫正民警项目日志》对本次矫正活动的矫正效果进行评估。

同时，根据评估结果，对未达到矫正目标的矫正对象进行个别辅导，以尽可能保证总体矫正效果。

4.3 分类记账与财务计算

4.3.1 矫正方案

矫正目标	使矫正对象知道养成良好记账习惯的重要作用，指导矫正对象学会记账
矫正量	2 小时
矫正重点	记账的作用；记账的方法
干预措施	视频教学、知识讲解、课堂练习、小组讨论。
实施步骤	回顾过去：摘录过去的消费数据→课堂提问：了解矫正对象是否知道收入与支出→故事分享：《三位白领的记账故事》→知识讲解：记账的概念和作用→课堂练习→课堂点评→分享：李先生的记账经→布置作业

4.3.2 矫正过程

第一步（20 分钟） 回顾过去

请各位矫正对象把各自的储备金和大账记录本（课前通知矫正对象把储备金和大账记录本带来）拿出来，每人发放一张表格，请大家把最近半年来的消费情况摘录下来，简要说明一下摘录内容，并要求矫正对象围绕以下几点进行总结：

1. 四个月来收入多少钱？

2. 支出多少钱？

3. 支出的钱里生活必需品、营养品、小零食、香烟分别是多少？

4. 如果让你控制一下支出数额，你觉得半年来你能省下多少钱？

第二步（20分钟）　课堂提问

围绕上面四个方面的问题，选取5～8名矫正对象代表发言，交流各自的消费情况。

第三步（20分钟）　记账的概念和作用

不知道大家有没有这样的经历，在提到钱的时候，经常挂在嘴边的一句话就是"为什么我的钱总是不够花?!""为什么总是存不下钱"？不知道常常为"钱不够花"而苦恼的朋友们，有没有考虑过自己的钱是怎么被花掉的？你对自己的钱流向何处，心中有数吗？你认为自己的钱都花在"值当"的地方了吗？事实上，如何花钱是一门大学问。在美国，有大约5万多家基金会，其日常工作就是把钱花出去——有意义、有质量地花出去。所以，那些慨叹钱不够花的朋友们，其实真正应该考虑的是"钱是怎么被花掉"的问题。

阅读小故事，主人公财务状况混乱、不知道自己每月资金去向，引发矫正对象产生共鸣，导入记账的作用和方法。

【故事分享】《三位白领的记账故事》

大学刚毕业的小李上班两个多月，每个月4000元左右的薪水，单位还替他租了住房，但他这两个月都是"月光"。日常吃饭费用、交通费、电话费和水电费至多1000元，那其他的钱都怎么没了呢？小李自己也觉得不对劲，左算右算，请朋友吃饭、唱歌、出去玩、买衣服，这些又花掉了1500元左右，其余的钱怎么用掉了他还真一时想不起来了。

曾有一个"月光族"，虽然自己的月收入在几千元的样子，但也还是要父母每个月"救济"她近2000元生活费才能过活。那么，这几千元的生活费她是怎么用掉的呢？她自己举了下面这个例子：有一天，她揣了100元钱去逛沃尔玛，本来只想买一瓶10元钱的杀虫剂，但从沃尔玛出来后，又逛了外面一些卖饰品的小店，觉得这也好看，那也不错，忍不住就把 100 元钱全花光了。即便如此，还是意犹未尽，看看旁边服装店的一款夏装正是自己的最爱，虽然，当时已经身无分文，但是信用卡还在！结果，一路刷卡下来，对花了多少钱的概念就更没谱了，到最后大包小包地拿了一堆东西回家，新鲜劲一过，许多东西就被"束之高阁，打入冷宫"。她也后悔过，但是过不了几天，冲动劲儿一上来，新的"血拼"就会再次上演。据说，和她要好的几个同学、同事都是这样，一有钱就"血拼"，等到没钱时就过紧日子。

还有一位已经结婚了的蒋小姐，虽然收入尚可，但同样也感受到这种没钱的压力。蒋小姐参加工作一年多了，刚刚结婚。据称，她和老公月收入加起来约 6000 元，平时与父母住在一起，"除去每个月给父母缴 1000 元生活费，我们还贷款买了两套住房，月供总计 2100 多元，老公抽烟大概还要花 500 元。"再扣去乱七八糟的花销，蒋小姐感到钱老是不够用。不知不觉手中的钱就没了，并且感觉所有的花销都是应该花的，绝对没有乱买东西，如果遇到朋友聚会或送礼较多时，还会入不敷出，他们在银行的存款如今只有 2000 元。

故事里的三位主人公都属于白领阶层，收入处于中游水平，但是每到月底总会发现自己的钱不翼而飞，自己也想不起来钱到哪里去了。如果他们把每一笔收支都记录下来，月底的时候回头看一看，可能就会明白自己的钱到哪里去了。他们缺少的就是理财技能。

1. 记账的概念

记账，是指对个人或者家庭收入与支出情况的记录。是一种科学的家庭理财方法。

2. 记账的作用

（1）掌握个人或家庭收支情况，合理规划消费和投资。

记账最直接的作用就是摸清收入、支出的具体情况，看看自己到底挣了多少钱，花了多少钱，钱都花在什么地方。还可以知道维持正常的日常生活需要多少钱，剩下的钱可以考虑进行消费和投资，这是家庭财务规划的基础。

（2）培养良好的消费习惯。

"月光族"并不全是挣钱少不够花，往往是不能理性消费。通过记账搞清楚钱是怎样花出去的，才会避免大手大脚乱花钱。通过记账你也许很快就能成为精明的理性消费者，把钱花在刀刃上，用更少的钱做更多的事。

（3）增强对个人财务的敏感度，提高理财水平。

人们都说记账是理财的第一步，迈开了这一步，能够增强对个人或家庭财产收支数据的敏感度，记账结论时刻挑拨着自己的敏感神经，也会刺激记账者对个人财务数据的关心，特别是对资产增值的关心。一个人开始了记账，很快就能踏上理财的康庄大道。

（4）促进家庭成员和睦相处。

社会学家调查发现经济纠纷是家庭破裂的重要原因之一，特别是成员较多的大家庭，日常生活的开支需要家庭主要成员共同负担。若是时间长了，不记家庭账，就难免会互相猜疑，你说我出钱少，我说你吝啬，或者怪持家长辈偏心。如果有一本流水账，谁挣多少、谁花多少一目了然，家庭成员自然也就无话可说。

（5）记录生活、社会变化。

同记日记一样，通过记账本还可以看出社会的发展变化，增强社会责任感。如果几十年如一日地坚持记家庭流水账，那么通过家庭收入和支出的变化，我们还可以看出国家社会经济发展的串串足迹。

（6）方便小本经商或创业人员及时了解经营动态。

如果是专业户、个体户，还能从家庭账本中获取有用的经济信息，如掌握了人们对什么商品最需要、什么最赚钱，从而及时改变经营方针，提高经营技巧。

（7）起到备忘录的作用。

亲友借债、人情往来随礼这类事一般不写字据，时间长了就难免遗忘，记家庭流水账，就可以做到有账可查，心中有数。

第四步（25分钟）　课堂练习

课堂记账练习，学习以下案例，将相关内容记录在《记账训练专用账本》上。

【案例】李先生的个人账户在五一期间发生如下变动：5月1日单位发放的3000元工资进账，加上之前结余的500元，账户共有3500元资金。5月2日与老婆逛街，为公交卡充值100元，每人买了一件衣服合计500元，看电影、买零食120元，餐费花了240元。由于5月2日花费较多，他们5月3日全天呆在家里吃剩饭菜，晚上外地同学来南京旅游，他们邀请同学吃饭，花费600元。

第五步（35分钟）　课堂点评

通过PPT将李先生的记录表播放出来，让矫正对象自行批改，对错误率高的地方予以重点点评。

我们来看看李先生自己是怎样记账的。

日期	类别	摘要	收入	支出	余额
5月1日		月初结余			500
5月1日	工资	4月份工资	3000		3500
5月2日	其它	买衣服		500	3000
5月2日	交通费	公交卡充值		100	2900
5月2日	餐饮	中、晚餐		240	2660
5月2日	娱乐	电影票、零食		120	2540
5月3日	社交费	请同学吃饭		600	1940

分享：我们来看看李先生的记账经。

李先生一直有个记账的好习惯，但是家人、朋友都说他记的是老太太的裹脚布，又长又啰嗦，通过一段时间的积累，李先生还真的找出了记账的小窍门。

首先，在记账时集中好凭证单据，例如将购货小票、发票、借贷收据、银行扣缴单据、刷卡签单、银行信用卡对账单及存、提款单据等都保存好，记录的时候就会井井有条。

其次，每月他都将收支细化并且分类，这样收支情况才会一目了然，易于分析。他把收入分为：工资，这部分包括夫妻双方的基本工资、补贴等固定收入；奖金，一般情况下它的变动性较工资大；利息及投资收益，包括存款有利息、房租、股息、基金分红、股票买卖收益等都属于这一类；其他，这项属于偶然性较大的收入，如礼金、彩票所得等等。而支出也可下设四个明细项目：生活费，这部分包括家庭的柴米油盐及房租、物业费、水电费、电话费、手机费等日常费用；衣着，这部分包括家庭购买服装鞋帽或购买布料及加工的费用；储蓄，每月定期或不定期增加的活期、定期存款，购买基金、股票的部分；其他，指的是不很必要、不经常性、变化较大的消费如礼金支出、旅游等等。如果家庭有需要，还可增加"医疗费"、赡养父母、"智力投资"等固定明细的收支。通过这样看似繁琐，实则轻松的明细归类，李先生的记账水平明显提高了不少，对于家庭收支的去向，一翻账本就清楚明了了，为他省了不少心。李先生的记账经还有很多具体的细节值得学习，后面有专门的介绍。

第六步　布置作业

1. 在你的记账本上，是否存在下列问题中的一项或几项？请把对应的标号填在后面的括号里（　　　）

A. 记账不及时，有的是后来补上的

B. 记录不完整，有缺记和漏记的现象

C. 记录不准确，账目混乱或者与实际的代币收支情况不相符

D. 记录不规范，收入和支出没有分类填写，或者填写的位置错误

E. 记录不详细，没有写明来源、去向或用途

F. 记录不清楚，字迹潦草，杂乱难认

G. 记录不全面，没有计算出实时的余额，账本上没有体现出实时余额

H. 结果不正确，账目显示与实际持有的代币数目不吻合

是否还有别的问题，请写在下面的空格里：_____

2. 你认为个人在社会经济生活当中，需要记账吗？今天的课程中讲到了记账有哪些方面的重要作用？

3. 重新把你最近半年来的大账消费情况记录在《记账训练专用账本》上。

4.3.3 单次矫正活动评估

根据《矫正对象参与集中矫正活动效果评估分级评分标准》对矫正对象本次矫正活动进行评分，并结合《监督方活动记载表》和《矫正民警项目日志》对本次矫正活动的矫正效果进行评估。

同时，根据评估结果，对未达到矫正目标的矫正对象进行个别辅导，以尽可能保证总体矫正效果。

4.4 和李先生一起学记账

4.4.1 矫正方案

矫正目标	为矫正对象树立正确的记账观念，培养矫正对象正确的记账习惯和技巧，从而引导矫正对象逐步树立正确的理财观、价值观和人生观。

矫正目标	为矫正对象树立正确的记账观念，培养矫正对象正确的记账习惯和技巧，从而引导矫正对象逐步树立正确的理财观、价值观和人生观。
矫正量	5 次，每次 45 分钟，合计约 4 小时。
矫正重点	培养矫正对象正确的记账习惯和技巧。
干预措施	知识讲解、对话讨论、故事分享、实操训练。
实施步骤	不算不知道，一算吓一跳：money 都去哪了？→我们为什么要记账？→如何进行家庭记账→你不了解的"利息"→ 贷款，今后记账本上每月得多一笔支出了。

第一次活动（45 分钟）　不算不知道，一算吓一跳：money 都去哪了？

第一步（10 分钟）　提问与讨论

询问矫正对象在入狱前的日常开销情况。

组织讨论：为什么矫正对象在回忆自己的日常开销时，只能说"大概都吃了""花光了""不清楚""反正没剩下什么钱"，引导矫正对象反思，自己在记账方面是否有很大缺陷，这个缺陷是否会对自己的生活带来不利的影响。

第二步（15 分钟）　故事分享

不算不知道，一算吓一跳：money 都去哪了？

李先生生活江苏某县级市，国内四线小城，但是当地物价房价都挺高的，新楼盘均价七八千元。他去年在当地买了套二手房，考虑地段和学区较好，130 平，70 万。有了房，李先生寻思着再省点钱买辆小车子，就可以踏实的孕育下一代了。

可是半年过去了，李先生查了一下自己和老婆的银行卡，天，才结余了 4000 多块钱，按这存钱的速度，再过五年也攒不够一辆车钱啊!

按说李先生和爱人的工资也还凑合，一个月能有八千多的收入呢，可一个没留神 money 都去哪了？趁着周末在家休息，从不算账、记账的李先生和爱人一起算起了开销账。

伙食费：1000 元/月（平均每天 30 元，现在菜价贵得很!）

米油盐酱醋：100 元/月

牛奶/酸奶：100 元/月

水果：200 元/月

零食：150 元/月

香烟：300 元/月

交通：300 元（上班、出门靠公交，偶尔打个的）

话费：100×2＝200 元/月

宽带费：179 元/月（办了电信套餐）

物业费：65 元/月

水电煤气费：350 元/月

房贷：1700 元/月（公积金加起来 1600 元，个人部分共计约800 元）

衣服鞋袜添置：300 元/月（都是网购，已经很久没敢进商场了）

其他（孝敬父母、人情往来，还有不知道怎么花掉的）：1000元/月

总计：5944 元/月。

其实不止这么多，每月总有你想不到的额外支出!

分享李先生的故事，要求矫正对象对比自己和李先生的日常花销是否有相似之处。

引导矫正对象思考：通过科学记账，是否有利于自己更加合理

的消费，从而使资金产生结余，用于理财。

第三步（18 分钟）　练一练

组织矫正对象使用《记账训练专用账本》完成练一练的记账题目，并现场对矫正对象作业完成情况进行抽样批改和点评。

矫正对象在练一练中存在的问题一般包括记账不及时（即作业未按时完成）、记录不完整、记录不规范、记录不详细、记录不全面、计算结果不正确、记录字迹潦草难辨等。

第四步（2 分钟）　布置课后任务

要求矫正对象在课后对下节课内容进行自学，并在下次课上课之前完成课后的练一练。

练一练

请试着帮助李先生把以下账目在《记账训练专用账本》上记载清楚：

李先生 8 月 23 日流动资产情况一览：

现金 2200 元

银行活期存款 5311 元

持有年化率百分之 5 的理财产品 120000。

李先生 8 月 24 日开支：

早餐 6 元

坐车上班 2 元

午餐 18 元

坐车下班 2 元

小区门口刮刮乐 20 元

刮刮乐中奖 10 元

晚餐 15 元。

第二次活动（45 分钟）　我们为什么要记账？

第一步（10 分钟）　提问与讨论

提问矫正对象是否有过记账的经历，讨论：为什么没有记账的习惯；如果曾经有过记账的习惯，为什么后来没有能够坚持下去。

第二步（15 分钟）　知识讲解与分享

我们为什么要记账？

我们是不是现在还没有养成记账的习惯，或者记完一个礼拜或一个月的账目之后，转眼就扔到一边，又开始下个月的账目了？我们收到各类账单，水电煤气信用卡账单的时候，是不是匆匆扫过一眼就把它们扔到那些"待缴费"的单据中了？我们是不是从来没有研究过自己的钱是怎么花掉的，或者我们是不是从来都没有仔细算过自己的花销是怎么形成的。如果是这样，我们就应该开始认真对待我们的账单了。生活理财，理财都是来自生活，只有在日常生活中我们注意每一笔钱的花销的原因，我们才能真正留住钱。下面四个理由足以告诉我们，我们为什么应该记账。

1. 账单可能会有计算错误。

其实日常账单计算错误是经常发生的事情。甚至有时我们可能会收到两份一模一样的账单，有时水表、煤气表或电表可能被读错了，或者信用卡催账单上的购物条目与实际情况并不相符等等。越早发现这些错误，请相关部门进行更改就越容易。如果我们已经粗心地缴纳了各种费用，然后某天突然发现了账单上的错误，这时候要再想更改就太困难了。因此我们在收到账单的时候就要注意认真审核，不要等到错误扩大的时候再去审核，那时更正的成本就大多了。

2. 发现那些你买了但却从来都用不上的东西。

如果我们每个月都查看账单，会发现那些能够给自己开支"减

211

肥"的地方。看看我们为了那些根本用不上的东西花了多少钱？我们的手机短信套餐是不是 10 元包月，结果我们一个月连五条短信都发不上？我们是不是还在每个月缴纳 100 多元的宽带费，而事实上我们每天上网的时间还不到两个小时？找到那些开支上的"赘肉部分"，剪掉它没商量，因为我们没有任何理由为用不上的东西付账。

3. 注意检查各项费用中的更改。

银行、信用卡及贷款单位等等，在服务项目有所变化的时候都会给发一份通知，这些内容很可能就在账单上的某个角落，例如在最底端加上一行小字："从下个月开始 X、Y、Z 三项服务将开始收费"等等。如果我们没能及时发现，那么我们很可能下个月就会为本不需要的 X、Y、Z 三项服务缴纳费用了。

4. 优惠信息。

有时账单上的信息还能够帮我们省钱。例如附带的传单可能是有关某个免费的理财讲座，或者我们的消费金额积累到一定程度，可以享受某些商品的折扣价格等等。无论是什么，如果我们不仔细、完整地阅读账单，可能就会错过了。支付期限。不只是发放信用卡的银行喜欢更改还款的期限。我们可能会发现煤气公司、交付房贷的银行、有线电视公司等等，也常常会不通知我们一声就更改了支付期限。可事实上，他们已经通知过我们了，就在上个月的催款单上，只不过我们没有发现而已，所以我们不得不为延期付款交上一笔罚款，这个钱花的真是太不值得了。

每个月回顾账单，这个好习惯一年下来可能会帮我们节省好几百块钱，尤其当我们发现自己成了某些错误的受害者时。不要天真地以为所有的账单都是正确的。花点时间弄清楚那些看起来让人费解的款项究竟是怎么回事，这是非常值得的。

讲解我们之所以要记账的四点理由，分享因为没有记账习惯而给自己带来经济损失的经历。

第三步（18分钟）评一评

矫正民警需提前一天收取矫正对象的《记账训练专用账本》，对矫正对象课后记账题目的完成情况进行批改总结，在活动现场选取完成情况较好的和错误情况较有代表性的作业各三到五份，进行点评。

结合参考答案，对矫正对象的记账技能进行强化培训。

第四步（2分钟）布置课后任务

要求矫正对象在课后对下节课内容进行自学，并在下次课上课之前完成课后的练一练。

练一练

请试着帮助李先生把以下账目在《记账训练专用账本》上记载清楚：

李先生8月31日流动资产情况一览：

现金　　　　　　　3210元

活期存款　　　　　5600元

持有年化率百分之5、期限200天的理财产品120000（9月1日到期）

李先生9月1日资金流动情况：

早餐　　　　　　　6元

坐车上班　　　　　2元

理财产品期满到账　?元（请自己计算）

午餐　　　　　　　18元

打车下班　　　　　20元

晚餐（请女友吃饭）180元

小区门口刮刮乐　　　　　20 元

刮刮乐中奖　　　　　　　0 元

备注：120000 ÷ 365 = 328. 7

第三次活动（45 分钟）　　如何进行家庭记账

第一步（10 分钟）　　提问与讨论

组织矫正对象思考两次记账练习时候总结了哪些记账技巧。

第二步（15 分钟）　　知识讲解

如何进行家庭记账。

家庭记账也是一门科学，必须按照科学的方式来进行，才能有效果。家庭记账的原理与企业记账类似，有两个基本要素，一是分账户，要有账户的概念，分账户可以是按成员、按银行、按现金等，不能把所有收支统计在一起，要分账户来记。二是分类目，收支必须分类，分类必须科学合理，精确简洁，类目相当于会计中的科目。

要坚持记账，一要减少记账的工作量，二是要降低记账的枯燥性，三是要记出效果来。

一、家庭记账要及时、连续、准确

及时就是保证记账操作的及时性。记账及时性就是最好在收支发生后及时进行记账。这样的好处有：（1）不会遗漏，因为时间久了，很可能就忘了这笔收支，就算能想起，也容易引起金额等的误差，对记账的准确性不利。（2）对某些余额比较敏感的账户，如信用卡账户、委托银行付款的账户，采用及时记账就可保证实时监视账户余额，如透支额等。如发现账户透支或余额不够，便可及时处理，减少不必要的利息支出或罚款。（3）可及时反映出理财的效果。如果是采用软件记账或网络账本记账，一般能进行实时收支统计分析，给理财提供依据。

记账的连续性就是必须保证记账是连接不断的。不要三天打鱼两天晒网，一时心血来潮，就想到记账；一时心灰意冷，就放弃不理。理财是一项长久的活动，必须要有长远的打算和坚持的信心。

记账的准确性就是保证记账记录正确。一是记账方向不能错误。如收入和支出搞反了。二是收支分类恰当。每笔记账记录都必须指定正确的收入分类，否则分类统计汇总的结果就会不准确。对综合收支事项，需进行分拆（分解），如某笔支出包括了生活费、休闲、利息支出，最好分成三笔进行记账。三是金额必须准确。最好精确到元。四是日期必须正确。收支日期就是业务发生日期，特别是跨月的情况，最好不要含糊，因为进行年度收支统计时，需按月汇总。

二、家庭记账不能是简单的流水账，要分账户、按类目

记账贵在清楚记录钱的来去，每个人生活资源有限，每一方面的需要都要适当满足，从平日养成的记账习惯，可清楚得知每一项目花费的多寡，以及需求是否得到适当满足。通常在谈到财务问题时有两种角度，一种是钱从哪里来，是收入的观念；另一种是钱到哪里去，是支出的观念，每日记账必须清楚记录金钱的来源和去处，也就是会计学所称的"复式记账"。

记账要分收支两项，每项里再细分，比如支出最简单的分类可分为衣、食、住、行、用、通信、育、乐、其他支出九大类（可视个人需要再加以细分）。另外，有些人虽然每天都记账，记的却是糊涂账，也就是只记录总额，而没有记录细项。举例来说，如果到大卖场购物共消费1234元，应该将每个购物细项分类记录下来，千万不能只记下花了1234元，这样不仅无法了解金钱流向，记账的目的也会大打折扣。

第三步（18分钟）　评一评

矫正民警需提前一天收取矫正对象的《记账训练专用账本》，

对矫正对象课后记账题目的完成情况进行批改总结，在活动现场选取完成情况较好的和错误情况较有代表性的作业各三到五份，进行点评。

结合参考答案，对矫正对象的记账技能进行强化培训。

第四步（2分钟）　布置课后任务

要求矫正对象在课后对下节课内容进行自学，并在下次课上课之前完成课后的练一练。

练一练

请试着帮助李先生把以下账目在《记账训练专用账本》上记载清楚：

李先生9月8日流动资产情况一览：

现金　　　　2300元

活期存款　　4700元

持有6月2日购买的，年化率百分之5、期限100天的理财产品60000元

持有6月3日购买的，年化率百分之5、期限100天的理财产品40000元

李先生9月9日资金流动情况：

早餐　　　　　　　　　6元

坐车上班　　　　　　　2元

理财产品期满到账　　　？元（请自己计算）

午餐　　　　　　　　　18元

打车下班　　　　　　　20元

晚餐　　　　　　　　　18元

小区门口刮刮乐　　　　20元

刮刮乐中奖　　　　　　0元

备注：$60000 \div 365 = 164.3$

$40000 \div 365 = 109.5$

第四次活动（45 分钟） 你不了解的"利息"

第一步（10 分钟） 提问与讨论

提问矫正对象是否有储蓄的经历，在储蓄的时候是否有留意"活期储蓄""定期储蓄""利息"等名词，并对这些名词有一定了解。

第二步（15 分钟） 知识讲解与分享

你不了解的"利息"。

利息，是指因存款、放款而得到的本金以外的钱。是资金所有者由于借出资金而取得的报酬，它来自生产者使用该笔资金发挥营运职能而形成的利润的一部分。其计算公式是：利息 = 本金 × 利率 × 时间 × 100%

利率，就表现形式来说，是指一定时期内利息额同借贷资本总额的比率。其计算公式是：利息率 = 利息量/ 本金 x 时间 × 100%。

217

加上×100%是为了将数字切换成百分率，与乘一的意思相同，计算中可不加，只需记住即可。

一、利息的计算方法

1. 计算定期利息

利息＝本金×利率×存款期限

假设本金一万元，期限一年

一年利息＝10000×3.25%＝325元

2. 计算活期利息

活期利息积数计息法：按实际天数每日累计账户余额，以累计积数乘以日利率计算利息的方法

计息公式为：利息＝累计计息积数×日利率

累计计息积数＝每日余额合计数

积数计息法按照实际天数计算利息

假设卡里1号有1000元，3号取500元，7号存200元，到10号能产生多少利息？

利息＝1000×（0.35%÷360）×2＋500×（0.35%÷360）×4＋700×（0.35%÷360）×4

二、家庭主妇怎么存钱，赚银行利息？

李先生的表妹小许跟丈夫结婚3年了，工作了两年后"恋家情结"日益浓重，在征得丈夫同意后在家当起了全职家庭主妇。在实施生育计划之前，她决定储蓄一笔孩子的养育资金。恶补了一通理财知识之后，她决定采取"利滚利"的储蓄方法。"我选择的是存本取息，要想让定期储蓄生息效果最大，就得和零存整取组合进行，才能产生'利滚利'的效果。"

小许的办法是：先将固定的资金以存本取息形式定存起来，然后将每月的利息以零存整取的形式储蓄起来，以此来获得了二次利息。

218

小许算了一笔账，丈夫平均每月收入 15000 元左右，每个月 4000 元的开支，剩余 11000 元。小许考虑把它存成存本取息储蓄（假设为 A 折），在 1 个月后，取出存本取息储蓄的首月利息，再用这份利息开个零存整取储蓄户头（假设为 B 折）。以后每月从 A 折取出利息存入 B 折。如此一来，不但是存本取息储蓄得到了利息，而且这些利息在参加零存整取储蓄后又得到了利息。一笔钱取得了两份利息，就是所谓的"以利生息"的储蓄方法，通俗点说就是"利滚利"。

小许认为，虽然利息不多，但只要长期坚持，就会带来丰厚回报。而且在目前的家庭收入状况之下，她让家里的每一分钱都充分发挥了功用。"我这个家庭主妇当得还不错吧！"小许满怀得意。

分享"小许女士的储蓄经验"，简单讲解"活期储蓄""定期储蓄""利息"及"利滚利"等概念。

第三步（18 分钟）评一评

矫正民警需提前一天收取矫正对象的《记账训练专用账本》，对矫正对象课后记账题目的完成情况进行批改总结，在活动现场选取完成情况较好的和错误情况较有代表性的作业各三到五份，进行点评。

结合参考答案，对矫正对象的记账技能进行强化培训。

第四步（2 分钟）布置课后任务

要求矫正对象在课后对下节课内容进行自学，并在下次课上课之前完成课后的练一练。

练一练

请试着帮助李先生把以下账目在《记账训练专用账本》上记载清楚：

李先生 9 月 15 日流动资产情况一览：

现金　　　　　　　　2300 元

活期存款　　　　　　4700 元

持有年化率百分之 5、期限 200 天的理财产品 120000 元（9 月 16 日到期）

李先生 9 月 16 日资金流动情况：

早餐　　　　　　　　6 元

坐车上班　　　　　　2 元

理财产品期满到账　　? 元（请自己计算）

购买年化率百分之 5、期限 200 天的理财产品 120000 元

活期存款预留 1000 元 其他的活期存款转入余额宝

午餐　　　　　　　　18 元

下班坐车　　　　　　2 元

晚餐　　　　　　　　18 元

小区门口刮刮乐　　　20 元

刮刮乐中奖　　　　　20 元

第五次活动（45 分钟）贷款，今后记账本上每月得多一笔支出了

第一步（10 分钟）　提问与讨论

提问矫正对象在入狱前是否有贷款经历，是否了解"等额本金"和"等额本息"两种还款方式。组织讨论"你如果贷款会选择何种还款方式"。

第二步（15 分钟）　知识讲解与分享

贷款，今后记账本上每月得多一笔支出了。

贷款是银行或其他金融机构按一定利率和必须归还等条件出借货币资金的一种信用活动形式。银行通过贷款的方式将所集中的货币和货币资金投放出去，可以满足社会扩大再生产对补充资金的需要，促进经济的发展；同时，银行也可以由此取得贷款利息收入，

增加银行自身的积累。

与大家生活息息相关的贷款主要包括购房贷款、购车贷款、助学贷款等。

一、贷款对家庭的意义

近年来流行的个人消费贷款实质上就是一种提前消费，这是一种消费理念也是一种生活态度。然而许多人会认为提前消费透支了我们的未来，它让贷款人背上了沉重的经济和心理上的负担。事实是消费贷款带给了我们很多益处：

1. 这是一个汇率波动的时代，货币的贬值以成为常态。而提前消费通过转换在一定程度上起到了保值的作用；

2. 提前消费在某种程度上减轻了年轻人的负担，通过贷款，他们完成了人一生中的一些大事：车，房，这能使他们在这样一个社会找到前进方向，我们不能忽略其对维护社会稳定的重要贡献；

3. 通过提前消费，拉动了全行业的发展，带动了经济发展。这也是西方社会虽饱受其害却始终无法决裂的原因。

回到一个老生常谈故事，那就是中国老太太和美国老太太买房子的故事。美国老太太在年轻时就贷款买房，虽然老了才还完贷款但是她住了一辈子；然而中国老太太一辈子攒钱买房子，到老了才买了房子，自己没住几年就去世了。这个故事充分体现了贷款消费带给我们的好处。

二、还贷方式：等额本金与等额本息

等额本金与等额本息是购房贷款的两种不同还款方式。

等额本息还款法，即借款人每月按相等的金额偿还贷款本息，其中每月贷款利息按月初剩余贷款本金计算并逐月结清。

等额本息还款法特点：等额本息还款法本金逐月递增，利息逐月递减，月还款数不变；相对于等额本金还款法的劣势在于支出利息较多，还款初期利息占每月供款的大部分，随本金逐渐返还供款中本金比重增加。但该方法每月的还款额固定，可以有计划地控制家庭收入的支出，也便于每个家庭根据自己的收入情况，确定还贷能力。

等额本金还款法，即在还款期内把贷款数总额等分，每月偿还同等数额的本金和剩余贷款在该月所产生的利息。

等额本金还款法特点：等额本金还款法本金保持相同，利息逐月递减，月还款数递减；由于每月的还款本金额固定，而利息越来越少，贷款人起初还款压力较大，但是随时间的推移每月还款数也越来越少。

等额本金与等额本息两种还款方法相比，在贷款期限、金额和利率相同的情况下，在还款初期，等额本金还款方式每月归还的金额要大于等额本息，但在后期每月归还的金额要小于等额本息。按照整个还款期计算，等额本金还款方式会节省贷款利息的支出。

总体来讲，等额本金还款方式适合有一定经济基础，能承担前期较大还款压力，且有提前还款计划的借款人。等额本息还款方式因每月归还相同的款项，方便安排收支，适合经济条件不允许前期还款投入过大，收入处于较稳定状态的借款人。

项目	定义	适用人群	特点
等额本息	贷款者在还款期间，每月以相同的金额偿还本金和利息	适用于收入较为稳定的消费者	优点：每月还款金额相等，便于贷款者安排资金支出 缺点：还款开始阶段，先还的利息较多本金较少，总的算下来，利息总支出是所有还款方式中最高的
等额本金	每月本金等额偿还，然后根据剩余本金计算利息，还款额每月递减	初期还款压力较大，适合于目前手头比较宽裕的消费者	优点：与等额本金相比，可以节省利息支出 缺点：还款开始阶段月供比较高

讲解"贷款""等额本金""等额本息"等词语的概念，简单讲解贷款对我们生活的意义，重点比较两种还款方式的异同，指导矫正对象学会在贷款时根据自己的实际情况，选择合适的还款方式。

第三步（18分钟）评一评

矫正民警需提前一天收取矫正对象的《记账训练专用账本》，对矫正对象课后记账题目的完成情况进行批改总结，在活动现场选取完成情况较好的和错误情况较有代表性的作业各三到五份，进行点评。

结合参考答案，对矫正对象的记账技能进行强化培训。

第四步（2分钟）　布置课后任务

要求矫正对象在课后对下节课内容进行自学，并在下次课上课之前完成课后的练一练。

练一练

请试着帮助李先生把以下账目在《记账训练专用账本》上记载清楚：

李先生9月21日流动资产情况一览：

现金	1300元
活期存款	1500元
余额宝	4500元

持有年化率百分之5、期限90天的理财产品120000元（10月4日到期）

李先生9月22日资金流动情况：

早餐	6元
坐车上班	2元
发工资	5100元
资金转入支付宝	3000元

贷款30万，等额本息还第四期房贷（　？　）元（根据备注自行填写）

午餐	18 元
下班坐车	2 元
晚餐	18 元

备注：贷款 30 万，两种不同还款方式的月还款额（单位：元）

A：第一期　1638.08　第二期　1638.08　第三期　1638.08
　　第四期　1638.08　第五期　1638.08　第六期　1638.08

B：第一期　2120.83　第二期　2117.26　第三期　2113.68
　　第四期　2110.10　第五期　2106.53　第六期　2102.95

附："练一练"参考答案及分析

1.《不算不知道，一算吓一跳：money 都去哪了?》课后"练一练"参考答案及分析

（1）参考答案

现金、活期存款等流动资金账户（一）					
日期	收入		支出		结余
	资金来源	金额	用途	金额	
8.23					7511
8.24			早餐	6	7505
			坐车上班	2	7503
			午餐	18	7485
			坐车下班	2	7483
			刮刮乐	20	7463
	刮刮乐中奖	10			7473
			晚餐 15		7458

定期存款、基金、股票等账户（一）					
日期	收入		支出		结余
	资金来源	金额	用途	金额	
8. 23	理财产品	120000（年化率百分之五）			120000

（2）分析

此次练一练是第一次课的随堂练习，重点在于考察、了解矫正对象的基本记账水平。

此次练一练重点为矫正对象强化的技能知识点是：收支记录分明；分账户记载。

矫正对象在记账中存在的问题有记账不及时（即作业未按时完成）、记录不完整、记录不规范、记录不详细、记录不全面、计算结果不正确、记录字迹潦草难辨等。通过此次随堂练习，矫正民警可以较为客观的发现矫正对象的不足，矫正对象也可以通过矫正民警的讲解，意识到自己在记账技能上存在的具体问题，从而为下一步矫正打下基础。

2.《我们为什么要记账？》课后"练一练"参考答案及分析

（1）参考答案

现金等流动资金账户（二）					
日期	收入		支出		结余
	资金来源	金额	用途	金额	
8.31					8810
9.1			早餐	6	8804
			坐车	2	8802
	理财到账	123287			132089
			午餐	18	132071
			打车	20	132051
			晚餐	180	131871
			刮刮乐	20	131851

定期存款、基金、股票等账户（二）					
日期	收入		支出		结余
	资金来源	金额	用途	金额	
8.31	理财产品	120000（年化率百分之五，期限200天，9月1日到期）			120000
9.1			理财本金及收益	120000+3287	0

（2）分析

此次练一练是第一堂课时布置矫正对象在课后独立完成的练习作业。

此次练一练重点在于强化矫正对象收支记录分明和分账户记载的意识，培养矫正对象正确计算和记录利息的能力。

3.《如何进行家庭记账》课后"练一练"参考答案及分析

（1）参考答案

现金等流动资金账户（三）					
日期	收入		支出		结余
	资金来源	金额	用途	金额	
9.8					7000
9.9			早餐	6	6994
			坐车	2	6992
	理财到账	60821.5			67813.5
			午餐	18	67795.5
			打车	20	67775.5
			刮刮乐	20	67755.5
			晚餐	18	67737.5

定期存款、基金、股票等账户（三）					
日期	收入		支出		结余
	资金来源	金额	用途	金额	
6.2	理财产品	60000（年化率百分之五，期限100天，9月9日到期）			60000

6.3	理财产品	40000（年化率百分之五，期限100天，9月10日到期）			100000
9.9			理财本金及收益	60000 + 821.5	40000

（2）分析

此次练一练在对矫正对象进行训练的基础上，重点在于强化矫正对象正确计算和记录利息的能力。

4.《你不了解的"利息"》课后"练一练"参考答案及分析

（1）参考答案

现金等流动资金账户（四）					
日期	收入		支出		结余
	资金来源	金额	用途	金额	
9.15					7000
9.16			早餐	6	6994
			上班坐车	2	6992
	理财到账	123287			130279
			理财产品	120000（年华率百分之五，期限200天）	10279

			午餐	18	10261
			下班坐车	2	10259
			晚餐	18	10241
			刮刮乐	20	10221
	刮刮乐中奖	20			10241

定期存款、基金、股票等账户（四）					
日期	收入		支出		结余
	资金来源	金额	用途	金额	
9.15	理财产品	120000（年化率百分之五，期限200天，9月16日到期）			120000
9.16			理财本金和收益	123287	0
	理财产品	120000（年化率百分之五，期限200天）			120000

（2）分析

此次练一练在对矫正对象进行训练的基础上，重点在培养矫正对象在面对账户间资金进出时，可以清晰、准确记录的能力。

5.《贷款，今后记账本上每月得多一笔支出了》课后"练一练"参考答案及分析

（1）参考答案

<table>
<tr><td colspan="6" align="center">现金等流动资金账户（五）</td></tr>
<tr><td rowspan="2">日期</td><td colspan="2" align="center">收入</td><td colspan="2" align="center">支出</td><td>结余</td></tr>
<tr><td>资金来源</td><td>金额</td><td>用途</td><td>金额</td><td></td></tr>
<tr><td>9.21</td><td></td><td></td><td></td><td></td><td>7300</td></tr>
<tr><td>9.22</td><td></td><td></td><td>早餐</td><td>6</td><td>7294</td></tr>
<tr><td></td><td></td><td></td><td>坐车上班</td><td>2</td><td>7292</td></tr>
<tr><td></td><td>发工资</td><td>5100</td><td></td><td></td><td>12392</td></tr>
<tr><td></td><td></td><td></td><td>还贷款</td><td>1638.08</td><td>10753.92</td></tr>
<tr><td></td><td></td><td></td><td>午餐</td><td>18</td><td>10735.92</td></tr>
<tr><td></td><td></td><td></td><td>下班坐车</td><td>2</td><td>10733.92</td></tr>
<tr><td></td><td></td><td></td><td>晚餐</td><td>18</td><td>10715.92</td></tr>
<tr><td></td><td></td><td></td><td></td><td></td><td></td></tr>
<tr><td></td><td></td><td></td><td></td><td></td><td></td></tr>
</table>

<table>
<tr><td colspan="6" align="center">定期存款、基金、股票等账户（五）</td></tr>
<tr><td rowspan="2">日期</td><td colspan="2" align="center">收入</td><td colspan="2" align="center">支出</td><td>结余</td></tr>
<tr><td>资金来源</td><td>金额</td><td>用途</td><td>金额</td><td></td></tr>
<tr><td>9.21</td><td>理财产品</td><td>120000
（年化率
百分之五，
期限90天，
10月4日
到期）</td><td></td><td></td><td>120000</td></tr>
<tr><td></td><td></td><td></td><td></td><td></td><td></td></tr>
<tr><td></td><td></td><td></td><td></td><td></td><td></td></tr>
</table>

（2）分析

此次练一练是对矫正对象多次训练的最终考核，重点在于将作业结果与第一次作业完成情况进行比较，检验矫正对象的矫正效果。如个别矫正对象的矫正效果仍不理想，可考虑进行在针对记账技能进行个别矫正训练。

4.5 合理消费与省钱妙招

4.5.1 矫正方案

矫正目标	学习规划资金分配，学会合理消费，掌握生活中的省钱妙招
矫正量	2 小时
矫正重点	掌握生活中的省钱妙招
干预措施	讲解、互动讨论、案例分析
操作步骤	调查矫正对象入狱前的不同消费习惯→分析对比→调查矫正对象最常使用的打折策略→故事分享：李小姐的一天→打折策略→常见购物陷阱

4.5.2 矫正过程

第一步（10 分钟）　课程引入

1. 课堂提问：入狱前矫正对象如何规划收入分配，选取 3 ~ 5 名矫正对象介绍自己的消费习惯，每月或每年的结余情况。

2. 点评：对每位发言矫正对象的消费习惯做简要总结归类。

第二步（30 分钟）　引入合理消费理念并分析对比

1. 分类讲解：引入将收入分成五份的消费模式。

收入分五份，让生活更从容。

在我们的生活中，除了空气是免费的，其他的衣食住行，只要我们还生活在这个世界上就离不开消费，钱不是万能的，但没钱是万万不能的，在之前的课程中我们已经学习了如何挣钱，现在我们来学习如何消费。

也许有人会说消费不就是花钱嘛，这谁不会呢，但是不同的消费习惯可能会让我们成为月光族，也可能让我们在享受生活的同时每个月小有盈余，还有可能让我们每月都有较多的积蓄。每个月的收入我们都是如何使用的呢？常规来说无外乎衣食住行及其他，但是也有另一种分法，会让我们的消费更加科学合理，当我们规划资金或回忆消费的时候更加清晰。

第一份，当然是我们的生活费。有房无贷是最理想的状况，这样我们的生活费中主要的支出项目就是伙食费或交通费。如果我们可以自己料理三餐，除去适当的社交往来，尽量减少外出就餐的次数，这样不仅可以降低生活费的支出，也更有利于健康。如果我们有车，那么养车的费用也是一笔不小的开支，保险、汽油、过桥过路费甚至罚金，各人可以根据自己的收入及现实生活状况制定不同的生活费标准。

第二份，用来交朋友。每个月可以请客一次。请谁呢？记住，请比你有思想的人，比你更有能力的人，和你需要感激的人。每个月，坚持请客，一年下来，你的朋友圈应该已经为你产生价值了，你的声望、影响力、附加价值正在提升，形象又好，又大方。

第三份，用来学习，每个月可以有50元至100元用来买书。每个月最少买一本书，制定读书计划认真阅读，可以一个月只读一本书，关键是要将书本上的内容吸收转化成自己的知识。每一本书，看完后，就把它变成自己的语言讲给别人听，与人分享有助于你更好的理解书的内容并且提升亲和力。另外可以留一部分钱存起来，每年参加一次培训，或者是学习一门技艺，从不间断。等收入高一些了，或者有额外的积蓄，就参加更高级的培训。参加好的培训，既可以免费结交志同道合的朋友，又可以学习平时难以领悟的道理。

第四份，用于旅游，一年奖励自己旅游至少一次。生命的成长来自不断地历练。参加那种自由行的旅游，住进青年旅社，与不同的人一起聊天，听他们的故事，去品尝当地人爱去的口碑美食，去独具地方特色的小店，深入到当地人的生活中去，品味当地的文化。地球其实并不大，每年都出门，几年下来，就可以把红旗插到地图上，许多美好的回忆，成为生命的动力，更加有热情和能量，去投入工作。

第五份，用来投资。投资有很多种，我们之前的课程中也介绍了很多，不论是存款、保险还是股票，投资的渠道多种多样，当然我们也可以将这部分钱拿来做生意，实体店或网店都可以尝试，除了淘宝以外，现在在微信上开店的人也很多，可以作为一个兼职，微店相对成本、时间等投入都较少，是个不错的选择。在这里投资的部分我们就不再赘述了。

无论你的收入是多少，记得分成五份。增加对身体的投资，让身体始终好用，增加对社交的投资，扩大你的人脉，增加对学习的投资，加强你的自信，增加对旅游的投资，扩大你的见闻，增加对未来的投资，增加你的收益。保持这种平衡，逐渐你就会开始有大量的盈余。这是一个良性循环的人生计划。身体将越来越好，得到更多的营养和照顾。朋友会越来越多，存储许多有价值的人脉关系，同时，你也有条件参加那些非常高端的培训，使自己各方面的羽翼丰满，思维宽阔，格局广大，性格和谐。而你，也就能够逐渐实现自己的各种梦想。

2. 分析对比：分析不同合理消费模式的构成、意义及对生活的影响，对比之前矫正对象的日常消费习惯。

第三步（10 分钟）　　消费调查

请 3 ~ 5 名矫正对象分享自己以前经常使用的折扣方法。

第四步（35分钟）　故事分享

通过李小姐的一天分析李小姐的消费结构，讨论她的消费习惯是否合理，分析李小姐的省钱方式，引入我们生活中的各种省钱妙招。省钱并不是意味着不消费，通过利用各种打折信息，我们可以用更便宜的价格购买到同样的产品或者享受到同样的服务。教会矫正对象在消费时使用各种折扣，同时介绍现在网络上流行的各种折扣 APP。

【理财故事】李小姐的一天

李小姐是南京的一个年轻小白领，新南京人，未婚，公司位于新街口金融中心，每天可以俯瞰南京城的车水马龙，收入不错，可是面对南京高额的房价她只能暂时租住在夫子庙附近，目前她正在积攒首付，希望能在这座城市有个自己的小窝，可是朋友间的聚会，衣服鞋子等消费也不能因为买房而全部取消（作为一个在金融中心工作的未婚年轻小白领，形象还是相当重要的）让我们来看看她是如何协调这些矛盾的，下面就是李小姐的一天。

早晨出门，李小姐在门口的早餐摊买了份早饭，坐公交车到公司上班。（煎饼果子3元、豆浆1元、月票卡1.6元）

忙忙碌碌一上午，终于到了午休时间，李小姐及同事们来到公司附近的简餐店吃饭，饭后散步去超市购物。（午餐30元、酸奶4.6元、牙膏12.9元、饼干10.9元）

今天李小姐期待已久的电影《碟中谍5》终于上映了，晚上下班后她与朋友决定买些肯德基带着边看电影边吃。（肯德基劲爆鸡米花9元、新奥尔良烤翅8.5元、吮指原味鸡8元、薯条7元、电影票18.8元）

前往电影院的途中，李小姐看到路边新开了一家面包房做促销，面包第二个半价，于是与朋友各买了一个当作明天的早餐。

（面包6元）

看完电影已经9点多了，李小姐及朋友从电影院出来各自回家，忙了一整天李小姐决定打车回家。（滴滴打车6元）

让我们来看一看李小姐一天的消费总额：

早晨：煎饼果子3元、豆浆1元、月票卡1.6元

中午：午餐30元、酸奶4.6元、牙膏12.9元、饼干10.9元

晚上：肯德基劲爆鸡米花9元、新奥尔良烤翅8.5元、吮指原味鸡8元、薯条7元、电影票18.8元、面包6元、滴滴打车6元

共计127.3元

这一天中李小姐三餐都是在外解决，看了场电影，买了一些零食等，一共消费了127.3元，你们觉得她的消费高吗？让我们再来看看她节约了多少，共计81.1元。

项目	原价	现价	节约
公交	2	1.6	0.4
午餐	35	30	5
牙膏	13.9	12.9	1
鸡米花	11.5	9	11.5
烤翅	10.5	8.5	10.5
原味鸡	10	8	2
薯条	9.5	7	2.5
电影票	60	18.8	41.2
面包	8	6	2
打车	11	6	5

李小姐是个精打细算的白领，她并没有因为要省钱而降低她的生活水准，她的理念是用更少的钱去享受生活。她在这一天中利用

了支付宝、肯德基优惠券以及滴滴打车等各种优惠活动从而用更少的钱获得了同样的服务。

我们应当善用各种优惠活动。

一是团购网站。在现在这个信息爆炸的时代，我们的生活越来越便利，可以享受的优惠也是越来越多。前两年团购网站悄然兴起并迅猛发展，再经历了大浪淘沙后，大众点评网、美团网等网站占领了团购市场的半壁江山，选择就餐地点前先搜搜看评价怎样，有没有优惠，吃饭之前先拍照，饭后发评论已成为一种另类的就餐习惯。

二是APP优惠信息。随着手机成为我们生活中不可缺少的一部分，各种手机APP也极大地改变了我们的生活。很多APP对于新用户会有新人红包、首单立减的活动，也有一些APP会不定期地推出一些优惠，如某APP每周一至周五上午10：00及下午3：00几乎都会推出8.8、18.8、28.8元的限量电影票，票价视电影、电影院、放映厅而定。

三是银行卡活动。在办理信用卡之初各家银行几乎都会有各种小礼品赠送，开卡使用达到一定标准会再次送出礼物，不同的发卡行基本形成了各自的招牌活动。比如甲银行的"周三5折"，甲银行联合部分餐饮商家在周三推出5折活动，当然这也是限量的；乙银行的"最红星期五"，周五在超市、加油站刷卡返现等活动，如果使用得当也是可以省下一笔不小的开支。不同时节推出相应的合作商家或消费赠礼活动，如寒暑假与旅行社合作推出制定信用卡特惠线路、春节消费到一定额度赠送新年大礼包等等。

四是其他各类促销。各类店庆、车博会、家博会、婚博会以及各种网站的新人红包大家可以根据自己的需要去参与并使用。

第五步（35 分钟）　　经验分享

通过与我们生活息息相关的超市购物，分析常见的购物陷阱，引导矫正对象识别各种购物陷阱。我们的生活离不开消费，分享各种购物经验，可以有效规避购物陷阱，帮助矫正对象在日后的生活中合理消费。

1. 超市里"心理陷阱"。

与视线平行的商品利润高。超市的商品摆放都有一个共同原则：你容易拿到手的永远是商家最想卖的。调查显示，销量最佳的物品摆放位置依次为与顾客视线平行处、齐腰处和齐膝处。其中，前者是超市货物摆放的最佳位置，可增加 70% 销量。所以，超市一般把利润较高或者快过期的产品放在 1.5 米到 1.7 米的高度间，方便大家看到后随手就能拿到。

最想卖的东西放右边。超市的购物通道一般是足够宽、笔直平坦、少拐角的，这是为了尽可能延长消费者在超市的"滞留"时间，避免他们从捷径通往款台和出口。超市还利用人们习惯用右手的习惯，将最想推销的、利润较高的商品，放在主购物通道或展柜的右侧，顾客经过时，会被一些本不需要的商品激起购买欲。

薄利多销品守住入口。走进超市，迎面可能就是一堆特价商品，但你要保持冷静，越是容易看到、拿到的商品，越是超市利润较高或急于出手的商品。一般来说，挨近入口的地方，放的多是薄利多销、购买频率高的商品，以吸引你进门，比如书本、拖鞋、毛巾等，而烟酒等贵重商品一般放在超市中间偏后区。

新鲜商品摆最里面。超市总是希望"把先进的货物先卖出去"。所以，摆放牛奶、酸奶时，喜欢把最新鲜的产品摆在最里面，每天逐渐更换；冰柜和冷柜食品，也都是把新鲜产品放在最下层。另外超市的冰柜经常打开，接触到空气的部分温度会比较高，会影响产品的品质。如果你想买出厂日期最近的，那就把最里面的商品"掏"出来。

蔬菜水果利润最高。超市中的蔬果大多陈列在中心位置，有两方面原因：第一，心理学研究发现，由于人类早期长时间居住在阴暗的洞穴里，因此对色彩缤纷的食物有一种本能的兴奋，占有欲和购买欲容易被激发。第二，农产品是超市里利润率高的产品，大多数超市都将这个区域承包给供应商，虽然价格比菜市场贵得多，但在超市也能卖出去。

价格"拆东墙补西墙"。超市里有一整套复杂的价格策略，你可能会看到"天天低价""5公里范围内最低价"等大幅吸引眼球的标语，但实际情况却并非如此。超市使用心理学上的"晕轮效应"，将食品、日杂等生活必需品的价格定低一些，让你形成这家超市比较便宜的印象，并且不自觉地以为所有东西都便宜。

现烤现卖以"味"诱人。超市面包房中飘出的浓郁香味总让人无法抗拒。一般人认为现场烤面包、做熟食是为了"新鲜"，其实，这是超市的"嗅觉营销"。研究发现，食物的香味会刺激人体各种消化酶的分泌，调动与欲望相关的情感中枢，即使你不饿，也会在不知不觉中增加食品的购买量。

儿童的钱最好赚。最容易出现购买冲动的是谁？孩子。儿童的消费是非理性的，并且占有欲很强，可以在情绪上操纵父母。正是利用这种消费心理，超市里有一套赚孩子钱的销售策略：第一种就是精心布置儿童产品（玩具、食品等）展柜；第二则是在孩子必经之路设"埋伏"。

买一赠一有猫腻。某食品企业多年的促销经验认为，折扣标志可增加销量的23%。但其实也有陷阱：有些商家悄悄提高商品价格后再附送赠品。比如一瓶洗发水本来20元，现在买一瓶洗发水赠送一块价格2元钱的肥皂，但洗发水的价格已被悄悄提高到22元。

特价区"浑水摸鱼"。超市里常常会搞促销，但有些促销却未必真便宜。比如在特价区会混有一些原价的东西；在大大的价格表下用不起眼的小字写了该商品的生产厂家，同时混放其他品牌，一些不细心的顾客容易误买；在服装区，把颜色、款式相近的不同牌子的衣服混放，只标便宜的价格，把高价的价签藏到不显眼的地方。很多特价商品也并不"超值"。

大包装比小包装更贵。很多消费者会有"买得多比买得少实惠"的惯性思维，这也成为了超市的一种"销售心理战术"。逛超市时，你可以算一算，很多商品的大包装价格都比小包装贵。这种情况大多存在于休闲食品中，如饮料、薯片等。而且这些商品的重量、价格往往不是整数，比如480克、458克等，消费者一时也算不清到底哪种更划算。

被切开的水果"来历可疑"。包装分切的水果可以吃多少买多少，这种销售方式表面看很方便消费者，其实来历可疑。超市每天都有大量水果因外观或变质等问题无法销售，一般的做法是化整为零，包装销售。有些超市的工作人员用刀把果蔬坏的部分切掉，剩下的切成小块，用保鲜膜包装起来，这样看不出一点儿问题，消费者买到的商品质量却可能大打折扣。

利用灯光以"色"引人。一些小超市中肉类专柜的上方回安装粉红色灯，能让鲜肉看起来更加诱人，等你买回家一看就不是那么回事了。因为暧昧的灯光往往让食品更娇艳，一般来说，肉类常用红灯光，面包类常用黄灯光，海鲜类常用蓝灯光。

导购员大多拿回扣。逛超市时，会碰到许多"导购员"向你热情推荐产品。其实，在他们热情的背后，却有拿回扣的"隐情"：一些影响力不大的品牌通常没钱大量投放广告，质量也不出众，所以利用"人海战术"，在超市内大量安置导购员，并允以高比例提成。导购员一般会使用"褒此贬彼"的方法，拼命劝说顾客购买自己承销的品牌商品。

结账是最后一道购物关。暴露在面前的诱惑越多，顾客就越经受不起这些考验。调查发现，被"困"在长长结账队伍中的人，购买货架上糖果、饮料的几率高25%。收银台边的商品一般是日用品或经济实惠的小型零食，而排队付钱时往往是人最没有耐心的时候，让你很难扛过这最后一道购物关。

大桶的油不一定划算。量多便宜应该是许多商家都喜欢用的促销手段，而人们也乐得便宜，所以很多人都喜欢买10斤左右的大桶装油。但是油并不是耐储存食品，很容易氧化变质，过了3个月，油的营养成分就会被破坏掉。因此，买油的时候还是尽量要选择容量少的小桶食用油。

散装的米面不一定安全。研究发现，谷物中含有的大量维生素B2，面粉中含有的叶酸、光线和氧气都会对其造成破坏，因此，从食品安全角度考虑，最好选择真空包装的产品。

冷藏区放在最后逛。很多超市由于冷藏区就在门口，导致人们一进门就先买冷藏食品。其实这样做是不可取的，因为速冻食品离开冰柜后，环境温度不稳定。因此，最好离开超市前再逛冷藏区。

不要晚上去逛超市。不少人选择晚上逛超市，但调查显示，早上8点到9点超市里的人流量最小，蔬菜、鲜肉类和海鲜产品都是最新鲜的，晚上8点以后超市的人是最多的，很多食品都不新鲜了，开始促销打折。天上不会掉馅饼，只要促销打折的食品店都可能不是很新鲜了，尤其是熟肉和豆制品，一定要慎重购买。

吃饱了再去逛超市。饿着肚子去逛超市的时候更容易选择巧克力、薯片等高热量的食品，而吃过东西的人则相反。因此，饿着肚子的时候尽量不要去逛超市。

2. 常买的这些东西骗人还死贵！

有机食品——只是概念。很多人觉得"绿色蔬菜""有机大米"听起来就很高端、健康，再加上商家宣称的"天然无农药"，更是控制不住买买买，心想着"既然是自己吃，那就不买惠的，只买贵的"。可事实上，根据天津市消协的一次调查显示，在对市面上多种有机食品的农药残留量、重金属污染物限量、理化指标检测中，被抽查的有机食品和绿色蔬菜，相关指标其实还不如价格便宜的普通食物和蔬菜。这么来看，一些看上去很美的有机食品和绿色蔬菜，也不过是让我们心动，而并没有给我们健康。

儿童酱油——有害无益。中国父母对孩子的投入真是大方，各种商家也是赚孩子的钱而无所不用其极，各种"儿童专用"应运而生，"儿童酱油"就是其中奇葩的一种。国家二级公共营养师臧全宜提醒，儿童饮食完全不需要额外再用酱油来调味。一方面，正常饮食中含有的钠，已经足够满足儿童的生理需求，任何外加的盐都是多余的。另一方面，考虑到个人胃口的适应性，在孩童时期就通过人工的调味来"增加儿童食欲"，会让孩子的味蕾对调味产生强烈的依赖性。长此以往，孩子长大以后养成了"重口"的习惯，就难以控制盐的需求量，高血压风险大大增加。我们提醒各位家长，儿童酱油，仅仅是一种噱头，对于孩子的健康有害无益，一定要谨慎。

高价饮水——可能不如凉白开。超市里的饮用水种类繁多，纯净水、矿泉水、富氧水、冰川水……不仅名词让人眼花缭乱，价格也让人瞠目结舌，从几元一瓶到百元一瓶不等。不少高价水还专门打出了有助于健康、治疗的功能牌。对此，华南理工大学食品学院教授郑建仙表示，饮用水价格再高、宣传再好，其实产品里面最多的成分也还是普通的水；而喝水对人体的主要作用就是补充水分，满足人体机能的需要。产品宣传中标明的那些功用，其实并不可靠。同时，矿泉水中的很多矿物质元素和微量元素只在一定的限值范围内对人体有益，而一旦含量超标，不仅无益，反而有害。

养胃饼干——吃完不养胃。近来，"饼干养胃"的说法越来越流行，超市里相关的产品和食品也越来越多。但这些所谓的养胃饼干真的有用么？如果单说猴头菇的话，它既属于食物，也是药物。但食物是用来充饥的，药物是用来治疗的。对于药物，其有效剂量、主要作用、副作用，是否有不良反应，适应人群、禁忌症等都是有规定的，只有符合医嘱及相关要求，才能达到治疗目的。没有限制的用药，是非法的。对于作为食物的猴头菇饼干来说，如果真的要达到宣称的"疗效"，必然要这个限度进行说明，而这，恰恰是所谓"养胃饼干"所没有的。北京协和医院消化内科主任医师鲁重美教授介绍，如果真的想通过吃饼干的方式达到养胃的效果，不如去买几块钱一大包的苏打饼干。

高钙牛奶——高钙是虚高。大家在买牛奶的时候，常常会看到高钙奶，其价格也比普通奶高出不少。似乎高钙的牛奶就更能补钙，但事实并非我们想的那样。一般来说，每100毫升普通牛奶中的钙含量大约在90毫克至120毫克之间。只有钙含量达到或高于每百毫升120毫克的标准，我们才能称之为"高钙奶"。而检查结果发现，市面上大多数高钙奶的钙含量只比纯牛奶高一点而已。一些宣称的高钙奶中钙的含量其实远达不到每百毫升120毫克。同时，所谓高钙奶的制作，也只是在生产的时候，人为向牛奶或奶粉中添加了一些碳酸钙，这样也就使得奶中的钙含量高一些了。而这种人工添加的碳酸钙，相比普通牛奶的乳酸钙，对人体的吸收率其实是更低的。所以，普通牛奶已经可以满足大家的补钙需求。

果汁饮料、乳酸饮料≠真果汁、真酸奶。所谓的果汁，或者是鲜榨，或者是100%纯果汁，而今天市面上的大多数果汁饮料，其实都不能归于此类。为了使饮料充满果香，又控制产品的成本，许多商家生产的"果汁饮料"实际是果汁＋添加剂（一般是香精）的融合，此外，还有让饮料更漂亮的色素，各种甜味剂等，这样的饮料所含营养根本就比不了纯果汁，长期饮用对健康也可能带来不利影响。类似的，酸奶是由纯牛奶＋乳酸菌发酵而来，而乳酸饮料则是添加了大量添加剂的，有酸奶口味的饮料。我们只要仔细观察产品的说明，就会发现这类饮料的主要成分中，第一项是水，第二项是牛奶，然后是糖，柠檬酸等，而且牛奶本身的营养素含量很低。这样的饮品虽然比碳酸饮料要好一些，但对健康没有任何促进作用，过多的摄入添加剂成分，也会对健康产生不利影响。

抗菌香皂——我们只是这么说。很多人挑选洗手皂或沐浴液时，会不自觉地选择"抑菌"或"抗菌"类产品。一些抗菌产品更宣称，"本产品对自然菌的杀灭率高达99%"。对此，清华大学附属第一医院皮肤科主任王昕表示，目前还没有科学证据证明抗菌香皂比普通肥皂更有效，反而会产生细菌耐药等诸多危害。早在2005年，美国食品和药品管理局就质疑认为，没有充分证据可以证明，抗菌肥皂比普通肥皂更有效。值得注意的是，抗菌素在日常生活中不能随便使用。一些抗菌皂所含有的"三氯生""三氯卡班"等物质可能影响睾丸酮、雌激素和甲状腺激素水平，并存在致癌的风险。专家建议，洗手关键要按正确步骤，别轻信抗菌香皂。相比抗菌香皂，普通香皂就能很好地除去绝大部分细菌。

美白牙膏——效果真的很有限。很多人都希望拥有一口洁白的牙齿，特别是一些经常喝咖啡、喝茶的人，以及一些吸烟人士，因为长期生活习惯可能导致牙齿发黄变色。市场上各种美白牙膏于是抓住消费者这一心理，宣称使用其产品可在数周内产生明显美白功效。而真相却是"美白牙膏"的美白效果非常有限。北京军区总医院口腔科徐洪权医师介绍说，理论上，美白牙膏中含有的过氧化物、羟磷灰石等成分，的确可以去除表面牙渍、增加光洁度。但受到刷牙时间、刷牙习惯的影响，这些成分的作用其实十分有限，比如，水会稀释牙膏中的有效清洁成分，因此，不可能刷几次就能白。医师建议，与其追求价格高昂的"美白牙膏"，不如养成好的刷牙习惯。

第七步 布置作业

1. 今天的课堂中，我们讲到了个人的收入分配问题，应该分成几份？如何使用？如果你有其他分法请说明理由。

2. 今天的授课中我们有提到，超市购物有不少陷阱，请任意列出7个。

3. 日常生活中你有哪些省钱妙招？

4.5.3 单次矫正活动评估

根据《矫正对象参与集中矫正活动效果评估分级评分标准》对矫正对象本次矫正活动进行评分，并结合《监督方活动记载表》和《矫正民警项目日志》对本次矫正活动的矫正效果进行评估。

同时，根据评估结果，对未达到矫正目标的矫正对象进行个别辅导，以尽可能保证总体矫正效果。

4.6 民间借贷与纠纷处理

4.6.1 矫正方案

矫正目标	使矫正对象掌握民间借贷的概念以及参与民间借贷的注意事项，指导矫正对象合法借贷，远离高利贷
矫正量	2 小时

矫正重点	借据书写、利率计算；高利贷的区分；处理纠纷的合法方式
干预措施	视频教学、知识讲解、故事分享、小组讨论
实施步骤	课堂提问→知识讲解：民间借贷的概念、特点、借据的书写要素→课堂练习：书写借据→法律条文解读→课堂练习：利息计算→视频赏析：《宝马乡的悲剧》→知识讲解：高利贷→视频、图片赏析：处理纠纷的合法方式

4.6.2 矫正过程

第一步（10分钟） 课堂提问

请有过借款经历（含向银行贷款和亲戚朋友）的矫正对象举手，分别询问举手的矫正对象在借款时都办理了哪些手续，银行借款和民间借款手续方面有哪些不同。

第二步（10分钟） 知识讲解

1. 民间借贷的概念

民间借贷是指公民之间、公民与法人之间、公民与其他组织之间的借贷。长期以来，民间借贷普遍存在于不同的社会形态中，对于满足社会生产生活需要发挥积极的作用。

2. 民间借贷的特点

（1）民间借贷具有灵活、方便、利高、融资快等优点，运用市场机制手段，融通各方面资金为发展商品经济服务，满足着生产和流通对资金的需求。

（2）民间借贷出于自愿，借贷双方较为熟悉，信用程度较高，对社会游资有较大吸引力，可吸收大量社会闲置资金，充分发挥资金之效用。且其利率杠杆灵敏度高，随行就市，灵活浮动，资金滞留现象少，借贷手续简便，减去了诸多中间环节，提高了资金使用率，资金实际效益得以发挥，这在目前我国资金短缺情况下，无疑是一有效集资途径。

（3）民间借贷吸引力强，把社会闲散资金和那些本欲扩大消费的资金吸引过来贷放到生产流通领域成为生产流通资金，在一定程度上缓解了银行信贷资金不足的压力。

民间信贷在利用其特点发挥积极作用同时，也伴有消极因素的出现。在实践中，首先由于法律的不明确、体制的不完善，以及认识的不统一，致使一些地方的民间借贷处于非法状态或放任失控状态，因而它更多地是以地下活动或半地下活动进行的，这无疑为一些不法分子乘机进行金融诈骗活动提供了方便，其次，民间借贷虽具有灵活方便的特点，但带有盲目性，风险系数极大，往往投资于风险事业而受危害，便在借贷双方和存款者之间产生连锁反应，造成社会不安定因素。第三，信贷经营者往往经营管理能力差，亦无严密的财会、簿记制度，一旦大宗交易失败，对金融市场、生产和流通是个冲击。第四，借贷手续过于简便，一不考虑资信，二无财产担保，每每纠纷发生无法解决，而借贷的直接现金交易，使其难以在更大范围内为商品经济服务，且有些信贷已脱离了生产流通领域，一些人借机放超高利息，进行高利贷活动，这就违背了信贷宗旨，干扰了金融市场。

3. 现行法律对民间借贷的保护

根据《最高人民法院关于人民法院审理借贷案件的若干意见》第四条规定，人民法院审查借贷案件时，应要求原告提供书面证据；无书面证据的，应提供必要的事实证据。对于不具备上述条件的起诉，裁定不予受理。因此，民间借贷属于民事行为，受到民法和合同法的约束和保护。前提是具备事实证据，但在现实生活中，民间借贷大多数发生在亲戚朋友之间，由于这些人平时关系比较密切，出于信任或者碍于情面，民间借贷关系往往是以口头协议的形式订立，无任何书面证据。在这种情况下，一旦一方予以否认，对方就会因为拿不出证据而陷入"空口无凭"的境地，即使诉至法院，出借人也会因无法举证而败诉。由此可见，出、借双方订立书面协议是大有必要的。那么，一份规范的借据应具备哪些要素呢？

4. 借据的要素

（1）应写清楚借款人和放款人的法定全名（以户口本或者居民身份证为准）；

（2）应写清楚借款金额，包括大写和小写的金额；

（3）应写清楚借款期限，包括借款的起止年月日；

（4）应写清楚借款用途；

（5）应写清楚借款的利息，应有明确的年利率或月利率，最终应支付的借款利息总额（包括大写和小写金额）等约定；

（6）应写清楚借款本息偿还的时间及方式；

（7）应有借款人亲笔书写的签字、手印。

第三步（20分钟）　课堂练习

给定案例，要求矫正对象每人书写一份借据。

张三因购车资金不足，需向王五借款两万元。王五要求张三写一份借据，应该怎么写？

借　据

本人因购车资金不足，现向王五借款人民币贰万元整（20000元），借款期限一年（2015年7月15日至2016年7月14日），利率10%，2016年7月14日一次性归还本息合计贰万贰仟元整（22000元）。

特立此据。

借款人：张三（手印）

身份证号：×××××××××××××××××××

日期：2015年7月15日

第四步（15分钟）　法律条文解读及利息计算

解读《合同法》《最高人民法院关于审理民间借贷司法解释》相关条款。阅读案例，计算利息。

《合同法》第二百一十一条规定："自然人之间的借款合同约定支付利息的，借款的利率不得违反国家有关限制借款利率的规定"。

《最高人民法院关于审理民间借贷司法解释》第二十六条规定，借贷双方约定的利率未超过年利率24%，出借人请求借款人按照约定的利率支付利息的，人民法院应予支持。借贷双方约定的利率超过年利率36%，超过部分的利息约定无效。借款人请求出借人返还已支付的超过年利率36%部分的利息的，人民法院应予支持。

一张图读懂合法利率

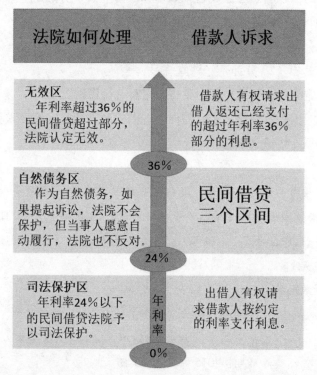

【课堂练习】

高某向崔某借款 10000 元，借期一年，年利率为 40%。出现以下两种情况如何处理：

A：到期后，高某拒不归还，崔某向法院起诉，要求法院判处高峰归还本金 10000 元，利息 4000 元，法院如何判决？

正确的判决：10000 元本金 + 10000 × 24% = 12400 元

B：如果高某归还了本金及 4000 元利息后，向法院起诉要求崔某退还部分利息，法院如何判决？

正确的判决：超出 36% 的部分为 4%，10000 元 × 4% = 400 元

第五步（10 分钟）　视频赏析

观看视频《宝马乡的悲剧》，导入高利贷相关知识点。

第六步（15 分钟）　知识讲解

民间借贷的特殊形态——高利贷

（1）什么是高利贷？

学术界把不受法律保护的年利率高于 36% 的民间借贷定义为高利贷。

（2）常见高利贷的利率

高利贷的利息一般是指 1 元钱一个月的月息，当前社会上高利贷月利率一般在 3 分到 2 毛不等，甚至更高。

换算成利率：6 分相当于年利率 72%，1 毛相当于年利率 120%，比银行一年期贷款利率 4.85% 至少高出 14.8 倍。

高利贷大多采用利滚利方式计算利息，上述案例中崔某如不能按期归还高某贷款，那么三年后他需要归还高某 10000 × （1 + 25%）× （1 + 25%）× （1 + 25%）= 19531 元，其中利息是 9531 元。

（3）高利贷的危害

一些利率奇高的非法高利贷，经常出现借款人的收入增长不足

以支付贷款利息的情况。当贷款拖期或者还不上时，出借方经常会采用不合法的收债渠道，如雇佣讨债公司进行暴力催讨等。于是，因高利贷死亡、家破人散、远离他乡、无家可归的现象数不胜数。

另外由于民间"高利贷"多为私人之间的协议，大多没有信贷担保和抵押，而且对借款人的资信仅凭个人的主观判断，主观性和随意性很强，对风险的产生也无从控制，因此隐藏了极大的风险。如果借款人不能归还贷款，对贷款人来说打击是巨大甚至是终身的。因而极易冲击正常的金融秩序。

正因为高利贷有上述各种危害，所以以往无论是小说、电影，还是学术著作，都将高利贷描绘为面目狰狞，充满血腥，吸尽民脂民膏的恶魔。

【警示】对于高利贷：

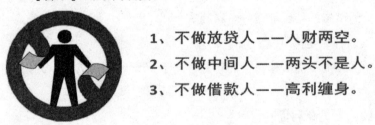

1、不做放贷人——人财两空。

2、不做中间人——两头不是人。

3、不做借款人——高利缠身。

第七步（15分钟）　案例教学

通过案例教学法，介绍与银行等金融机构的常见纠纷类型及处理方法。

当你走进银行，选择了某一种存款凭证，填入相关的内容并交给银行工作人员之后，即是发出了"要约"。银行受理该凭证并据此接受了存款、签发存单（存折）的行为即为"承诺"。储户一旦拿到存单（存折）后，双方的债权债务关系便宣告成立，同时也都应承担相应的义务。储户一旦与银行发生纠纷，该怎样来维护自己的正当权益呢？

遇到这些事你别怕，钱少不了。

（1）当存款数额大小写不一致时。

吴先生到某银行存款，银行开出一张大写为玖千元、小写为900元的定期

储蓄存单，当时吴先生和银行工作人员都未注意到这一差错。当一年后存单到期，吴先生手拿存单去银行取款时，银行工作人员以工作疏漏、错将"玖百元"写为"玖千元"为由，只付给吴先生900元本金及其利息。吴先生则坚决要求按照存单大写玖千元金额兑付本息，在与银行几经交涉未果的情况下，只得向法院求助。

法院依法审理后认为：由于银行工作人员的疏忽，造成吴先生存单上存款数额大、小写不一致，且事后又未更正，该银行对此曾有明确规定："如果储户手持的存单大写小写金额不一致，经确认没有涂改，但又无法弄清事实，在此情况下，如大写金额大于小写金额，则按大写金额兑付；如果小写金额大于大写金额，则应按小写金额兑付。"据此规定，法院判决银行支付吴先生9000元本息。

（2）当存款被人冒领时。

小王的家中被盗，存折被盗贼偷走。小王发现后及时去银行挂失，小王由于当时心情焦急，忘了随身带上身份证。银行工作人员要求他回去取身份证，再回来办理正式挂失手续。此时银行业务十分繁忙，银行工作人员未腾出手来为小王先办理口头挂失。当小王拿着身份证再次回到银行，银行工作人员腾出手来办理挂失手续时，发现小王一笔1000元的存款在几分钟前已被人从另一窗口冒领。

银行工作人员要求小王取身份证办理挂失手续并没有错，错就错在当时没有放下手头正常业务，立即先为小王办理口头挂失

手续，致使小王的存款被人冒领。按照《储蓄管理条例》规定：储户遗失存单，在特殊情况下可以用口头或者函电形式申请挂失。小王存款被人冒领系银行工作人员失误所致，应由银行负责赔偿。

（3）当存折内容与底账记载不一致时。

刘女士到银行存款20000元，当把填好的凭证和钱一同递进营业柜台后，经银行工作人员清点说是少100元，刘女士又亲自清点后确认少100元，便补上100元存入银行。几个月后刘女士前去取钱时，银行以"该存折未加盖复合员的私章，银行内部账薄上该业务已注销，微机监督上无该业务记载"为由而拒付，刘女士不得不对簿公堂。在法庭上银行称"那天刘女士存钱时，接柜员没发现差错，复核员在复核时发现少100元，刘女士与经办人员发生口角，最后表示不存钱了。银行工作人员就把账从微机里注销了，退还了现金及活期存款折，但存折上已由接柜员填写的20000元数字忘了注销。"法院查明：刘女士的存折未加盖复核员的私章，只有接柜员的私章和她填写的20000元数字，银行内部账薄及微机均无该业务记载。双方对是否真正存钱争论不休而又不能更多举证。

法院认为：储户用活期存折存款，应视为对合同中金额条款变更，这变更必须采取书面形式，书面变更原则要求必须在储户存折上变动，因为只有储户的存折才是储户与银行之间债权关系最直接的凭证。银行的内部冲销活动，对储户并不发生法律上的约束力。当储户持有的存折上的记载与银行内部记载不一致时，应以存折所记载的内容为准。

第八步（25分钟） 图片、视频赏析

欣赏《榔头哥的悲剧》《自焚女的故事》及相关图片，讲述不理智的行为对生活带来的不良影响以至于走上犯罪道路。

第九步　布置作业

1. 你因购车资金不足，需向张某借款 3 万元，年利率 10%，请你写一张借条。

2. 假设马某向彭某借款 10000 元，借期一年，年利率为 40%，到期后，马某拒不归还本息，彭某一纸诉状将马某起诉至法院，彭某的下列哪些主张能够得到法院支持？

（1）请求法院判决马某归还本金 10000 元。

（2）请求法院判决马某归还一年的利息 4000 元。

3. 一日，你拿着 10000 元到银行办理定期存款，手续办完后你拿着存单就回家了，到期后你拿着存单到银行取款时发现存单上大写的是壹仟元，小写是 10000 元，于是就与银行理论，银行大堂经理说只能按大写兑现 1000 元及其利息。请问，银行大堂经理的处理正确吗？应该兑付多少本金？

4.6.3 单次矫正活动评估

根据《矫正对象参与集中矫正活动效果评估分级评分标准》对矫正对象本次矫正活动进行评分，并结合《监督方活动记载表》和《矫正民警项目日志》对本次矫正活动的矫正效果进行评估。

同时，根据评估结果，对未达到矫正目标的矫正对象进行个别辅导，以尽可能保证总体矫正效果。

4.7 "代币制" 模拟理财训练（第三次）

4.7.1 矫正方案

矫正目标	通过实操模拟，提高矫正对象的理财能力和意识
矫正量	2 小时

矫正重点	使矫正对象熟练掌握储蓄、购买理财产品、记账等理财行为
干预措施	情景模拟、点评讲解
实施步骤	计算到期储蓄及理财产品收益→兑现到期储蓄及理财产品本息→计算应发工资和应缴消费款项→发工资，收取消费款→办理储蓄、理财产品申购业务→督促记账

4.7.2 矫正过程

第一步（10分钟） 计算到期储蓄及理财产品收益

1. 按储蓄各期限利率计算到期储蓄应得利息；

2. 按第二次课所申购模拟理财产品期限和利率，计算本次到期产品的利息（第二期发行的模拟理财产品均实现预期收益）。

第二步（20分钟） 兑现到期储蓄及理财产品本息

矫正对象按计算完成的先后顺序排队办理储蓄和理财产品兑现业务。

第三步（10分钟） 计算应发工资和应缴消费款项。

1. 公布上月奖励分和本月大账等消费数据。

2. 应发工资（方法同第一次）。

3. 应缴消费款（方法同第一次）。

第四步（30分钟） 发工资，收取消费款。

按先计算完先领先交的原则，已经完成计算的矫正对象依次到发工资窗口领取工资、缴纳消费款，四名矫正民警分两个窗口分别负责发放工资和收取消费款，并要求矫正对象签字确认。

第五步（40分钟） 办理储蓄、理财产品申购业务

四名矫正民警，两人一组，一组负责办理储蓄，另一组负责办理理财产品申购。储蓄利率及周期计算同第一次课，理财产品详见下表：

产品名称	发行银行	起购金额（元）	募集期限	计息期限	是否保本	预期收益率（%）	风险等级
"创富3号"理财计划	浦监模拟银行	3000元	8.5~8.9	31天 8.10~9.9	是	5%	低
"保利3号"理财计划	浦监模拟银行	3000元	8.5~8.9	31天 8.10~9.9	否	7%	中
"彩虹3号"理财计划	浦监模拟银行	2000元	8.5~8.9	61天 8.10~10.9	是	6%	中

第六步（10分钟）　督促记账

督促矫正对象将兑现的储蓄、理财产品本息；重新办理的储蓄、申购的理财产品数额；领取的工资和上缴的生活费用等相关数据详细记录到记账本上。注意收支分类。

4.7.3 单次矫正活动评估

结合《监督方活动记载表》和《矫正民警项目日志》对单次矫正活动的矫正效果进行评估。同时，根据评估结果，对未达到矫正目标的矫正对象进行个别辅导，以尽可能保证总体矫正效果。

4.8 "情满中秋，为爱献礼"矫正活动

4.8.1 矫正方案

矫正目标	认识个人理财与家庭和亲人的关系；促进行为训练成果泛化
矫正量	2小时
矫正重点	矫正对象在前期的购物选择往往是满足狱内生活，不利于将理财行为训练的成果进一步泛化。根据循证矫正"获得未来社区支持原则"和实际进展情况增加此次矫正活动，旨在以中秋为契机，引导矫正对象选择将模拟理财收益用于为亲属购买一份礼物，进一步巩固理财行为矫正的效果，同时取得矫正对象亲属的支持与配合。活动过程中要注意，亲属入监要严格检查，符合监狱安全规定；照顾到没有亲属来监的矫正对象的感受；要围绕矫正目标设计主持词

干预措施	对话矫正法，情景矫正法
实施步骤	引导亲属入监来到活动场地→观看视频《理财行为训练——循证矫正项目介绍》→组织矫正对象到台前为亲属献礼→改造成果展示：矫正对象为亲属表演广场舞→面对面亲情帮教→矫正对象代表与亲属代表发言→矫正对象合唱励志歌曲《真心英雄》，亲属为全体矫正对象送月饼→送亲属出监

4.8.2 矫正过程

第一步（5分钟）　矫正对象名字、礼品及家属对应信息确认；

第二步（15分钟）　引导亲属入监来到活动场地；

第三步（10分钟）　观看视频《理财行为训练——循证矫正项目介绍》；

第四步（10分钟）　组织矫正对象到台前为亲属献礼；

第五步（10分钟）　改造成果展示：矫正对象为亲属表演广场舞；

第六步（40分钟）　亲情帮教；

第七步（10分钟）　矫正对象代表与亲属代表发言；

第八步（10分钟）　矫正对象合唱励志歌曲《真心英雄》，亲属为全体矫正对象送月饼；

第九步（10分钟）　送亲属出监。

附："情满中秋　为爱献礼"循证矫正专场活动主持词

各位服刑人员亲属、各位服刑人员，大家上午好。

在中秋佳节到来之际，在普通会见日之外，我们循证矫正科研项目组向监狱领导积极争取，并且做了大量准备工作，今天我们才能够在这里为各位安排这么一场特别的团聚机会。我从各位的眼神里已经看到了热切与期待，不要着急，请大家尊重我们的劳动，服从民警的安排，保持安静，一定要按照我们的程序一个环节一个环节往下走。

2015年6月起，监狱开展了循证矫正项目实证工作，组织30名盗窃罪犯参与代币模拟理财活动，学习理财知识，掌握理财技能，目的在于帮助他们在刑满以后迅速适应社会，远离不良嗜好，修正消费习惯，告别犯罪生活。下面，我们来看一个专题片，了解他们参与循证矫正模拟理财训练的具体情况……

刚才我们从专题片子里了解到，服刑人员在模拟理财活动中获取的收益可以按比例兑换成实际的收入，用来购买指定的商品，我们第一次兑现的时候，他们基本上都是为自己买了一些生活用品，后来就发生了让我们我们感到非常欣慰的事情，他们中有人希望能用自己的这份收入为父母、爱人或者孩子购买一份礼物。

虽然他们在服刑期间虽然不能常伴家人左右，但是心中无时无刻不在牵挂着你们，所以今天我们就有了共计14份礼物要现场送给各位亲属，下面请亲属代表走到台前，接受家人为你准备的礼物，每家一人。

请服刑人员献上自己的礼物……

请服刑人员回到座位，请家属回到座位上，各位服刑人员亲属，你们的亲人在服刑期间除了从事正常的生产劳动外，也在不断学习，有相对丰富的业余文化生活，下面我们请十位服刑人员代表，为大家表演他们排练的广场舞《策马奔腾》。

（十位服刑人员留在台上）

在我们浦口监狱，有一首歌几乎人人会唱，不仅会唱，而且还能把歌词用手语操的形式整齐地表达出来，歌词当中包含了很多服刑人员想说给亲人的话，下面，请20位服刑人员代表走到台前，表演手语操——《三德歌》。

……

各位服刑人员亲属，通过看刚才专题片，欣赏广场舞和手语操，你们对亲人的服刑生活应该有了更多的了解，也请你们多理解自己的亲人，多关爱他们，配合监狱做好对他们的教育矫正工作。下面我们的安排分成两部分，有亲属在现场的，你们可以走到亲人身边，共话亲情，共诉衷肠；亲属没有到场的，请到场地的右边，我们将为大家兑现7、8月份的模拟理财收益。

……

请各位坐到自己的指定座位上，下面我们请服刑人员代表××上台发言。

（简要点评）

下面我们请亲属代表××上台发言。

……

请30位服刑人员到台前集合。

（队伍列好后）各位亲属，下面我们服刑人员共同为大家唱一首歌曲《真心英雄》，歌曲唱完，我们今天的活动就正式结束了。请各位亲属按照警官的指引有序离开。

4.8 阶段四评估

总结本阶段的《矫正对象单次矫正活动综合评分》、《监督方活动记载表》及《矫正民警项目日志》，对本阶段矫正效果进行综合评估。

本阶段矫正活动中，项目组针对培养矫正对象记账习惯这一矫正子目标，开展了系列课程《和李先生一起学记账》。课程开展过程中，共对矫正对象进行了五次测试，其中，第一次和第五次的成绩可作为矫正对象《记账水平测试卷》的前后测数据，通过 spss 软件对前后测数据进行独立样本 t 检验和配对样本 t 检验，检验矫正对象在记账水平方面的矫正效果。

阶段五　应用——理财工具

【矫正目标】指导矫正对象熟知银行基础业务、储蓄理财的技巧与保险的理财功能，熟悉股票、基金和互联网理财的常识，准确认识各种理财工具的特点，培养风险控制意识，掌握主流理财工具的基本操作方法。

通过理财行为训练，巩固矫正对象知识学习的内容，进一步提高矫正对象的合理消费意识和基础理财能力，提高社会适应性，增强重返社会的自信心。

【矫正内容】

（1）储蓄理财的技巧；

（2）保险的理财功能；

（3）"重塑生命，走向新生"矫正活动；

（4）股票常识与模拟操作；基金与互联网理财；

（5）"代币制"模拟理财训练（第四次）；

（6）模拟超市购物（第二次）；

（7）阶段五评估。

【矫正量】7次，共14小时。

【干预措施】视频教学、情景教学、知识讲解、故事分享、小组讨论、模拟操作。

5.1　储蓄理财的技巧

5.1.1　矫正方案

矫正目标	了解银行基础业务，熟知储蓄理财的关键技巧，掌握银行的使用常识
矫正量	2小时

矫正重点	储蓄理财的三种关键技巧；银行卡的使用知识
干预措施	视听教学，现场互动，案例分析，布置作业
实施步骤	阶段课程意义→现场调查了解矫正对象基础→讲解储蓄基础知识→讲解与模拟：三种关键的储蓄理财技巧→案例分析：信用卡的使用案例→银行卡的使用常识→布置矫正作业

5.1.2 矫正过程

第一步（15 分钟）　视听教学

1. 结合本阶段课程在项目中的定位。讲解下表：

在理财理念模块，主要的目的是让矫正对象拥有正确的观念，愿意去理财，起到的是先导性作用。在理财知识模块解决的问题是让矫正对象有一定的理财知识积累，起到的是基础性的作用。在理财技能模块是训练大家理财的各项技能，是成功理财的关键所在；在理财工具模块是投资理财保值增值的实践性内容，是理财能力的直接体现。

模块内容	内容属性	主要作用
理财理念	意愿	先导
理财知识	积累	基础
理财技能	训练	关键
理财工具	实践	直接

2. 开展理财工具学习训练的现实意义。

通过学习当前社会比较主流的几种理财工具，熟悉不同理财工具的特点，并根据矫正条件开展相应的模拟与实践，巩固知识、提升技能，为矫正对象重返社会之后适应现代经济生活，实现资产保值增值提供必要的帮助。

第二步（10分钟）　现场互动

采用现场提问的方式引入储蓄理财的业务，了解矫正对象在入狱前办理过的银行业务，提问的顺序可以由浅入深：

a. 有过储蓄经历的；

b. 办理过定期存款的；

c. 长期有定存的；

d. 办理过其他银行业务的，例如利息比定存还高的；

e. 专门研究过储蓄存款技巧的；

f. 矫正对象分享储蓄理财的技巧。

记录矫正对象的表现，方便在后续课程中引用。

第三步（20分钟）　视听教学

1. 储蓄概述：讲解储蓄的常识，选择前三个基础的储蓄种类重点讲解。

要讲理财，就不能不提到储蓄。在当今的中国，储蓄最常见的理财方式。不能因为现在的理财产品多了，就对储蓄不屑一顾。其实，储蓄是最传统、最基础的理财工具，具有门槛低、收益稳定、安全性高的特点。对于多数人来说，只有持之以恒地储蓄，才能确保个人理财规划逐步顺利地进行。因此，进行合理的储蓄，是投资理财路上的第一步。

储蓄是指城乡居民把暂时不用或结余的货币收入存入银行或其他金融机构的一种存款活动。又称储蓄存款。储蓄是银行的一项重要资金来源。发展储蓄业务，在一定程度上可以促进国民经济比例和结构的调整，可以聚集经济建设资金，稳定市场物价，调解货币流通，引导消费，帮助群众安排生活，对国家的社会经济生活具有重大的意义。

2. 储蓄原则：

我国的储蓄原则是"存款自愿、取款自由、存款有息、为储户保密"。居民个人所持有的现金是个人财产，任何单位和个人均不得以各种方式强迫其存入或不让其存入储蓄机构。同样，居民可以根据其需要随时取出部分或者全部存款，储蓄机构不得以任何理由拒绝提起存款，并应当支付相应利息。储蓄的户名、账号、金额、期限、地址等均属于个人隐私，任何单位和个人没有合法的手续均不能查询储户的存款，储蓄机构必须为储户保密。

3. 储蓄种类：

（1）定期储蓄。这种存款方式是最普及的。它适合于普通日常开支，只要手中有零钱，就可以及时存入银行。灵活方便，无条件限制，适应性强。值得注意的是，由于利息低，这种储蓄并不适合长期大额的款项。此储蓄1元起存，开户后可以随时存取。

（2）零存整取定期储蓄存款。这种方式对每月有固定收入的人来说，无疑是一种最好的积累财富的方法。此种储蓄一般5元起存，存期分一年、三年、五年，存款金额每月由储户自定固定存额，每月存入一次，中途如有漏存，应在次月补存，未补存者，到期支取时按实存金额和实际存期计算利息。在存款方式上也可根据家庭的实际情况，选择固定金额和存期，或选择不固定金额和存期。

（3）整存整取定期储蓄存款。这种储蓄最适合手中有一笔钱准备用来实现购物计划或是长远安排。要注意安排好存款的长短期限，避免因计划不当提前支取而造成利息损失。因为提前支取，银行按活期存款利率付息。另外，定期存款显而易见的优点是利息高，尤其是利率较高的时期，收益十分丰厚。此种储蓄一般50元起存，存款分三个月、半年、一年、二年、三年、五年和八年本金一次存入，由储蓄机构发给存单，到期凭存单支取本息。

（4）定活两便储蓄存款。这种储蓄可随时支取，既有定期之利，又有活期之便。此种储蓄一般50元起存，由储蓄机构发给存单，存单分记名、不记名两种，记名式可挂失，不记名式不挂失。存期一般有 4 个档次：一是不满三个月；二是三个月以上不满半年；三是半年以上不满一年；四是一年以上。各个档次存款的利息均不同。

（5）存本取息定期储蓄存款。当储蓄存款金额较大、平时不需动用、主要靠存款利息或小部分存款来支付平时生活费用时，可选择存期较长的存本取息储蓄。此种储蓄一般 5000 元起存，存款分一年、三年、五年，到期一次支取本金，利息凭存单分期支取，可以一个月或几个月取息一次。如到期取息日未取息，以后可随时取息。如果储户需要提前支取本金，则不按定期存款提前支取的规定计算存期内利息，并扣回多支付的利息。

（6）教育储蓄。教育储蓄是指个人按国家有关规定在指定银行开户、存入规定数额资金、用于教育目的的专项储蓄，是一种专门为学生支付非义务教育所需教育金的专项储蓄。教育储蓄采用实名制，开户时，储户要持本人（学生）户口簿或身份证，到银行以储户本人（学生）的姓名开立存款账户，到期支取时，储户需凭存折及有关证明一次支取本息。此种储蓄最低起存金额为 50 元；本金合计最高限额为 2 万元。存期分为一年、三年和六年。一、三年期按开户日同档次整存整取储蓄存款计付利息，六年期按开户日五年期整存整取利率计付利息。

（7）通知存款。该种存款存取灵活、利率又要高于同期的储蓄，实属一年内难以确定存期的个人 5 万元以上大额闲置资金的最佳储种。最适合那些近期要支用大额活期存款但又不知支用的确切日期的储户。该存款储户存入时不约定存期，支取时需提前通知银行并约定支取存款的日期和金额，分为提前 1 天通知银行取款的"1 天通知存款"和提前 7 天通知银行取款的"7 天通知存款"，起存点和最低支取额个人均为 5 万元，需一次存入，可分次支取，利随本清。这种储蓄共有 17 个利率档次，其中一年以内有 13 个，一年以上有 4 个。每次支取部分够哪个档次就依哪个利率。通知存款的优点还有，可以将近期闲置的资金充分利用，而且收益较高，门槛不高。但是要记住提前通知银行，以免利息变为普通活期，损失利息。

（8）华侨（人民币）定期储蓄。华侨、港澳台同胞由国外或港澳地区汇入或携入的外币、外汇（包括黄金、白银）售给中国人民银行和在各专业银行兑换所得人民币存储本金存款。该存款为定期整存整取一种，存期分为一年、三年、五年，存款利息按规定的优惠利率计算。该种储蓄支取时只能支取人民币，不能支取外币，不能汇往港澳台地区或国外。存款到期后可以办理转期手续，支付的利息亦可加入本金一并存储。

（9）组合储蓄。组合储蓄是银行推出的一种新型理财产品。它通过对传统储蓄类别进行不同组合，使投资者的储蓄存款实现收益最大化。例如深圳工行组合储蓄的"存本取息 + 零存整取储蓄"中，银行按约定将客户存本取息账户的利息自动以零存整取方式进行储蓄，使客户在获得存本取息利息的同时，又能获得该利息转零存整取的利息收益。

【资料链接】

23 家银行的个人储蓄存款主要利率一览（2015 年 10 月 24 日）

银行	活期（年利率%）	定期（年利率%）					
		三个月	半年	一年	二年	三年	五年
基准利率	0.35	1.1	1.3	1.5	2.1	2.75	2.75
工商银行	0.30	1.35	1.55	1.75	2.25	2.75	2.75
农业银行	0.30	1.35	1.55	1.75	2.25	2.75	2.75

银行	活期 （年利率%）	定期（年利率%）					
		三个月	半年	一年	二年	三年	五年
中国银行	0.30	1.35	1.55	1.75	2.25	2.75	2.75
建设银行	0.30	1.35	1.55	1.75	2.25	2.75	2.75
交通银行	0.30	1.35	1.55	1.75	2.25	2.75	2.80
招商银行	0.30	1.35	1.55	1.75	2.25	2.75	2.75
浦发银行	0.30	1.50	1.75	2.00	2.40	2.80	3.125
上海银行	0.35	1.50	1.75	2.00	2.40	2.75	2.75
上海农商行	0.35	1.57	1.81	2.10	2.41	3.125	3.125
邮储银行	0.30	1.35	1.56	1.78	2.25	2.75	2.75
兴业银行	0.30	1.50	1.75	2.00	2.75	3.20	3.20
中信银行	0.30	1.50	1.75	2.00	2.40	3.00	3.00
平安银行	0.30	1.50	1.75	2.00	2.50	2.80	2.80
广发银行	0.30	1.50	1.75	2.00	2.40	3.10	3.20
民生银行	0.30	1.50	1.75	2.00	2.45	3.00	3.00
光大银行	0.30	1.50	1.75	2.00	2.41	2.75	3.00
华夏银行	0.30	1.50	1.75	2.00	2.40	3.10	3.20
渤海银行	0.35	1.50	1.75	2.00	2.65	3.25	3.00
江苏银行	0.35	1.40	1.67	1.92	2.52	3.10	3.15
宁波银行	0.35	1.50	1.75	2.205	2.60	3.10	3.30
杭州银行	0.35	1.43	1.69	1.95	2.52	3.08	3.25
浙商银行	0.35	1.50	1.75	2.00	2.50	3.00	3.25
南京银行	0.35	1.40	1.65	1.90	2.52	3.15	3.30

4. 储蓄规定：

在选择储蓄作为理财工具时，我们需要了解并掌握其中的一些特殊规定，这样既可以让我们在支配资金时游刃有余，也可以因此获得更多的利息收益。这些通用的规定主要有：

第一，定期存款如部分提前支取，提前支取部分按支取日当天银行挂牌的活期利率支付，剩余部分按存入时定期利率计算；定期存款如全部提前支取，都按支取日当天银行挂牌的活期利息支付。所以，如因急需资金提前支取定期存款，最好不要全额支取。

第二，存期是指从存入日起，至取出的前一天为止，即存入当天计息，支取当天不计息。存款的天数按一个月 30 天，一年 360 天计算，不分大月小月或者平月。30 日、31 日视同一天。30 日到期的存款 31 日取不算滞后一天；31 日到期的存款 30 日取也不算提前一天，据此可灵活选择存款时间。

第三，活期存款如遇利率调整，不分段计息，而以结息日挂牌公告的活期存款利率计息；定期存款遇利率调整，则不受影响，仍按存入日公布的利率计算。储户可据此选择活期或定期存款方式。

第四，各种存款以元为计算单位，元以下角、分不计息利息金额算至分位。除活期储蓄在年度结息时并入本金外，各种储蓄存款不论存期多长，一律不计复息。

第五，定期存款到期未取的，除办理了自动转存业务外，从到期之日起至支取日期间的利率，按支取日当天挂牌公告的活期存款利率计息，故定期存款最好办理自动转存业务。

第四步（30 分钟）　对比分析

1. 重点讲解三种关键的储蓄理财技巧。

储蓄技巧分析：

影响储蓄收益的主要有三个要素，分别是本金、存期和利率。从本金的角度来看，显而易见，在同等条件下本金越高带来的储蓄收益就越高；从存期的角度来看，存期越长，收益越高；从利率的角度看，活期储蓄利率低，定期存款利率高，定期期限越长，利率也越高。所以，在追求高收益的前提下，应尽可能地选择提高本金、选择定期存款并且尽量延长期限。然而，在实际的用户体验中，资金使用的灵活性也是不可忽略的一部分。从灵活性的角度考虑，活期储蓄是最能满足用户的需求的储蓄选择，但是活期储蓄的利率却是同期最低的。

因此，我们研究讨论储蓄理财的技巧，主要就是寻求提高储蓄收益与保持资金灵活性这两个方面的协调与统一，或者我们可以笼统的认为，能否在享受定期利率的同时，保持活期储蓄一样的资金灵活性？答案是肯定的，下面介绍的几种储蓄的技巧就非常有效。

（1）金字塔式储蓄法。

操作方法：把手头现有的金额按照 1∶2∶3∶4 的比例分成四份，做成定期储蓄，存期自定。用这种方法，假如急需使用现金，便可以按照资金需求的多少取出相应的定期存款，而其余三份定期存款的利息就得到了有效的保障。定期存款的起存金额一般为 50 元，所以此方法的门槛很低，却能够避免原本只需要提取小额现金却不得不动用大额存单的弊端，减少了不必要的利息损失。

（2）月月定存法。

操作方法：把每个月的收入扣除必要的开支之后，以定存的方式存入银行，每月存入一定的钱款，所有存单年限相同，但到期日期分别相差 1 个月。当第一笔定存到期时，可以连同当月的收入一起定存，并在之前的基础上延长一年的存期，之后每个月都有一笔到期的定期存款，都可以做类似的操作。这种存储方法能最大限度地发挥储蓄的灵活性，一旦急需，可支取到期或近期的存单，减少利息损失。这种方法最适合每个月有固定收入且有盈余的工薪阶层，月月发工资，月月存银行。

（3）递进式储蓄。

操作方法：假如有 5 万元用于储蓄理财，可以分为 1 万、2 万、3 万共 3 份，分别存为 1 年、2 年、3 年的定期。一年后，1 万元的定期存款到期，可以转为 3 年的定期，以此类推，以后每年都会有到期的存单，只是到期的年限不同，依次相差一年。这种方法可以使得年度储蓄到期额保持等量平衡，既能应对储蓄利率的调整，又可以享受三年期存款的较高利率。适用于有一定积累的储户，或者有一笔大的收入时。这是一种中长期储蓄理财的方式。

上述三种方法运用了储蓄理财的主要技巧，分别从额度、批次、期限的角度入手，在保障资金灵活性的同时，寻求更高的利率。但是在现实生活中，每个人的收入情况、现有资金情况各不相同，因而选择储蓄的方式也会不尽相同，但只要根据自己的实际需求和现实情况，合理配置储蓄，就一定能使自己账户上的数额稳步上升。我们将上述三种方法中包含的技巧进行拓展应用，重新组合还能形成一些新的储蓄技巧，供大家学习使用。

（1）整存整取定期储蓄。在选择整存整取定期储蓄时，期限越长越好，因为期限越长，年利率越高，不过要与用款情况结合起来通盘考虑。比如，想存 5 年，就直接选择定期储蓄 5 年期，这样收益最高。如果想存的年限，存款年限上没有，就要选择两个存期差距大的定期储蓄。比如，想存一个 7 年期的定期储蓄，选择 1 个 5 年期和 2 个 1 年期定期，比选择 2 个 3 年期和 1 个 1 年期定期利息要高。

（2）少用活期存款储蓄。日常生活费用，需随存随取的，可选择活期储蓄，活期储蓄犹如你的钱包，可应付日常生活零星开支，适应性强，但利息很低，年利率仅 0.35%。所以应尽量减少活期存款。由于活期存款利率低，一旦活期账户结余了较为大笔的存款，应及时转为定期存款。

（3）组合存储法。这是一种存本取息与零存整取相组合的储蓄方法。比如 10000 元存入五年期存本取息储蓄，再将每月利息 60 元即时转存零存整取储蓄。这样不仅可以得到存本取息储蓄利息，而且其利息在存入零存整取储蓄后又获得了利息。

（4）利滚利存储法。每月将积余的钱存成一年期整存整取定期储蓄，存满一年为一个周期。一年后第一张存单到期，便可取出储蓄本息，再凑个整数进行下一轮的周期储蓄，以此循环往复，手头始终是 12 张存单，每月都可以有一定数额的资金收益，储蓄数额滚动增加，家庭积蓄也随之丰裕。此种储蓄方法，只要长期坚持，便会带来丰厚回报。

（5）等额阶梯法。选择相同金额不同存期的定期储蓄。将 10 万元中的 1 万元存为 3 个月以备不时之需，余下的 9 万元，可分别用 3 万元开设半年期、1 年期、2 年期的定期储蓄存单各一份，既能及时适应储蓄利率的调整，又可获取较高利息。

（6）约定转存法。银行有综合理财卡，投资者可约定一个额度，当卡余额扣除预留金额下限后达到约定转存的额度时，会自动转存为定期存款。使投资者既不用到银行柜台办理逐笔转存业务，还可得到更多的利息收入。

（7）交替存储法。如何既不影响家庭急用，又能用活储蓄为自己带来"高"回报呢？你不妨试一试交替存储法，假定你现在手中持有 5 万元，把它分成两份，每份为 2.5 万元，分别按半年、1 年的档次存入银行，若在半年期存单到期后，有急用便取出，若用不着便也按 1 年期档次再存入银行，以此类推，每次存单到期后，都转存为 1 年期存单，这样两张存单的循环时间为半年，若半年后有急用，可以取出任何一张存单。在适当的时候也可按急用数额，动用银行定期储蓄存款部分提前支取，如此，自己的存款便不会全部按活期储蓄存款计算利息，从而避免了不应该损失的利息。这种方式好是好，但必须想清楚了，这些钱是暂时不动用的。

2. 可以根据第二步中现场互动的情况选择性讲解其他的储蓄种类和储蓄技巧。

第五步（40 分钟）　案例分析

1. 银行业务办理的案例及信用卡使用的案例

据济南晚报报道：济南市人民法院审理了两起涉信用卡犯罪案件，其中一起案件被告人使用信用卡恶意透支并冒用他人信用卡诈骗，另一起案件被告人利用 POS 机为他人提供有偿套现服务。两起案件被告人最后都被判刑并处罚金。

信用卡发行量剧增的同时，因信用卡透支引发的纠纷案件不断增多，市中区人民法院受理的信用卡纠纷案件，数量也呈逐年上升之势。市中区人民法院调研发现，贷款诈骗、信用卡诈骗、利用 POS 机非法套现等呈多发趋势，2012 年，市中法院全年受理信用卡纠纷案件达 295 件，2013 年第一季度受理 56 件，诉讼标的额由原来的几千元几万元到几十万元不断增长。

案件一：两年透支信用卡 28 万余元

市中区人民检察院指控被告人徐强（化名）于 2011 年 4 月、6 月先后使用自己的身份证明，申办中国工商银行的信用卡 2 张。此后，徐强在明知自己没有还款能力的情况下，多次在商场套取现金或消费透支，且经发卡银行两次催收后，超过 3 个月仍不归还。截至案发前，徐强使用 2 张信用卡恶意透支本金数额共计 288278.09 元。

2012 年 5 月，徐强陪同王军（化名）申办中国建设银行、交通银行、中国光大银行的信用卡各 1 张，并安排王军在申办过程中填写他所提供的邮寄地址。徐强收到 3 张信用卡后，在王军不知情的情况下，使用 3 张信用卡套取现金或消费透支。截至案发前，徐强冒用王军信用卡诈骗本金共计 92364.4 元。市中区人民法院审理认定，徐强犯信用卡诈骗罪，判处有期徒刑 7 年，并处罚金 5 万元。

"银行业务竞争激烈，由于考核数据不科学，为抢占信用卡市场份额，部分金融机构将信用卡业务外包，导致办理程序不规范。"市中区人民法院研究室主任梁伟分析说，部分银行的信用卡经办人员采取在路边或人流量大的地方摆摊、设点的形式办理信用卡，办卡人员对相关证件的真实性审查极其简单，有些申请人利用这个"空子"，用虚假的或他人的证件骗领信用卡而恶意透支。

案件二：用 POS 机套现得利 1.7 万获刑 3 年

2011 年 6 月至 2012 年 1 月，李磊（化名）在经营济南市中盛佳家超市期间，为获取非法利益，使用超市的两台 POS 机，采取虚构交易为信用卡持卡人套取现金，并收取一定比例的费用，先后为张亮、张明（化名）等多名信用卡持卡人直接支付现金共计 8189836.64 元，非法获利 1.7 万元。

市中区人民法院审理认为，李磊违反国家规定，使用销售点终端机具，以虚构交易的方式向信用卡持卡人直接支付现金，情节特别严重，公诉机关指控其犯非法经营罪成立。李磊犯非法经营罪，判处有期徒刑 3 年，缓刑 5 年，并处罚金 8 万元。

"有的银行对销售点终端机（POS 机）监管不严，导致信用卡以卡养卡的现象。"市中区人民法院法官表示，很多持卡人申领多张信用卡，透支消费后找到提供非法套现的 POS 机特约商户，通过刷另外一张卡套现来偿还前一张信用卡欠账。

很多人认为欠银行的钱不是什么事，只要到时候把利息、滞纳金等相关费用还了就没事，不知道会构成刑事犯罪。银行在催缴无法联系到卡主时，都会报警，卡主就会变成警方联网追查的对象。有的欠款卡主被抓后，虽然能及时还清欠款，但仍会被拘留。法官建议，如确实出现无法及时还款的情况，应及时与银行联系，说明原因，与银行签订还款协议，不要抱侥幸心理一躲了之。

2. 引导矫正对象现场观摩银行卡，讲解用卡常识

银行卡的分类：

（1）信用卡。信用卡是指有一定的信用额度、可以透支的银行卡。信用卡拥有不可取代的融资功能，另外从财务自由和彰显身份的角度来看，信用卡都有自己的典型特点。除了"先消费、后还款"的功能，信用卡还有很多功能有待持卡人开发利用。

首先，通过对账单持卡人可以对支出情况一目了然。当银行将持卡人支出的详细目录邮寄上门时，持卡人可以通过对账单了解支出情况，从而建立理性的消费习惯。信用卡还从财务运营的角度帮持卡人理财，如果运用得当，可以为持卡人省下一大笔利息，甚至免去银行贷款的麻烦。

其次，信用卡的"循环透支"是指持卡人在免息期内只需还一个最低还款额，便可重新恢复部分可透支额度，在有效期内继续用卡。尽管这样需要支付高达日息万分之五的银行利息，但如果善于利用这种透支来获取更高的投资收益，也不妨一试。

（2）借记卡。借记卡是指存款后消费、没有透支功能的银行卡。使用借记卡可以享受活期存款利率，并且办理各项代收代付业务都能轻松自如。同时借记卡还拥有广泛的应用范围，可以成为现金和支票的替代品。如今在透支消费尚不普遍的形势下，借记卡在使用方面还是存在很多优势的。

首先，使用借记卡在自由刷卡的同时还可以享受活期存款利率。由于信用卡不提倡存款消费，所以信用卡里的一切存款不计利率。如果作为存款账户，借记卡的活期存款利率功能就显得尤为重要。同时，借记卡的刷卡消费和信用卡一样简单快捷，可以免去携

带现金的麻烦。

其次，使用借记卡可以使你的日常理财变得更加省时、省心、省力。持卡人利用借记卡办理各项代收代付业务轻松自如。目前各大银行推出的代收代付业务主要有：代发工资（劳务费）；代收各类公用事业费，如水、电、煤气、电话、移动电话、保费等，由此给持卡人带来了极大的便利。这种很多过去需要亲自打理的繁琐事情，如今都可以使用借记卡，既安全可靠，又节约时间。

使用银行卡的注意事项：

（1）在持银行卡消费时，不要将银行卡交给营业员去处理，而应当面刷卡，核对金额后再签字或输入密码，遇到操作失误需重新刷卡时，需将上笔错误交易先冲正或原刷卡单作废，以免发生纠纷。

（2）要注意爱护银行卡，如果弄皱了，或者被消了磁，那么银行卡就等于废卡了，申领新卡费时费力。

（3）在用 ATM 机时，注意机器吐出卡和现金后，应及时将其取出，以防止时间过长，机器以为持卡人已离开而将卡或现金自动吞卡。

（4）不要将银行卡和身份证放在一起。银行在办理银行卡取现金业务时，会要求顾客出示身份证。如果银行卡和身份证同时丢失，将会给不法分子造成可乘之机。

（5）在使用 ATM 取钱时，要认真输入密码，防止银行卡被吞掉，造成不必要的麻烦。

（6）银行卡一旦丢失，应及时通过电话或书面进行挂失，挂失一般都需要交纳一定金额的手续费。

（7）在商店内消费时，商家都会让你在交易单据上签字。在签字前应注意核对交易单据上的金额，确认正确无误后方可签名。

（8）银行卡在使用过程中，一旦出现账务纠纷，无论使用的机器是哪家银行的，打电话给发卡行才是解决纠纷的最佳途径。

银行卡的使用技巧：

（1）合理运用卡的各项功能。很多信用卡带有附加功能，例如某银行信用卡有"最红星期五"服务，就是在每周五到指定商户消费可以返回5%的刷卡金，指定商户包含了大超市和加油站等。各家银行的信用卡几乎都有专属服务或者附加功能功能，这对持卡人而言是非常实惠的。

（2）充分利用信用卡免费汇款功能。与普通的储蓄卡不同，许多银行的信用卡异地存款可以免收手续费，灵活利用好这一政策可以达到免费汇款的目的。如果有汇款、生意往来等资金转移需求，你就可以通过对方的信用卡汇款，只要凭对方的信用卡号就可在本地同系统银行存款，资金可以即时到账。这种"汇款"方式无论汇多少次、汇多大金额都是免费的，对那些经常给亲属汇款或生意资金往来频繁的人来说最适合不过。不过需要提醒的是，许多银行的电脑系统，在使用信用卡存款功能时，只能依据信用卡号存款，银行系统不能看到信用卡的户名，所以千万要记牢卡号，一旦存到别人的账户上，追回资金可就困难了。

（3）利用信用卡的免息功能进行理财。如今，不少银行的信用卡推出了免息分期付款的业务，大宗商品的免息分期付款周期最长可达1年至2年，有的甚至免收手续费，这实际上给消费者提供了一个方便实用的融资渠道。

（4）根据需要选择银行卡。目前，银行卡的综合服务功能越来越完善，一张银行卡可囊括取款、缴费、转账、消费等所有功能。但持有不同银行的银行卡容易造成个人资金分散，需要对账、换卡和挂失时，更是要奔波于不同的银行之间，浪费了大量的时间。因此，手中银行卡较多的朋友要尽量将多张卡的功能进行整合。对于不同银行的银行卡，应根据自己的使用加以综合比较，选择一家用卡环境好、服务优良、收费低廉的金融机构。如果你经常出差，可以选择一家股份制银行的银行卡，不少股份制银行不收开卡费和年费，有的银行异地取款还免收手续费；但如果经常去小城市出差，还是用四大银行的卡比较好一些，因为这些银行的网点比较多，取款更为方便。对于不常用的银行卡，如果是挂在存折账下，可到银行办理脱卡手续。如果自己手中的卡是已经不用的"睡眠卡"，则应及时到银行销户。

（5）信用卡透支欠款要及时归还。根据《商业银行信用卡业务监督管理办法》规定，信用卡透支利息一般自签单日或银行记账日起按日息万分之五计算。如果银行一年计一次息，年利率就达到了18%，如果银行半年计息一次，年利率达到了18.8%；如果银行一个月计一次息，年利率达到了19.56%；如果银行每天都计息，年利率更高，为19.72%，是银行一年期贷款利率5.31%的3倍还多，是一年期存款利率2.25%的8倍左右。对此，尽量不要拖延信用卡的欠款。

（6）切勿恶意透支。最高人民法院、最高人民检察院于2009年12月15日联合发布了《关于妨碍信用卡管理刑事案件具体应用法律若干问题的解释》，已于2009年12月16日起施行。根据规定，信用卡透支将被追究刑事责任。假如透支1万元，3个月内不还就可能坐牢。透支数额特别大（100万元以上），可判无期徒刑，并处5万元以上50万元以下罚金或者没收财产。

第六步：布置作业

一、在当前社会经济生活当中，常用的理财工具有：储蓄、保险、股票、基金、外汇、期货、邮票、房地产、互联网金融等。

你曾经尝试使用过的有哪些？ _____

你最想了解、学习的有哪些？ _____

二、今天的集中矫正课程中提到了当前各大商业银行的活期与定期的利率，其中活期利率最高的是＿＿＿%，定期利率最高的是＿＿＿年期＿＿＿%

三、今天的集中矫正课程中，我们学习了三种储蓄存款的实用方法，分别是："金字塔式""月月定存式"与"递进式"，请你根据下面材料中所列举的不同情况，选择合适的储蓄理财方式，填写在横线上的空白处。

1. 2012 年初，李先生从苏北老家来到南京，在一家建筑公司上班，月收入 5000 元，吃住一般都在工地上，每个月除去固定开销能结余 3000 元左右。如果李先生选用储蓄理财的方式，请你为他推荐一种合适的方法，并说明推荐的原因。

_____

_____。

2. 李先生在建筑公司勤勤恳恳、兢兢业业，在建筑技术上不断追求进步，和工友们一起出色完成了各项任务，公司业绩良好，在 2013 年底，大家获得了公司发放的年终奖，李先生表现突出，获得最高奖励 5 万元，李先生对于这一笔钱并不急于使用，除了存银行外也没有别的投资渠道，如果你是李先生的朋友，请你为他推荐一种合适的储蓄理财方法，并告诉他这么选择的原因。

_____

_____。

3. 2014 年年底，由于三年来的工作一直很出色，公司升任李先生为项目经理，月薪变为 8000 元/月，每年的年终奖都稳中有升，再加上李先生选用了合适的储蓄理财方式，三年来的收入在银行里也在不断地增值，算一算自己的总资产已经早超过了 20 万，尝到甜头的李先生一边继续努力工作，厉行勤俭，一边继续学习储蓄理财的方式，希望能尽快地为孩子上学、买房、结婚准备足够多的资金，请你为他推荐一种合适的储蓄理财方式，并告诉他这么选择的原因。

_____

_____。

5.1.3 单次矫正活动评估

根据《矫正对象参与集中矫正活动效果评估分级评分标准》对矫正对象本次矫正活动进行评分，并结合《监督方活动记载表》和《矫正民警项目日志》对本次矫正活动的矫正效果进行评估。

同时，根据评估结果，对未达到矫正目标的矫正对象进行个别辅导，以尽可能保证总体矫正效果。

5.2 保险的理财功能

5.2.1 矫正方案

矫正目标	了解保险的作用，掌握保险的选购技巧，熟悉常见的风险规避方法
矫正量	2小时
矫正重点	正确认识保险的理财功能，掌握保险的选购技巧
干预措施	视听教学、知识讲解、现场模拟、小组讨论
实施步骤	知识回顾与内容概述→讲解保险与现金流的基本概念→保险的作用分析→选购保险的原则→购买保险的步骤→如何防范风险。

5.2.2 矫正过程

第一步（20分钟）　视听教学

知识回顾与本节概述。

采用课堂提问的方式，回顾在理财基础知识模块讲到的理财配比4∶3∶2∶1，保险在其中起到的作用。依据下面的内容，概述保险的基本知识，消除对于保险的偏见。

1. 保险的概念

"保险"一词在保险学中有广义和狭义之分。广义的保险是指保险人向投保人收取保险费，建立专门用途的保险基金，并对投保人负有法律或合同规定范围内的赔偿和给付责任的一种经济保障制度。一般由社会保险、商业保险和合作保险等组成。狭义的保险就是特指商业保险。《中华人民共和国保险法》对"商业保险"是这样定义的，"本法所称保险，是指投保人根据合同约定，向保险人支付保险费，保险人对于合同约定的可能发生的事故因其发生所造成的财产损失承担赔偿保险金责任，或者当被保险人死亡、伤残、疾病或者达到合同约定年龄、期限等条件时承担给付保险金责任的商业保险行为"。

2. 保险的种类

广义的分类。根据保险的广义概念可将保险划分为以下几种类型：

（1）社会保险。社会保险是指国家通过立法，对社会劳动者暂时或永久丧失劳动能力或失业时提供一定的物质帮助，以保障其基本生活的一种社会保障制度。当劳动者遭受生育、疾病、伤残、年老、死亡、失业等危险时，国家以法律形式为其提供基本生活保障。

（2）商业保险。商业保险是指按商业经营原则所进行的保险。我们平常所说的能够自主选定的保险指的就是商业保险。

（3）政策保险。政策保险是指政府为了一定的政策目的，利用保险形式实施的措施，包括农业保险、信用保险、巨灾保险等。

狭义的分类。狭义的保险特指商业保险，其种类是非常多的，根据不同的分类标准可将商业保险分为以下几种类型：

（1）按照保险保障的主体分类：①个人保险。个人保险以家庭和个人为保障主体，包括家庭财产、私用汽车保险和个人退休年金等。②企业保险。企业保险是以企业作为保障主体的险种。因为企业除了面临生产和经营风险外，还面临着各种财产损失、营业中断、责任和大员伤亡风险，需要各种保险来保障。③团体保险。团体保险是用一份总合同向一个团体的许多成员提供保险，费率低于个人保险的费率，一般用于人身保险，包括团体人寿保险、团体健康保险、团体养老保险、团体年金等。

（2）按照保险标的分类：①财产保险。财产保险的保险标的是指财产及与之相关的利益，保险人承担保险标的因自然灾害或意外事故，如火灾、爆炸、海难、空难等危险损失的经济赔偿责任。广义的财产保险包括财产损失保险、责任保险和信用保证保险等，狭义的财产保险仅指物质财富及其相关利益为保险标的的保险。②人身保险。人身保险的保险标的是人的身体或生命，以生存、年老、伤残、疾病、死亡等人身危险为保险事故，被保险人在保险期间因保险事故的发生或生存，到保险期满，保险人依照合同对保险人给付约定保险金。③责任保险。责任保险的保险标的是被保险人对第三者依法应负的民事损害赔偿责任或经过特别约定的合同责任。包括公众责任保险、雇主责任保险、职业责任保险等。④信用保证保险。信用保证保险的保险标的是合同的权利人和义务人约定的经济信用，以义务人的信用危险为保险事故，对义务人的信用危险致使权利人遭受的经济损失，保险人按合同约定，在被保证人不能履约偿付的情况下负责提供损失补偿，属于一种担保性质的保险。信用保证保险又可分为信用保险和保证保险两种。

（3）按照保险实施的方式分类：①自愿保险。自愿保险是由单位和个人自由决定是否参加保险，保险双方采取自愿方式签订保险合同，保险人可根据情况决定是否承保，被保险人也可以中途退保。②法定保险。法定保险又称强制保险，是指保险人与投保人以法律或政府的有关法规为依据而建立保险关系的保险。

（4）按照保险业务承保方式分类：①原保险。原保险是指技保人与保险人之间直接签订合同，确立保险关系，投保人将危险损失转移给保险人。②再保险，也称分保，再保险是指保险人将其所承担的业务的一部分或全部分给另一个或几个保险人承担。③重复保险。重复保险是指数个保险公司承保了同一被保险人的相同的可保利益，或者说一个保险对象有几份保险单或被保险人的几份保险单承保的是同一保险责任。④共同保险。共同保险是指保险人和被保险人共同分担损失的一种保险。

3. 家庭的现金流模式

家庭理财的动因在于资本要素的稀缺性，理财的目的在于提高资本要素的配置效率，平衡现在和未来的收支，使家庭经常处于"收入大于支出"的状态，不会因为"无钱付账"而导致家庭财务危机，影响家庭生活。因此，现金流的管理成为家庭理财的核心。家庭现金流包括现金的流入与流出两个部分。

家庭的现金流入包括：

（1）经常性流入：工资、奖金、养老金及其他经常性收入；

（2）补偿性现金流入：保险金赔付、失业金；

（3）投资性现金流入：利息、股息收入及出售资产收入。

家庭的现金流出包括：

（1）日常开支：衣、食、住、行的费用；

（2）大宗消费支出：购车、购房及子女教育；

（3）意外支出：重大疾病、意外伤害及第三者责任赔偿。

人的一生消费自始至终从未停过，而收入只集中在某一特定时期，现金的流入与流出在时间上是不对称的，所以我们不能把到手的钱全部花掉，而是留出一部分，保障未来生活必要的现金流入，而这要靠保险发挥作用来实现。

在现金流中最重要的是现金的流入。可不争的事实是每天都有我们极不愿意看到的事情发生，或病、或残、或故。如果一个家庭失去了经济支柱那一股支撑性的现金流入会如何呢？房子面临断供、孩子生活教育没保障、父母生活医疗该如何解决？这要依靠保险发挥经济补偿作用，维持家庭的现金流入。

所以，保险的最大功能就是保障家庭现金流，保障未来生活不因风险发生而被彻底改变，保险在家庭理财中是风险管理工具，而非投资工具。买保险，保障放在第一位

第二步（20分钟）　视听教学

保险的职能与作用。

1. 保险是一种制度安排，承担社会保障职能

经济补偿职能是保险的基本职能，通过保险理财，投保人获得了保险保障，实现了对危险损失的风险转移，是一种影响生产要素的所有者之间配置风险的制度。在这种制度安排下，保险从单纯的、个体的契约关系，发展成为商品经济条件下的一种客观存在的社会再分配关系。作为一种有效的制度安排，具有普适性特征和内在的协调功能，有利于减少社会的交易成本，激励和促进个人和组织从事生产性活动，增强生产要素在满足人类需要上的效能。保险通过它的内在机制，不仅仅分散了风险、提供了经济补偿，而且可以在更广泛的层面上为增进社会福利做贡献。对现代家庭而言，在投资股票、基金和外汇的同时，也会购买国债、寿险等有长期投资价值的资产。自然灾害和意外事故是与人类社会密切相关的，只要有人类活动的地方，这些事故就存在，而且会给人们生活造成极大的困难，在保险活动中，保险人作为组织者和经营者，通过收取保险费的形式集合众多面临同类风险的被保险人按损失分摊的原则对其中遭受该类风险事故损失的被保

险人提供经济补偿或给付保险金，如 2001 年的"9.11 事件"、2004 年的"印尼海啸"等。

2. 保险理财是合理避税的有效途径，是家庭财富积累的源泉之一

居民个人缴纳的"四险一金"等费用是税前扣除的，其中"四险"即养老保险、医疗保险、失业保险及工伤保险，这些都是法定社会保险；而对于社会保险之外投保的商业人寿保险保费目前国家并没有规定可以在税前扣除，但在国外这种商业人寿保险费是可以在税前扣除的。与此同时，我国税法规定，企业或个体工商户投保的财产保险、运输保险等保险费是可以在税前扣除的，这对于那些拥有自己工厂、商店的人来说显然是优惠政策。我国税法明确规定企业或个体工商户投保财产保险、运输保险等险种，因保险事故遭受损失而得到的保险赔偿金，政府是免所得税的；对于人寿保险给付，虽然税法并未明确规定免所得税，但实际操作中居民个人所获得的寿险给付是不必交纳个人所得税的，世界上绝大多数国家对人寿保险给付尤其是风险保障性质的寿险给付也是免所得税的。综上所述，购买保险可享受国家的税收减免优惠，是家庭财富积累的源泉之一。

3. 保险理财可以规避通胀风险及利率风险，兼具保值增值的双重功能

投资理财是现代家庭财富积累的重要手段，但投资往往不仅需要专业的知识、缜密的思考、充裕的时间、准确的眼光以及过人的智慧，还需要经验与运气，稍有不慎就可能血本无归。"不要把鸡蛋放在同一个篮子里"，已是投资界的至理名言。目前我国投资渠道极为广阔，人们可以选择银行存款、股票、房地产、债券和外汇等多种投资方式，这些投资方式显然受到通货膨胀及利率波动的影响，而保险产品则具有较强的稳定性，它本身就是一种分散风险的

理财行为，其预定利率具有前瞻性且一般对国家的利率变化并不特别敏感，如变额寿险（即投资连接保险）、万能寿险正是为应对通胀及利率风险而产生的。变额寿险的保险金额由两部分构成：一部分是最低给付金额，另一部分是其保费分离账户产生的投资收益。万能寿险又称为综合人寿保险，居民个人可以根据自己的缴费能力及保单的现金价值决定缴费甚至暂停缴费，而且缴费多少也可根据个人对保险金额的变更而变更（在万能寿险中客户可以增减保险金额），这是一种非常灵活的险种。因此，投资连结保险及万能寿险是集保障、投资、收益保底三种功能于一体的创新型保险理财产品，能帮助投资者在不断变化的资本市场顺利实现其理财需求。

4. 保险可为投保人提供融资渠道，具有经济附加值功能

保险尤其是长期寿险，可为投保人提供临时的融资功能，比如保单质押贷款，使得一旦投保人因突然而来的现金需求而又无他途可筹资金时，可凭保单到保险公司办理质押贷款，此种贷款额度以保单的现金价值为限，且贷款利率一般较市场利率低，属于保险的一种附加值服务。寿险保单质押贷款，投保人不需要承担由退保带来的经济损失，也无须提供其他抵押与信用担保就可获得短期融资。目前，我国存在两种情况：一是投保人把保单直接质押给保险公司，直接从保险公司取得贷款，如果借款人到期不能履行债务，当贷款本息达到退保金额时，保险公司终止其保险合同效力；另一种是投保人将保单质押给银行（必须为银行代理险种），由银行支付贷款给借款人，当借款人不能到期履行债务时，银行可依据合同凭保单由保险公司偿还贷款本息。投保人的保单在办理质押贷款后仍具有保障功能，客户在贷款期间不仅不影响保单红利分配，而且在出险后仍可向保险公司申请理赔。

第三步（20 分钟）　　课堂教学

介绍购买保险的原则。

1. 家庭经济支柱优先的原则

对于一般家庭来说，购买保险时应首先考虑家庭收入的主要来源提供者，比如，30 岁至 40 岁的人，上有老下有小，是家庭的经济支柱，担负家庭的主要责任，是最应该买保险的人，一旦他们出现意外，对家庭经济基础的打击是最大的。有的家庭担心孩子出现意外，为孩子购买了大量保险，其实是不合适的。家长的爱子之心可以理解，但保险理财体现的是对家庭财务风险的规避，大人发生意外对家庭的损失影响要远远大于孩子。一旦家里主要的经济来源出了问题，为孩子买了再多保险也无济于事。所以，我们建议在购买保险的时候，首先应该考虑家庭支柱。

2. 保障类保险优先的原则

在选择保险品种时，应该优先选择终身寿险或定期寿险，前者会贵一些，主要是为规避遗产税，后者一般买到 55 岁至 60 岁，主要是为了保证家庭其他成员（尤其是孩子）在家庭主要经济支柱发生意外而自己仍没有独立生活能力时仍能维持生活。除寿险之外，家庭还要考虑意外、医疗、健康等险种，通常健康大病保额在 10 万元至 20 万元之间。总体而言，寿险及意外的保额以 5 年的生活费加上负债较为合适。如果条件允许，还可以再购买一些储蓄理财类保险，如子女教育、养老、分红类保险。

3. 保险险种合理搭配的原则

目前市场上的保险险种都有着不同的特点，消费者在购买前需要了解相关的信息，下面简要地介绍一下。

（1）终身寿险。终身寿险是指被保险人因为疾病、意外事故造成残疾或者死亡时，才可以拿到保险金。

（2）养老保险。养老保险相当于定期向保险公司存钱，到交费期满时，可以从保险公司领取这笔养老金，此外，在保险期间还能得到死亡或者全残的保障。

（3）健康保险。健康保险是指在被保险人生病住院或被确诊患有重大疾病时，由保险公司支付保险金或给报销一部分医疗费用，保险保障功能更强。

（4）意外保险。意外保险是指技保人在发生意外事故死亡或残疾时，可以得到保险赔偿，如航空意外保险。因为意外事故发生的概率比较低，所以这类保险一般价格很低而保障很高。

（5）投资保险。投资保险是国内保险市场近年来出现的新险种，它兼具保险保障与投资理财双重功能。目前市场上常见的技资型险种有分红险、万能险和投资连结保险等。这类险种在投资回报上，主要与保险公司的投资收益或经营业绩有关，保险公司资金运作得好，经营效率高，投保人就能获得较好的收益。需求需要采用专业的方法对影响消费者各类需求优先程度的因素进行综合分析。

4. 根据人生不同阶段的原则。在人生的不同阶段，由于经济状况、家庭结构和年龄特征的不同，每个人对保障的需求也会不同，我们可以将人生分为 4 个重要阶段：少儿期、青年期、中年期和老年期，分别设计购买保险的方案。

（1）少儿期。少儿期是人生的起点，此时也是疾病和意外多发的时期，可以考虑购买健康医疗保险和意外保险，那么少儿保险什么时候买合适呢？根据经验和大量案例，从婴孩出生后 30 天就需要考虑购买保险，早购买价格相对比较便宜，可以获得相对较高的保险利益保障，同时由于投保早，交费的积累期长，资金增值会比较高。另外，教育金类险种也是需要考虑的。据统计，一个孩子从出生到大学毕业，父母大概需要花费 30 万元左右的费用，其中教育费用占据了很大的比例，因此教育金保险也是少儿期应该着重考虑的项目教育金保险属于储蓄型保险，相当于将短时间急需的大笔资金分散开逐年储蓄。但是需要注意的是，如果家长在一开始就完全按照以后所需额度交费，可能会给家庭造成较大的经济压力。所以，建议在最初要选择适当的保费额度，不宜过高，随着家庭收入的增多，可以考虑逐步增加，最终达到储蓄目标。

（2）青年期。年轻人刚步入社会，收入及工作稳定性不高，虽没有家庭负担，但急于买房买车，身负两种贷款，而且要为结婚等作准备，需要大量的资金，抗风险能力较弱，一旦出现意外或健康出现状况，昂贵的医疗费用可能会使多年的储蓄付之东流，不但自身难保，还会给年迈的家人带来沉重的负担。因此，此阶段需要购买的是 10 万~20 万元的意外险和弥补社保不足的医疗险，尤其是重大疾病保险。给自己投保一份意外及医疗保险，不但必要，也是对自己和家庭负责的一项投资。

（3）中年期。人到中年，作为家庭的经济支柱，生活负担明显加重，不仅工作压力大，同时还要承担赡养老人、抚育孩子的经济压力。同时，作为中年人，在注重维护现有生活水平的同时，也要对未来养老计划作预先安排，建议购买一份养老金保险。在满足上述保障以后，如果经济条件允许，不妨也考虑购买投资型险种，在获得保障的同时还能得到收益，但是选择投资型险种时应该非常慎重，投资就意味着存在风险，应充分考虑其中的风险因素，并且保险投资更看重长远效益，很可能要在很长时间之后才能看到可观的收益。

（4）老年期。随着年龄的增长，疾病成为困扰老年人的最主要问题，此时更应该有完善的疾病保障。然而，摆在老年人面前的一个难题是，保险公司专门为老年人设计的保险品种非常少，即使有些可以投保，但保险条款规定对年龄限制非常严格。如保险公司推出的意外伤害保险一般都把投保年龄限制在 65 岁以下，养老保险、重大疾病保险多数限制在 60 周岁，最低仅为 55 岁。另外，投保人年纪越大，保费也就越高。现在不少寿险产品都将 50 岁这一年龄段作为分水岭，大多数保险公司都要求对超过 50 岁的投保人进行体检，体检不合格很可能被拒绝投保。因此，建议消费者最好在 50 岁之前投保。另外，对于 60 岁以上的老年人，可参加保险公司的投资、分红保险、万能寿险等。在我国，人寿保险除了具有高额保障以外，还可以合理、合法避税，老年人可利用寿险合理规划遗产。

5. 根据收入水平的原则

购买保险要讲求层次，对不同收入水平的消费者来说，情况略有不同，主要表现在保险品种购买方面和保险费的缴纳方式方面。

（1）在购买保险产品方面。低收入个人（家庭）在加入社会统筹保险的前提下，有了基本保障，此时需要考虑的仍是购买人身意外险等保障型险种；收入略高一点的家庭，则可考虑养老保险；中等收入家庭在此基础上，可以考虑购买一些有保底收益且较安全的投资性险种；而对于高收入家庭来说，在基本保障无忧的情况下，则可以考虑住院补贴等险种提高生活质量，并可以进行一些相对风险较高的投资性险种。

（2）在保费的缴纳方式方面，对于经济不太宽裕，却又想得到保障的个人（家庭）来说，可以选择年交的方式，即每年缴纳一次保费，直到保险金给付责任开始的前一年，这种交费方式跨越时间较长，每年交费金额较小，便于作长期投资规划，其缺点是因多次交费且时间较长，很容易因各种因素导致续交中断，保单失效。对于经济条件相对较好，而又打算将一部分资金投入保险的个人（家庭）来说，可以选择一次性交清，其优点是手续简单，其缺点是所需资金量较大；而对于经济条件比较富裕的家庭来说，可以采用限期年交的方式，其优点在于投保人可以根据自己的经济承受能力，以及对今后个人（家庭）收入持续情况的估计而决定交费年限和比较合理的保险条款，限期年交一般有 5 年、10 年、15 年、20 年不等。

第四步（10 分钟）　实务指导

购买保险的步骤。

1. 确定保险需求。在购买保险前，应先对自己作一个需求分析，然后将个人（家庭）所需的保险品种按先后次序排序，优先考虑自己最急需的险种，并且充分估计哪些事件可能给自己和家人造成损失，对于那些可能带来较高损失的因素，要投保较多的额度。分析保险需求的意义在于把我们的钱花在保障目前最大、最重要的风险上，这一步非常重要。

2. 选择保险公司。选择保险公司需要运用科学的方法进行分析比较，并要考察公司财务健全程度、风险控制能力、信息透明度、顾客满意度等因素。

3. 选择保险产品。消费者选择保险产品时要遵循的一个不变的原则就是"选择适合自己的险种"，这需要考虑包括适合自己的实际需求、收入水平、年龄结构等因素。但是，对于一个普通消费者来说，很多保险产品是很难看懂的，保险条款和保险程序的复杂性、保险信息的不透明性，都给投保人的选择带来很大的困难。可以说选择、比较保险产品是最复杂的一步。

4. 综合保险方案。公司及产品都确定了之后，要权衡利弊，综合选择。在这一步，投保人应综合考虑保险公司和保险产品两个方面的分析结果，应选择保险产品与保险公司最优搭配的保险方案。

5. 确定购买额度。综合保险方案确定后，还要确定购买额度的多少。究竟买多少保险，要看需要多少保障额度来帮助投保人化解风险。购买额度本身也是从实际需求出发的，而需求是可以测算的。确定保险购买额度需要通过科学的方法分析消费者面临不同风险时所需的保障额度和实际购买力，并对两者进行合理的权衡和兼顾。总的来说，保障额度起码要保障生活的最低标准，可用公式表示为：保障额度＝家庭消费需求＋子女教育费用＋现有负债＋现有贷款＋人生最后一笔费用－现有财务资金。在购买保险之前，应先对自己作一个需求分析，将个人（家庭）所需的保险品种按先后次序排序，优先考虑自己最急需的险种，同时对于那些可能带来较高损失的因素，要投保较多的额度。在购买保险的时候，建议应该首先考虑意外险，而对于终生的寿险或者说定期的寿险，应该依据个人（家庭）的收入和个人（家庭）的保障需求，在收入允许的范围之内，购买比较合适额度的寿险产品。对于还未参加社会基本医疗保险的消费者来说，可以考虑通过保险公司购买健康险来缓解医疗费用的压力，但如果已经有了社会基本医疗保险，那么再购买健康险的时候，就要注意选择那些社会基本医疗保险在额度和报销范围上没有覆盖的商业医疗保险。同时，购买附加险也是一个不错的搭配选择，因为与购买一种独立的险种相比，购买附加险仅需支付很少的费用就可以获得全面、科学的保障。此外，如果个人（家庭）收入较充裕的话，还可以考虑购买一些投资型保险，在得到保障的同时还可获得投资收益。

第五步（10 分钟） 视听教学

购买保险的错误观念。

消费者在购买保险的过程中会存在一些错误的观念，错误的观念导致错误的动机，风险随之而来。以下就是 10 种错误的观念：

1. 以前没买过保险，现在也过得好好的。

2. 如果以后不发生危险，那么保费就白投了。

3. 买保险是有钱人的事。

4. 我已经买过保险了，不需要再买了。

5. 孩子重要，要多给孩子买一些保险。

6. 多买一些投资型保险能带来更多的收益。

7. 购买保险越便宜的越好。

8. 购买保险越多越好，保险金额越高越好。

9. 把买保险的事全权交给委托代理人就可以了。

10. 理赔如此困难，不如不投。

第六步（20 分钟）　视听教学

购买保险的风险及其防范。

1. 购买保险存在的风险

任何投资型产品都有投资回报波动的可能性，因此风险不可避免。保险投资作为一种理财方式，同样也存在风险。

（1）风险来自保险公司。随着国内保险市场全面放开，保险公司之间的竞争日趋激烈，而竞争的最终结果就是优胜劣汰，保险公司倒闭也并非不可能的事情，那些经营不善，缺乏竞争力的保险公司就会有破产的可能。保险公司破产，直接的利益损失者便是投保人。因此，消费者在购买保险时需考虑这方面的风险因素。

（2）风险来自保险代理人。有些保险代理人为追求高业绩，利用消费者对保险产品不甚了解，而又渴望得到保障甚至投资回报的心理，过分夸大产品的功能，甚至曲解保险条款内容，误导消费者购买不适合的保险，造成投保人无法得到预期的保障或收益。

（3）风险来自投保人。一是保险知识的缺乏。如投保人对投保重大疾病险时未能如实告知、代替被保险人签名、填写受益人不明等情况都会造成保单的无效。二是盲从心理。一些消费者由于对保险知识和信息的不了解，在购买保险时存在着盲从倾向，看到别人买什么保险，自己也急着要买，而对该保险的功能、风险、理赔范围等事项并没有考虑周全，结果买了自己根本不需要的"鸡肋"保险。

（4）投资型保险产品存在较大风险。目前在国内销售的投资型产品主要有分红险、万能险和投资连结险3种。①分红险是指保险公司在每个会计年度结束后，将上一会计年度该类分红保险的可分配盈余，按一定的比例、以现金红利或增值红利的方式，分配给客户的一种人寿保险。投保人除了可以获得固定收益外，还可以参与保险公司的利润分红。②万能险是指可以任意支付保险费以及任意调整死亡保险金给付金额的人寿保险。也就是说，除了支付某一个最低金额的第一期保险费以后，投保人可以在任何时间支付任何金额的保险费，并且任意提高或者降低死亡给付金额，只要保单积存的现金价值足够支付以后各期的成本和费用就可以了。③投资连结险是指包含保险保障功能并至少在一个投资账户拥有一定资产价值的人身保险产品。投资连结险不存在固定利率，保险公司将客户交付的保险费分成"保障"和"投资"两个部分，其中，保障部分占保险费的较小比例，投资部分占较大比例，并被划入专门的投资账户，由保险公司的投资机构进行运作。

2. 风险的防范

（1）要注意对保险公司的选择。在购买保险之前，需要了解保险公司的经营状况。一是保险公司的财务健全性。如果可能的话，最好还要了解一下保险公司的资产、负债情况、有效保单数量和退保情况等。二是保险公司销售的产品。需要了解保险公司的产品是否丰富，是否适应市场发展要求，这些信息从另外一个侧面反映出该保险公司的实力及发展前景。三是保险公司的服务质量。如客户服务电话的接报，有关信息咨询与查询的提供，日常服务的指导以及理赔给付服务情况等。四是保险公司的诚信度。这要看保险公司从核保、定价到服务能否向消费者提供充分而准确的信息，如果存在对消费者的误导或者欺骗的情况，这样的保险公司是不能选择的。五是保险公司的风险控制能力。按照国际化标准运作的公司比较有竞争力，其更强调标准的专业化、流程的规范化、服务的透明化，这样的公司可以做到非常好的内部风险控制，保证公司有序的经营。

（2）要注意保险代理人的选择。好的代理人应该具备以下条件：首先，拥有保险代理资格。消费者在选择代理人时，应要求其出示相关证明文件，如果不能在现场确认，可以通过电话对业务人员进行身份核实。其次，对保险业务知识的熟练。好的保险代理人，保险理念正确，业务知识熟练，对保单条款熟悉，并能根据不同客户的经济能力、家庭特点及保险需求等，将不同的保险产品进行搭配组合，使客户的利益得到全面充分的保障。再次，分析讲解客观属实。好的代理人会客观地帮助客户分析所在公司的经营状况、诚信程度和服务质量以及该公司产品的市场行情，而不是以夸大理赔范围或以高收益、高盈利来诱导消费者。最后，诚实、有责任心。一个诚实、有责任心的保险代理人，不但能在售前为客户设计一个符合其需求和收入情况的保险计划，而且能在售后提供信息传递、保费缴纳、地址更改及理赔等服务。

（3）投保人要加强对保险知识的学习。保险产品是专业性很强的一个金融品种，投保人要想明明白白买保险，安安心心得保障，就需要在购买保险之前了解一些与保险有关的知识和信息。比如，保险公司的运作机制、代理人和投保人的权利和义务、各个险种的功能和承保范围、签单的注意事项以及出险后的理赔事项等，特别是在签单时，投保人要核查保单上的条款是否合格、承保范围是否属实、保险受益人是否明确等信息，以免给以后的索赔造成麻烦。

（4）投资型保险产品的风险防范。专业人士提醒"投资型保险只适合少数有准备的人。"其中风险可见一斑。那么，究竟应该如何选择市场上的保险类理财产品呢？在购买此类产品时应注意哪些问题呢？首先，要准确定位个人的保险需求。其次，要充分考虑个人的风险承受能力。再次，要清楚投资收益的计算。消费者在购买投资型保险时，往往只注重所公布的各险种的投资收益率，认为投资收益率高的产品收益一定就高，而忽视了其他方面的信息。

第七步（15 分钟）　随堂作业、个别指导

根据本节所学习的内容，安排矫正对象为自己和家人设计一份保险理财的方案。

现场抽查，个别指导。

第八步　布置作业

一、保险作为理财工具，它的主要特点有哪些？

二、填空题

1. 保险的原则是："一人为众，＿＿＿＿＿＿"。

2. 保险的理财功能主要有：

(1) ＿＿＿＿＿；(2) ＿＿＿＿＿；(3) ＿＿＿＿＿；

3. 家庭支出可以分为三类，分别是：

(1) ＿＿＿＿＿；(2) ＿＿＿＿＿；(3) ＿＿＿＿＿；

4. 家庭收入可以分为三类，分别是：

(1) ＿＿＿＿＿；(2) ＿＿＿＿＿；(3) ＿＿＿＿＿；

5、保险赔偿金属于家庭收入中的＿＿＿＿＿＿＿。

三、在保险理财当中，我们需要注意规避哪些风险？

5.2.3 单次矫正活动评估

根据《矫正对象参与集中矫正活动效果评估分级评分标准》对

矫正对象本次矫正活动进行评分，并结合《监督方活动记载表》和《矫正民警项目日志》对本次矫正活动的矫正效果进行评估。

同时，根据评估结果，对未达到矫正目标的矫正对象进行个别辅导，以尽可能保证总体矫正效果。

5.3 "重塑生命，走向新生"矫正活动

5.3.1 矫正方案

矫正目标	提振融入社会的信心，强调顺利适应社会首先要有正确的就业择业观、科学实在的理财规划
矫正量	2 小时
矫正重点	以两名矫正对象刑满为契机，带动所有矫正对象，回顾过往经历，促使矫正对象积极面对刑满后的理财与职业规划，增强回归社会的信心
干预措施	案例分享，团队激励，榜样示范
实施步骤	刑释前采访谈话并录像→刑满矫正对象发表感言→组织矫正对象到台前为亲属献礼→矫正民警为刑满的矫正对象送上临别寄语→分享象征新生的"生日蛋糕"→银行理财专业人士介绍社会上的理财案例→银行理财专业人士介绍社会上的理财案例→现场互动、答疑

5.3.2 矫正过程

第一步（20分钟）　刑释前采访谈话并录像；

第二步（20分钟）　刑满矫正对象发表感言，并分享自己刑满后的理财计划与职业规划；

第三步（10分钟）　矫正民警为刑满的矫正对象送上临别寄语；

第四步（20分钟）　两位刑满的矫正对象与大家分享象征新生的"生日蛋糕"；

第五步（40分钟）　银行理财专业人士介绍社会上的理财案例；

第六步（10分钟）　现场互动、答疑。

第七步　布置作业

在今天的课堂上，平安银行的于经理为大家分享了三个现实生活中的案例，讲述了银行保安、自己弟弟和自己三个人的学习培训、就业创业、理财持家的真实经历。请您简要回顾这三个案例的内容，回答下列问题。

一、银行保安在理财方面犯过的错误有哪些？

二、银行保安后来能够存下 10 万元的积蓄，主要是因为采取了哪些措施？

三、于经理的弟弟在创业成功之前有哪些不良表现？你认为他创业成功的原因主要是什么？

四、请你回顾于经理学习培训、就业择业、成长成才的经历，谈一谈自己的感受与启发。

5.3.3 单次矫正活动评估

根据《矫正对象参与集中矫正活动效果评估分级评分标准》对矫正对象本次矫正活动进行评分，并结合《监督方活动记载表》和《矫正民警项目日志》对本次矫正活动的矫正效果进行评估。

同时，根据评估结果，对未达到矫正目标的矫正对象进行个别辅导，以尽可能保证总体矫正效果。

5.4　股票常识与模拟操作

5.4.1 矫正方案

矫正目标	了解股票作为理财工作的特点，掌握股票常识，体验股市炒作，增强对理财风险的认识

矫正量	2 小时
矫正重点	股票作为常见理财工具的特点，对理财风险的理性认识
干预措施	视频教学、知识讲解、模拟实践、小组讨论
实施步骤	股票的由来→股票的分类常识→股市的基本操作→介绍常用的术语→模拟上机实践。

5.4.2 矫正过程

第一步（30 分钟）　视听教学

股票是股份有限公司在募集资本时向出资人发行的股份凭证。股票代表着其持有者（即股东）对股份公司的所有权。这种所有权是一种综合权利，如参加股东大会、投票表决、参与公司的重大决策、收取股息或分享红利等。同一类别的每一份股票所代表的公司所有权是相等的。每个股东所拥有的公司所有权份额的大小取决于其持有的股票数量占公司总股本的比重。

1. 股票起源

股票至今已有将近似 400 年的历史。股票是社会化大生产的产物。随着人类社会进入了社会化大生产的时期，企业经营规模扩大与资本需求不足的矛盾日益突出，于是产生了以股份公司形态出现的、股东共同出资经营的企业组织；股份公司的变化和发展产生了股票形态的融资活动；股票融资的发展产生了股票交易的需求；股票的交易需求促成了股票市场的形成和发展；而股票市场的发展最终又促进了股票融资活动和股份公司的完善和发展。所以，股份公司，股票融资和股票市场的相互联系和相互作用，推动着股份公司，股票融资和股票市场的共同发展。

股票最早出现于资本主义国家。在 17 世纪初，随着资本主义大工业的发展，企业生产经营规模不断扩大，由此而产生的资本短缺，资本不足便成为制约着资本主义企业经营和发展的重要因素之一。为了筹集更多的资本，于是，出现了以股份公司形态，由股东共同出资经营的企业组织，进而又将筹集资本的范围扩展至社会，产生了以股票这种表示投资者投资入股，并按出资额的大小享受一定的权益和承担一定的责任的有价凭证，并向社会公开发行，以吸收和集中分散在社会上的资金。世界上最早的股份有限公司制度诞生于1602年，即在荷兰成立的东印度公司。股份有限公司这种企业组织形态出现以后，很快为资本主义国家广泛利用，成为资本主义国家企业组织的重要形式之一。伴随着股份公司的诞生和发展，以股票形式集资入股的方式也得到发展，并且产生了买卖交易转让股票的需求。这样，就带动了股票市场的出现和形成，并促使股票市场完善和发展。据文献记载，早在1611年就曾有一些商人在荷兰的阿姆斯特丹进行荷兰东印度公司的股票买卖交易，形成了世界上第一个股票市场，即股票交所。目前，股份有限公司已经成为资本主义国家最基本的企业组织形式；股票已经成为资本主义国家筹资的重要渠道和方式，亦是投资者投资的基本选择方式；而股票的发行和市场交易亦已成为资本主义国家证券市场的重要基本经营内容，成为证券市场不可缺少的重要组成部分。

2. 股票的性质

股票持有者凭股票定期从股份公司取得的收入是股息。股票只是对一个股份公司拥有的实际资本的所有权证书，只是代表取得收益的权利，是对未来收益的支取凭证，它本身不是实际资本，而只是间接地反映了实际资本运动的状况，从而表现为一种虚拟资本。

3. 股票的发行

股票的发行方式，也就是股票经销出售的方式。由于各国的金融市场管制不同，金融体系结构和金融市场结构不同，股票发行方式也有所不同。如果按照发行与认购的方式及对象，股票发行可划分为公开发行与非公开发行；如果按是否有中介机构（证券承销商）协助，股票发行也可划分为直接发行与间接发行（或叫委托发行）；若按不同的发行目的，股票发行还可以区分为有偿增资发行和无偿增资发行。

公开发行又称公募，是指事先不确定特定的发行对象，而是向社会广大投资者公开推销股票。

非公开发行又叫私募，是指发行公司只对特定的发行对象推销股票。非公开发行方式主要在以下几种情况下采用：

（1）以发起方式设立公司；

（2）内部配股；

（3）私人配股，又称第三者分摊。

直接发行又叫直接招股，或称发行公司自办发行，是指股份公司自己承担股票发行的一切事务和发行风险，直接向认购者推销出售股票的方式。

间接发行又叫委托发行，是指发行者委托证券发行承销中介机构出售股票的方式。股票间接发行的方式，与债券的间接发行方式一样，也分为代销发行、助销发行和包销发行三种方式。

有偿增资发行，就是认购者必须按股票的某种发行价格支付现款，方能获得新发股票。一般公开发行的股票和私募中定向发行的股票都采用有偿增资的发行方式。

无偿增资发行，是指股份公司将公司盈余结余、公积金和资产重估增益转入资本金股本科目的同时，发行与之对应的新股票，分配给公司原有的股东，原有股东无需缴纳认购股金款。

4. 股票的作用

（1）股票是一种出资证明，当一个自然人或法人向股份有限公司参股投资时，便可获得股票作为出资的凭证；

（2）股票的持有者凭借股票来证明自己的股东身份，参加股份公司的股东大会，对股份公司的经营发表意见；

（3）股票持有者凭借股票参加股份发行企业的利润分配，也就是通常所说的分红，以此获得一定的经济利益。

5. 股票的分类（简要介绍即可）

（1）根据上市地区可以分为：我国上市公司的股票有 A 股、B 股、H 股、N 股和 S 股等的区分。这一区分主要依据股票的上市地点和所面对的投资者而定。

A 股：A 股的正式名称是人民币普通股票。它是由我国境内的公司发行，供境内机构、组织或个人（不含台、港、澳投资者）以人民币认购和交易的普通股股票。1990 年，我国 A 股股票一共仅有 10 只。至 1997 年年底，A 股股票增加到 720 只，A 股总股本为 1646 亿股，总市值 17529 亿元人民币，与国内生产总值的比率为 22.7%。1997 年 A 股年成交量为 4471 亿股，年成交金额为 30295 亿元人民币，我国 A 股股票市场经过几年的快速发展，已经初具规模。

A 股主要有以下几个特点：

①在我国境内发行只许本国投资者以人民币认购的普通股。

②在公司发行的流通股中占最大比重的股票，也是流通性较好的股票，但多数公司的 A 股并不是公司发行最多的股票，因为目前我国的上市公司除了发行 A 股外，多数还有非流通的国家股或国有法人股等等。

③被认为是一种只注重盈利分配权，不注重管理权的股票，这主要是因为在股票市场上参与 A 股交易的人士，更多地关注 A 股买卖的差价，对于其代表的其他权利则并不上心。

B 股：也称为人民币特种股票。是指那些在中国大陆注册、在中国大陆上市的特种股票。以人民币标明面值，只能以外币认购和交易。

H 股：也称为国企股，是指国有企业在香港（Hong Kong）上市的股票。

S 股：是指那些主要生产或者经营等核心业务在中国大陆、而企业的注册地在新加坡（Singapore）或者其他国家和地区，但是在新加坡交易所上市挂牌的企业股票。

N 股：是指那些在中国大陆注册、在纽约（New York）上市的外资股。

（2）根据利润、财产分配方面可分为普通股和优先股。

普通股是指在公司的经营管理和盈利及财产的分配上享有普通权利的股份，代表满足所有债权偿付要求及优先股东的收益权与求偿权要求后对企业盈利和剩余财产的索取权，它构成公司资本的基础，是股票的一种基本形式，也是发行量最大，最为重要的股票。目前在上海和深圳证券交易所上中交易的股票，都是普通股。普通股股票持有者按其所持有股份比例享有以下基本权利：

①公司决策参与权。普通股股东有权参与股东大会，并有建议权、表决权和选举权，也可以委托他人代表其行使其股东权利。

②利润分配权。普通股股东有权从公司利润分配中得到股息。普通股的股息是不固定的，由公司赢利状况及其分配政策决定。普通股股东必须在优先股股东取得固定股息之后才有权享受股息分配权。

③优先认股权。如果公司需要扩张而增发普通股股票时，现有普通股股东有权按其持股比例，以低于市价的某一特定价格优先购买一定数量的新发行股票，从而保持其对企业所有权的原有比例。

④剩余资产分配权。当公司破产或清算时，若公司的资产在偿还欠债后还有剩余，其剩余部分按先优先股股东、后普通股股东的

顺序进行分配。

优先股是相对于普通股而言的。主要指在利润分红及剩余财产分配的权利方面，优先于普通股。优先股有两种权利：

①在公司分配盈利时，拥有优先股票的股东比持有普通股票的股东，分配在先，而且享受固定数额的股息，即优先股的股息率都是固定的，普通股的红利却不固定，视公司盈利情况而定，利多多分，利少少分，无利不分，上不封顶，下不保底。

②在公司解散，分配剩余财产时，优先股在普通股之前分配。

（3）根据业绩也分为：

ST 股：指境内上市公司连续两年亏损，被进行特别处理的股票；

＊ST 股：指境内上市公司连续三年亏损，有退市风险的股票。

绩优股：指公司经营很好，业绩很好，每股收益 0.5 元以上。

蓝筹股：指股票市场上，那些在其所属行业内占有重要支配性地位，业绩优良，成交活跃、红利优厚的大公司股票称为蓝筹股。

垃圾股：指经营亏损或违规的公司的股票。

6. 股票的特征

（1）不可偿还性。股票是一种无偿还期限的有价证券，投资者认购了股票后，就不能再要求退股，只能到二级市场卖给第三者。股票的转让只意味着公司股东的改变，并不减少公司资本。从期限上看，只要公司存在，它所发行的股票就存在，股票的期限等于公司存续的期限。

（2）参与性。股东有权出席股东大会，选举公司董事会，参与公司重大决策。股票持有者的投资意志和享有的经济利益，通常是通过行使股东参与权来实现的。股东参与公司决策的权利大小，取决于其所持有的股份的多少。从实践中看，只要股东持有的股票数量达到左右决策结果所需的实际多数时，就能掌握公司的决策控制权。

（3）收益性。股东凭其持有的股票，有权从公司领取股息或红利，获取投资的收益。股息或红利的大小，主要取决于公司的盈利水平和公司的盈利分配政策。股票的收益性还表现在股票投资者可以获得价差收入或实现资产保值增值。通过低价买入和高价卖出股票，投资者可以赚取价差利润。以美国可口可乐公司股票为例。如果在 1983 年底投资 1000 美元买入该公司股票，到 1994 年 7 月便能以 11554 美元的市场价格卖出，赚取 10 倍多的利润。在通货膨胀时，股票价格会随着公司原有资产重置价格上升而上涨，从而避免了资产贬值。股票通常被视为在高通货膨胀期间可优先选择的投资对象。

（4）流通性。股票的流通性是指股票在不同投资者之间的可交易性。流通性通常以可流通的股票数量、股票成交量以及股价对交易量的敏感程度来衡量。可流通股数越多，成交量越大，价格对成交量越不敏感（价格不会随着成交量一同变化），股票的流通性就越好，反之就越差。股票的流通，使投资者可以在市场上卖出所持有的股票，取得现金。通过股票的流通和股价的变动，可以看出人们对于相关行业和上市公司的发展前景和盈利潜力的判断。那些在流通市场上吸引大量投资者、股价不断上涨的行业和公司，可以通过增发股票，不断吸收大量资本进入生产经营活动，收到了优化资源配置的效果。

（5）价格波动性和风险性。股票在交易市场上作为交易对象，同商品一样，有自己的市场行情和市场价格。由于股票价格要受到诸如公司经营状况、供求关系、银行利率、大众心理等多种因素的影响，其波动有很大的不确定性。正是这种不确定性，有可能使股票投资者遭受损失。价格波动的不确定性越大，投资风险也越大。因此，股票是一种高风险的金融产品。例如，称雄于世界计算机产业的国际商用机器公司（IBM），当其业绩不凡时，每股价格曾高达 170 美元，但在其地位遭到挑战，出现经营失策而招致亏损时，股价又下跌到 40 美元。如果不合时机地在高价位买进该股，就会导致严重损失。

第二步（20 分钟）　指导实践

1. 股票开户流程

（1）到证券公司开户，上证或深证股东账户卡、资金账户、网上交易业务、电话交易业务等有关手续。然后，下载证券公司指定的网上交易软件，也可以通过手机或者电脑软件自助操作（需要视频验证）。

（2）到银行开活期账户，并开通银证转账业务，把钱存入银行。

（3）通过网上交易系统或电话交易系统把钱从银行转入证券公司资金账户。

（4）在网上交易系统里或电话交易系统可以买卖股票。

（5）买股票必须委托证券公司代理交易，所以，你必须找一家证券公司开户。买股票的人是不可以直接到上海证券交易所买卖的。这跟二手房买卖一样，由中介公司代理。

2. 股票操作知识

（1）股票价格。股票本身没有价值，但它可以当做商品出卖，并且有一定的价格。股票价格又叫股票行市，它不等于股票票面的金额。股票的票面额代表投资入股的货币资本数额，它是固定不变的；而股票价格则是变动的，它经常是大于或小于股票的票面金额。股票的买卖实际上是买卖获得股息的权利，因此股票价格不是它所代表的实际资本价值的货币表现，而是一种资本化的收入。股票价格一般是由股息和利息率两个因素决定的。例如，有一张票面额为 100 元的股票，每年能够取得 10 元股息，即 10% 的股息，而当时的利息率只有 5%，那么，这张股票的价格就是 10 元 ÷5% = 200 元。计算公式是：股票价格 = 股息/利息率。可见，股票价格与股息成正比例变化，而和利息率成反比例变化。如果某个股份公司的营业情况好，股息增多或是预期的股息将要增加，这个股份公司的股票价格就会上涨；反之，则会下跌。

（2）涨跌停板制度。涨跌停板制度源于国外早期证券市场，是证券市场中为了防止交易价格的暴涨暴跌，抑制过度投机现象，对每只证券当天价格的涨跌幅度予以适当限制的一种交易制度，即规定交易价格在一个交易日中的最大波动幅度为前一交易日收盘价上下百分之几，超过后停止交易。我国证券市场现行的涨跌停板制度是 1996 年 12 月 13 日发布，1996 年 12 月 26 日开始实施的，旨在保护广大投资者利益，保持市场稳定，进一步推进市场的规范化。制度规定，除上市首日之外，股票（含 A、B 股）、基金类证券在一个交易日内的交易价格相对上一交易日收市价格的涨跌幅度不得超过 10%，超过涨跌限价的委托为无效委托。我国的涨跌停板制度与国外制度的主要区别在于股价达到涨跌停板后，不是完全停止交易，在涨跌停价位或之内价格的交易仍可继续进行，直到当日收市为止。

（3）股票的交易时间。股票交易时间为：星期一至星期五上午九点半至十一点半，下午一点至三点。双休日和交易所公布的休市日休市。上午 9：15 ~ 9：25 为集合竞价时间，投资人可以下单，委托价格限于前一个营业日收盘价的加减百分之十，即在当日的涨跌停板之间，九点半前委托的单子，在上午九点半时撮合，由集合竞价得出的价格便是所谓"开盘价"。万一你委托的价格无法在当个交易日成交的话，隔一个交易日则必须重新挂单。

（4）股票如何撮合成交。证券经营机构受理投资者的买卖委托后，应即刻将信息按时间先后顺序传送到交易所主机，公开申报竞价。股票申报竞价时，可依有关规定采用集合竞价或连续竞价方式进行，交易所的撮合大机将按"价格优先，时间优先"的原则自动撮合成交。目前，沪、深两家交易所均存在集合竞价和连续竞价方式。上午9：15～9：25为集合竞价时间，其余交易时间均为连续竞价时间。在集合竞价期间内，交易所的自动撮合系统只储存而不撮合，当申报竞价时间一结束，撮合系统将根据集合竞价原则，产生该股票的当日开盘价。沪、深新股挂牌交易的第一天不受涨跌幅10%的限制，但深市新股上市当日集合竞价时，其委托竞价不能超过新股发行价的上下15元，否则，该竞价在集合竞价中作无效处理，只可参与随后的连续竞价。

集合竞价结束后，就进入连续竞价时间，即9：30～11：30和13：00～15：00。投资者的买卖指令进入交易所主机后，撮合系统将按"价格优先，时间优先"的原则进行自动撮合，同一价位时，以时间先后顺序依次撮合。在撮合成交时，股票成交价格的决定原则为：

①成交价格的范围必须在昨收盘价的上下10%以内；

②最高买入申报与最高卖出申报相同的价位；

③如买（卖）方的申报价格高（低）于卖（买）方的申报价格时，采用双方申报价格的平均价位。

交易所主机撮合成交的，主机将成交信息即刻回报到券商处，供投资者查询。未成交的或部分成交的，投资者有权撤销自己的委托或继续等待成交，一般委托有效期为一天。另外，深市股票的收盘价不是该股票当日的最后一笔的成交价，而是该股票当日有成交的最后一分钟的成交金额除以成交量而得。

3. 如何认购新股

（1）开户。包括股东账户和资金账户，根据交易所的规定，投资者在申购前必须先开户，沪市新股申购的证券账户卡必须办理好指定交易，并在开户的证券部营业部存入足额的资金用以申购。

（2）申购数量的规定。交易所对申购新股的每个账户申购数量是有限制的。首先，申报下限是1000股，认购必须是1000股或者其整数倍；其次申购有上限，具体在发行公告中有规定，委托时不能低于下限，也不能超过上限，否则被视为无效委托。

（3）重复申购的规定。新股申购只能申购一次，并且不能撤单，重复申购除第一次有效外，其他均无效。而且如果投资者误操作而导致新股重复申购，券商会重复冻结新股申购款，重复申购部分无效而且不能撤单，这样会造成投资者资金当天不能使用，只有等到当天收盘后，交易所将其作为无效委托处理，资金第二天回到投资者账户内，投资者才能使用。

（4）新股申购配号的确认。投资者在办理完新股申购手续后得到的合同号不是配号，第二天交割单上的成交编号也不是配号，只有在新股发行后的第三个交易日（T+3日）办理交割手续时交割单上的成交编号才是新股配号。投资者要查询新股配号，可以在T+3日到券商处打印交割单，券商也会在该日将所有投资者的新股配号打印出来张贴在营业部的大厅内，投资者可以进行查对。一部分券商还开通了电话查询配号的服务，投资者也可通过电话委托在查询新股配号一栏中进行查询。

（5）申购新股资金冻结时间根据新股申购的有关规定。投资者的申购款于T+4日返还其资金账户，也就是说，投资者可于申购新股后的第四个交易日使用该笔资金。

（6）如何确认自己是否中签。投资者在T+3得到自己的配号之后，可以在T+4日查询证监会指定报刊上由主承销商刊登的中签号码，如果自己配号的后几位与中签号码相同，则为中签，不

306

同则未中，每一个中签号码可以认购 1000 股新股。另外，投资者的申购资金在 T + 4 日解冻，投资者也可以在该日直接查询自己账户内的解冻后的资金是否有减少或者查询股份余额是否有所申购的新股，以此来确定自己是否中签。

（7）新股申购 T + 4 日交割单显示"卖出"申购新股后 T + 1日券商打印的是"买入"交割单，T + 4 日券商将资金返回投资者账户交割单打印的是"卖出"申购款，如申购成功则打印"买入"某股票 1000 股，这里的"卖出"申购款与通常的股票买卖含义不同，它是交易所统一规定的返还投资者申购余款的一种形式。例如，某投资者申购新股 5000 股，中签 1000 股，则在 T + 4 日交割单上显示"卖出 5000 股"和"买入 1000 股"。

（8）证券代码的变更。沪市新股申购的申购代码是 730 × × ×，申购确认后，T + 1 日开始投资者在账户内查到的是申购款 740 × × ×，新股的配号是 741 × × ×，如果中签，T + 4 日后投资者账户内会有中签的新股 730 × × ×，该股上市交易的当天，证券代码变更为 600 × × ×。深市新股申购代码为 0 × × ×，其申购款、配号、中签新股直至上市后代码均不变。

（9）新股申购期间指定交易变更。如果投资者在某天申购了新股但又撤销了指定交易，则该投资者的新股数据会传送给申购席位，投资者应在原申购席位上进行查询。

第三步（15 分钟）　解释术语

根据矫正对象的接受程度与矫正用时的具体状况选择 5 ~ 10 个进行讲解，并在上机实践过程中模拟运用，强化印象。

1. 委比：是衡量某一时段买卖盘相对强度的指标。它的计算公式为委比 =（委买手数 - 委卖手数）/委买手数 + 委卖手数 × 100%。委比的取值范围从 - 100% 至 + 100%。若"委比"为正值，

307

说明场内买盘较强，且数值越大，买盘就越强劲。反之，若"委比"为负值，则说明市道较弱。

2. 委差：某品种当前买量之和减去卖量之和。反映买卖双方的力量对比。正数为买方较强，负数为抛压较重。

3. 量比：是一个衡量相对成交量的指标，它是开市后每分钟的平均成交量与过去 5 个交易日每分钟平均成交量之比。其公式为：量比 = 现成交总手/〔过去 5 日平均每分钟成交量×当日累计开市时间（分）〕当量比大于 1 时，说明当日每分钟的平均成交量要大于过去 5 日的平均数值，交易比过去 5 日火爆；而当量比小于 1 时，说明现在的成交比不上过去 5 日的平均水平。

4. 开盘价：上午 9：15～9：25 为集合竞价时间，在集合竞价期间内，交易所的自动撮合系统只储存而不撮合，当申报竞价时间一结束，撮合系统将根据集合竞价原则，产生该股票的当日开盘价。按上海证券交易所规定，如开市后半小时内某证券无成交，则以前一天的收盘价为当日开盘价。有时某证券连续几天无成交，则由证券交易所根据客户对该证券买卖委托的价格走势，提出指导价格，促使其成交后作为开盘价。首日上市买卖的证券经上市前一日柜台转让平均价或平均发售价为开盘价。

5. 收盘价：是指某种证券在证券交易所一天交易活动结束前最后一笔交易的成交价格。如当日没有成交，则采用最近一次的成交价格作为收盘价，因为收盘价是当日行情的标准，又是下一个交易日开盘价的依据，可据以预测未来证券市场行情；所以投资者对行情分析时，一般采用收盘价作为计算依据。

6. 报价：报价是证券市场上交易者在某一时间内对某种证券报出的最高进价或最低出价，报价代表了买卖双方所愿意出的最高价格，进价为买者愿买进某种证券所出的价格，出价为卖者愿卖出的价格。报价的次序习惯上是报进价格在先，报出价格在后。在证券交易所中，报价有四种：一是口喊，二是手势表示，三是申报纪录表上填明，四是输入电子计算机显示屏。

7. 最高价：是指当日所成交的价格中的最高价位。有时最高价只有一笔，有时也不止一笔。

8. 最低价：是指当日所成交的价格中的最低价位。有时最低价只有一笔，有时也不止一笔。

9. 牛市：股票市场上买入者多于卖出者，股市行情看涨称为牛市。形成牛市的因素很多，主要包括以下几个方面：

①经济因素：股份企业盈利增多、经济处于繁荣时期、利率下降、新兴产业发展、温和的通货膨胀等都可能推动股市价格上涨。

②政治因素：政府政策、法令颁行或发生了突变的政治事件都可引起股票价格上涨。

③股票市场本身的因素：如发行抢购风潮、投机者的卖空交易、大户大量购进股票都可引发牛市发生。

10. 熊市：熊市与牛市相反。股票市场上卖出者多于买入者，股市行情看跌称为熊市。引发熊市的因素与引发牛市的因素差不多，不过是向相反方向变动。

11. 多头、多头市场：多头是指投资者对股市看好，预计股价将会看涨，于是趁低价时买进股票，待股票上涨至某一价位时再卖出，以获取差额收益。一般来说，人们通常把股价长期保持上涨势头的股票市场称为多头市场。多头市场股价变化的主要特征是一连串的大涨小跌。

12. 空头、空头市场：空头是投资者和股票商认为现时股价虽然较高，但对股市前景看坏，预计股价将会下跌，于是把借来的股票及时卖出，待股价跌至某一价位时再买进，以获取差额收益。采用这种先卖出后买进、从中赚取差价的交易方式称为空头。人们通常把股价长期呈下跌趋势的股票市场称为空头市场，空头市场股价变化的特征是一连串的大跌小涨。

13. 买空：投资者预测股价将会上涨，但自有资金有限不能购进大量股票于是先缴纳部分保证金，并通过经纪人向银行融资以买进股票，待股价上涨到某一价位时再卖，以获取差额收益。

14. 卖空：卖空是投资者预测股票价格将会下跌，于是向经纪人交付抵押金，并借入股票抢先卖出。待股价下跌到某一价位时再买进股票，然后归还借入股票，并从中获取差额收益。

15. 利好：是指刺激股价上涨的信息，如股票上市公司经营业绩好转、银行利率降低、社会资金充足、银行信贷资金放宽、市场繁荣等，以及其他政治、经济、军事、外交等方面对股价上涨有利的信息。

16. 利空：利空是指能够促使股价下跌的信息，如股票上市公司经营业绩恶化、银行紧缩、银行利率调高、经济衰退、通货膨胀、天灾人祸等，以及其他政治、经济军事、外交等方面促使股价下跌的不利消息。

17. 长空：长空是指长时间做空头的意思。投资者对股势长远前景看坏，预计股价会持续下跌，在借股卖出后，一直要等股价下跌很长一段时间后再买进，以期获取厚利。

18. 长多：长多是指长时间做多头的意思。投资者对股势前景看好，现时买进股票后准备长期持有，以期股价长期上涨后获取高额差价。

19. 死多：死多是指抱定主意做多头的意思。投资者对股势长远前景看好，买进股票准备长期持有，并抱定一个主意，不赚钱不卖，宁可放上若干年，一直到股票上涨到一个理想价位再卖出。

20. 跳空：股价受利多或利空影响后，出现较大幅度上下跳动的现象。当股价受利多影响上涨时,交易所内当天的开盘价或最低价高于前一天收盘价两个申报单位以上。当股价下跌时,当天的开盘价或最高价低于前一天收盘价在两个申报单位以上。或在一天的交易中,上涨或下跌超过一个申报单位。以上这种股价大幅度跳动现象称之为跳空。

21. 吊空:股票投资者做空头,卖出股票后,但股票价格当天并未下跌,反而有所上涨,只得高价赔钱买回,这就是吊空。

22. 实多:投资者对股价前景看涨,利用自己的资金实力做多头,即使以后股价出现下跌现象,也不急于将购入的股票出手。

23. 除息:股票发行企业在发放股息或红利时,需要事先进行核对股东名册、召开股东会议等多种准备工作,于是规定某日在册股东名单为准,并公告在此日以后一段时期为停止股东过户期。停止过户期内,股息红利仍发入给登记在册的旧股东,新买进股票的持有者因没有过户就不能享有领取股息红利的权利,这就称为除息。同时股票买卖价格就应扣除这段时期内应发放股息红利数,这就是除息交易。

24. 除权:除权与除息一样,也是停止过户期内的一种规定:即新的股票持有人在停止过户期内不能享有该种股票的增资配股权利。配股权是指股份公司为增加资本发行新股票时,原有股东有优先认购或认配的权利。这种权利的价值可分以下两种情况计算。

①无偿增资配股的权利价值 = 停止过户前一日收盘价 − 停止过户前一日收盘价 ÷(1 + 配股率)

②有偿增资机股权利价值 = 停止过户前一日收盘价 −(停止过户前一日收盘价 + 新股缴款额 × 配股率)÷(1 + 配股率)。其中配股率是每股老股票配发多少新股的比率。除权以后的股票买卖称除权交易。

25. 本益比：本益比是某种股票普通股每股市价与每股盈利的比率。所以它也称为股价收益比率或市价盈利比率。

其计算公式为：本益比 = 普通股每股市场价格/普通股每年每股盈利。

上述公式中的分子是指当前的每股市价，分母可用最近一年盈利，也可用未来一年或几年的预测盈利。这个比率是估计普通股价值的最基本、最重要的指标之一。

一般认为该比率保持在 10～20 之间是正常的。过小说明股价低，风险小，值得购买；过大则说明股价高，风险大，购买时应谨慎，或应同时持有的该种股票。但从股市实际情况看，本益比大的股票多为热门股，本益比小的股票可能为冷门股，购入也未必一定有利。

26. 抢帽子：抢帽子是股市上的一种投机性行为。在股市上，投机者当天先低价购进预计股价要上涨的股票，然后待股价上涨到某一价位时，当天再卖出所买进的股票，以获取差额利润。或者在当天先卖出手中持有的预计要下跌的股票，然后待股价下跌至某一价位时，再以低价买进所卖出的股票，从而获取差额利润。

27. 坐轿子：坐轿子是股市上一种哄抬操纵股价的投机交易行为。投机者预计将有利多或利空的信息公布，股价会随之大涨大落，于是投机者立即买进或卖出股票。等到信息公布，人们大量抢买或抢卖，使股价呈大涨大落的局面，这时投机者再卖出或买进股票，以获取厚利。先买后卖为坐多头轿子，先卖后买称为坐空头轿子。

28. 抬轿子：抬轿子是指利多或利空信息公布后，预计股价将会大起大落，立刻抢买或抢卖股票的行为。抢利多信息买进股票的行为称为抬多头轿子，抢利空信息卖出股票的行为称为抬空头轿子。

29. 洗盘：投机者先把股价大幅度杀低，使大批小额股票投资者（散户）产生恐慌而抛售股票，然后再股价抬高，以便乘机渔利。

30. 回档：在股市上，股价呈不断上涨趋势，终因股价上涨速度过快而反转回跌到某一价位，这一调整现象称为回档。一般来说，股票的回档幅度要比上涨幅度小，通常是反转回跌到前一次上涨幅度的三分之一左右时又恢复原来上涨趋势。

31. 拨档：投资者做多头时，若遇股价下跌，并预计股价还将继续下跌时，马上将其持有的股票卖出，等股票跌落一段差距后再买进，以减少做多头在股价下跌那段时间受到的损失，采用这种交易行为称为拨档。

32. 整理：股市上的股价经过大幅度迅速上涨或下跌后，遇到阻力线或支撑线，原先上涨或下跌趋势明显放慢，开始出现幅度为15%左右的上下跳动，并持续一段时间，这种现象称为整理。整理现象的出现通常表示多头和空头激烈互斗而产生了跳动价位，也是下一次股价大变动的前奏。

33. 套牢：是指进行股票交易时所遭遇的交易风险。例如投资者预计股价将上涨，但在买进后股价却一直呈下跌趋势，这种现象称为多头套牢。相反，投资者预计股价将下跌，将所借股票放空卖出，但股价却一直上涨，这种现象称为空头套牢。

34. 轧空：即空头倾轧空头。股市上的股票持有者一致认为当天股票将会大下跌，于是多数人却抢卖空头帽子卖出股票，然而当天股价并没有大幅度下跌，无法低价买进股票。股市结束前，做空头的只好竞相补进，从而出现收盘价大幅度上升的局面。

35. 关卡：股市受利多信息的影响，股价上涨至某一价格时，做多头的认为有利可图，便大量卖出，使股价至此停止上升，甚至出现回跌。股市上一般将这种遇到阻力时的价位称为关卡，股价上升时的关卡称为阻力线。

36. 支撑线：股市受利空信息的影响，股价跌至某一价位时，做空头的认为有利可图，大量买进股票，使股价不再下跌，甚至出现回升趋势。股价下跌时的关卡称为支撑线。

第四步（15分钟）　集中讲解

炒股的基本原则。

1. 不要盲目入市

很多人刚进入股市的时候都是很盲目的，不懂股票，也不明白股票的规律，"听风就是雨"，随便听从了亲戚朋友的几句话就胡乱买了股票，这样自然吃亏。许多股民甚至连基本的知识都不懂，就盲目入市，自然导致亏损。投资其实是一门很复杂的学问，有的投资者连基本的功课也不做，只知道红线是涨，绿线是跌；有的股民甚至完全靠直觉买股，什么股涨得多、拉得快，就买什么；有的股民靠四处打听所谓的"内幕消息"，用"耳朵炒股"……这些恐怕是造成许多股民尤其是新股民亏本的首要原因。

一个成熟的股民，一般都会坚持走自己的路。股市风云变化，如果大家都作一样的决定，那股市也就失去它的魅力了，你自然也不会从中得到挣钱的机会。股市如战场，一个好的股民，其投资计划一定要独立执行。长期这样，经验丰富了，自然会形成自己的炒股风格。然后根据自己的风格，坚持去做，去尝试，最终会获得可观的收益。但是对于初次试水的新手来说，不但选择入市的时机很重要，"入市"前的各种准备也是必不可少的。当前许多投资者特别是新股民，普遍存在以下的操作和心理问题：缺乏基本常识，没有经历风险教育和专业知识普及就盲目入市；没有止损和止盈意识，只会一味死守，跌了等解套，涨了还想涨；心理素质较差，追涨杀跌，存在浓厚的投机情绪等。而其中任何一个问题，都可能成为股市亏钱的原因。

2. 不要贪婪

2015年上半年，火爆异常的股市成了老百姓茶余饭后谈论的焦点，在这一轮牛市里。老股民欣喜若狂，新股民蜂拥而入，让股市又重新回到了几年前的发烫状态。但是，没有只涨不跌的市场，在这一轮气势如虹的上涨中，风险也在增大。股市如同凶猛的潮水，涨多高，就会落多低，大多数人只见到涨潮时的汹涌，可曾想到退潮后的狼藉？

华尔街一位著名的操盘手曾说："股市中赚钱很快，但亏钱也很快，而且，每次亏钱大都是我赚了钱洋洋自得之时发生的。"如果你没有经历过熊市的洗礼，一定要将避免风险放在第一位，将赚钱放在第二位。越是在股市火爆的时候，越是要提高警惕，因为这时，风险往往离我们越近。在股市中，不愿承担损失的人往往损失最多。比如，有的人在股市大跌之后，仍旧死抱着股票不放，期待着它终有一天能够回到原位，或者涨起来。结果一只股票，由64块跌到60块的时候，他不肯卖，跌到50的时候攥得更紧，跌到3块钱的时候还在指望它能有朝一日再涨到64块，不知道在一个人的有生之年，是不是能够等到这种奇迹？!

这样的例子给我们的启示就是：不要以贪得无厌的赌徒心态去操作股票，这往往得不偿失。如果你不能做到时刻清醒，那么就给自己一个死规定：一定一个止损线。只要损失达到10%～20%，无论如何都撤资，不管今后还会涨多少，都与自己无关。这是万不得已的做法，当然也可能是最保险的一种做法。索罗斯、巴菲特之所以成为金融市场的常青树，或多或少都在这条路上走过的。

3. 一定要用闲钱炒股

赵先生是在2006年席卷全国的"大牛市"中杀进股市的，他在某金融系统工作，家庭年收入8万元左右。2006年5月，根据朋友说的"内幕消息"，赵先生用全部资产10万元购买了某只股票，不到3个月股价涨了近20%。赵先生受了朋友的鼓动，于是又借10万元追加入市，其股票市值近22万元。赵先生高兴了没有多久，股市进入了震荡期，股价开始下跌，赵先生一直套到现在，如今股票只有7万元左右的市值。最最不幸的是，屋漏偏遇连夜雨，赵先生在最近的一次体验中，查出患病住院了，因为股票被套牢，赵先生手中没有现金可以周转，结果不得不向亲人朋友们借钱治病。

在赵先生炒股不成功的生涯里，他不但股票操作失利，还严重违反了家庭理财的两大原则：一是不能用保底的钱炒股；二是不能借钱炒股。股市有风险，投资需谨慎。作为股民时刻要牢记：炒股是理财之中附带的一种增值手段，它只能起到增值的作用，而决不能本末倒置，为了求得额外的增值，反倒危害了自己财产的保值。

4. 要掌握更多信息

被誉为股神的巴菲特，有一个重要的投资理念是"不熟不做"。因为巴菲特相信，长期而言，一家公司经营成功和它的股票价格上涨，两者之间有着必然的相关性。在没有研究、了解这个企业、这家公司的未来状况如何的前提下，巴菲特绝不会下注，这正是他多年在投资界屹立不倒的制胜法宝之一。他关心股票市场起伏波动的程度，不如他研究企业、研究相关行业的程度高。这也从另一个侧面告诉我们，多了解、多掌握一些与股民有关的政策信息、经济信息，更有利于我们淘金。

5. 选股贵精不贵多

投资的一个基本原则是分散风险，但这并不意味着我们炒的股票越多越好。把所有鸡蛋都放在一个篮子里固然不对，但是如果篮子过多，我们也一样会因为精力有限而照顾不好，顾此失彼，造成损失。所有普通投资者只要抓住其中的三到五个比较了解和熟悉的股票，长期地跟踪、关注，应该会有不错的收益。

第五步（30分钟）　仿真模拟

1. 指导矫正对象在计算机房安装模拟炒股软件；

2. 指导矫正对象打开模拟软件，输入用户名、密码，登录到主界面；

3. 浏览行情信息；

4. 分项介绍专业术语在软件中的显示和运用；

5. 模拟选股；

6. 模拟交易；

7. 计算盈亏，介绍资费；

8. 链接本节内容，答疑；

9. 退出软件，关闭计算机。

第六步（10分钟）　总结交流

矫正民警总结矫正内容，对矫正对象的突出表现给予点评，强化矫正对象对于理财风险的认识，讲明本次矫正作业与下一次矫正内容合并布置。

5.4.3 单次矫正活动评估

根据《矫正对象参与集中矫正活动效果评估分级评分标准》对矫正对象本次矫正活动进行评分，并结合《监督方活动记载表》和《矫正民警项目日志》对本次矫正活动的矫正效果进行评估。

同时，根据评估结果，对未达到矫正目标的矫正对象进行个别辅导，以尽可能保证总体矫正效果。

5.5 基金与互联网理财

5.5.1 矫正方案

矫正目标	熟知基金作为理财工具的特点，了解互联网理财的常识，正确认识互联网理财作为新生事物的特点，能够准确区分主流理财工具在风险性、收益性和变现难度上的特点
矫正量	2小时
矫正重点	准确认识基金、股票与互联网理财的关系以及主流理财工具的特点

干预措施	视听教学、实务指导、案例分析、小组讨论
实施步骤	讲解基金常识→介绍基金业务操作流程→互联网理财的现状→互联网理财的盈利模式分析→互联网理财的趋势分析→其他的常见理财工具简介→布置矫正作业

5.5.2 矫正过程

第一步（15 分钟）　视听教学

基金概述。

1. 基金的分类

（1）根据基金的总份数是否固定以及资金能否赎回，可分为开放式基金和封闭式基金。

①开放式基金不上市交易，该基金的总份数不固定，基金管理公司可以根据经营需要追加发放基金的份数，投资者可随时按照基金净值在银行等机构进行申购和赎回，它是基金中的主流。

②封闭式基金是指发行份额实现确定，基金规模固定，有固定的存续期，一般按照基金净值进行买卖，在证券交易场所上市交易，投资者通过证券市场（交易所）转让买卖的基金。封闭式基金的封闭期限是指基金的存续期，即基金从成立到终止之间的时间。

（2）根据投资风险和收益的不同，通常将基金分为平衡型基金、收入型基金、成长型基金。

①平衡型基金既追求长期资本增值又追求当期收入风险和效益比较中性。

②收入型基金是以追求当期收入为投资目标的基金，成长性较弱，风险也较低，适合保守的投资者和退休者。

③成长性基金是以追求资产的长期增值和盈利为基本目标，投资于具有良好增长潜力的上市公司股票或其他证券等。

318

（3）根据组织形态的不同，基金可分为公司型基金和契约型基金。

①证券投资基金通过发行基金股份，以成立投资基金公司的形式设立，称为公司型基金。

②由基金管理人、基金委托人和投资人三方通过基金契约设立，称为契约型基金，也称信托型投资基金。目前我国的证券投资基金为契约型基金。

（4）根据投资对象的不同，基金可分为股票基金、债券基金、货币市场基金等。

①股票基金主要投资股票。

②债券基金投资债券，收益很稳定，但不高。

③货币市场基金投资于到期日不超过1年的债券和央行票据等，收益更为稳定，可比定期存款略高些，几乎不存在亏欠的可能性。它是介于银行存款和其他各种证券投资基金之间的一种理财工具，具有高安全性、高流动性和高稳定性，在国外被称为准储蓄，收益率较低。它与银行储蓄是有差别的。银行存款利息收入要交20%的利息税，但货币基金所获得的收入可享受免税政策；银行储蓄利率固定，而货币市场基金随每天市场利率变化，每天收益不同。

2. 基金的特点

证券投资基金都具有如下的特点：

第一，专业管理、专业投资、专业理财。

第二，投资起点低、费用低，方便投资。

第三，组合投资，分散风险。

第四，流动性强，安全性好。

3. 基金的投资方式

基金的投资方式有两种：单笔投资和定期定额投资。定期定额投资就是投资者向基金销售机构于每月提交定期定额申购业务申请，每次申请日期固定，申购金额固定，由销售机构于每月约定的申购日期，在投资者制定基金账户内自动完成扣款和基金申请的一种投资方式。这种投资方式类似于银行储蓄"零存整取"的方式。例如每隔一段固定时间（每月 20 日）以固定的金额（每月 200 元）投资于同一只开放式基金。

第二步（30 分钟）　实务指导

在本部分，集中讲解基金理财的实务，采用课件引导的方式，向矫正对象介绍基金操作的基本流程。

1. 基金的开户

投资者在参与开放式基金认购、申购、赎回等业务之前必须到基金公司的销售机构网点去申请开立基金账户。各销售机构在受理个人投资者开立基金账户的申请时，会要求其向销售机构提交开户申请表和如下资料：

（1）本人有效身份证件（身份证、军官证、士兵证、护照等）的原件及复印件；

（2）预留印鉴卡；

（3）填妥的业务申请表；

（4）指定银行账户的证明文件及复印件；

（5）代办人有效身份证件原件及复印件和本人的授权委托书（如非本人亲自办理）。

除了开立基金账户，投资者还要开设资金账户。资金账户是投资者在基金销售机构开立的用于认购、申购、赎回等基金业务的结算账户。

2. 基金的认购、申购和赎回

（1）认购是在基金募集期内，投资者申请购买基金单位的行为。投资者在募集期内可以多次认购基金份额，已经正式受理的认购申请不能撤销；对于认购申请，投资者应及时在申请后的第 2 个工作日查询确认申请成功还是失败，并在基金认购期结束。

（2）申购是投资者在开放式基金成立之后购买基金单位的行为，投资者也可以多次申购。

（3）赎回是指基金持有人按基金契约规定的条件，要求从基金管理人处购回基金单位的行为。

3. 基金投资常见的误区

（1）暴富和贪财心理。很多人买基金和买股票一样都存在一夜暴富的心理，还有的投资者为了赚大钱，不惜把自己买房子的钱、养老的钱都投了进来，这种心态是很不正确的。无论是买股票还是基金，投资者都应该把它看做是一种投资，既然是投资，就会有成功有失败，就会有风险，所以在投资基金之前一定要认清楚这个事实，调整好自己的心态。

（2）买基金稳赚不赔。买基金稳赚不赔的想法是对基金风险认识的不足。只要是投资就会存在风险，这种风险来源于投资品种自身，也来源于操作者个人。

（3）基金有贵贱之分。有人认为基金有贵贱之分，新基金便宜，老基金贵。其实不然，基金只有收益高低之分，投资者购买的是基金投资价值，而不是价格。

（4）基金分红越多越好。基金分红应该是择机为之，不是越多越好；也不是不分红就好。对于十分看好的基金并且打算长期持有，就应该选择红利再投资，可以扩大投资并节省申购费；对于赎回的基金可以选择现金分红，碰上大比例分红可以节省一笔赎回费。而且开放式基金只有在看淡后市的情况下，才需要进行高额分红。

（5）在银行买基金最放心。基金的销售渠道很多，使用其他渠道购买能得到专业、全面的服务。

（6）基金数目过多。很多基民为了赚到钱，购买了很多个基金，没有一个核心的组合，数目过多，有的基金表现过好或过差；或是持有同种特征的基金，没有进行良好的选择，不能对冲风险。

（7）盲目赎回。许多人在净值涨了以后就赎回基金，造成另外一些人跟随赎回，认为他人赎回会造成净值下跌，造成自己的损失。

（8）频繁申购和赎回。基金是一种长期投资的工具，频繁买卖，做波段式炒作，只会增加投资者的手续费。

4. 基金投资注意事项

（1）在股市震荡的情况下，投资者应该投资于一些较为稳健的基金品种，或是进行分散投资，形成一种投资组合，不宜大量持有进攻型基金，免受损失。

（2）基金投资者应该在投资前进行一些相关了解，投资后应多了解一些基础知识，并坚持经常不断增强自己投资分析的能力，不应认为既然有专家理财，就不管不问。

（3）对基金投资应有足够的耐心，坚持长期持有。

（4）选择基金，实际上选的是背后的基金公司、基金经理、整个团队，所以应根据以往的业绩表现选择优秀的基金品牌。

（5）了解自己真正的投资需要，正确看待风险，建立合理预期。

（6）无论买卖何种基金，都不要轻信他人之言，要自己认真分析，作出判断。

（7）不要把净值高低作为选择基金的唯一标准。

第三步（40分钟）　集中教学

1. 互联网理财现状

2013年是互联网金融元年。2013年6月，余额宝的横空出世，将货币基金和互联网理财相结合，在2013下半年迅猛发展，不断刷新规模，在短短的几个月时间里，阿里旗下的天弘基金就已一跃成为中国规模最为庞大的公募基金。

在2014年1月15日，天弘基金突破2500亿元。在强大的示范效应下，基金公司、互联网平台纷纷推出各类"宝"加入混战，一场由互联网繁荣与金融自由化所引发的互联网理财革命正在走近千家万户。由于互联网的便利，移动终端的普及，人们生活状态的转变，使得互联网理财在人群中的推广越来越迅速。与此同时，理财产品的设计理念悄然发生变化，拥抱互联网的思维开始渗透其中，商家越来越注重客户的需求，使传统货币基金摇身一变成为时尚的活期理财工具，短期理财基金重新包装定位为团购存款概念等。然而当纷繁多样的互联网理财产品蜂拥而至时，如何正确认识和选择却也容易让投资者陷入"选择恐惧症"的迷茫。

（二）互联网理财产业链分析

互联网理财产品可以分为四种：货币基金支付应用，团购概念短期理财基金，固定收益类分级优先份额，互联网补贴应用产品。经过分析货币市场基金在互联网理财中应用最为广泛，这是由于首先货币基金兼具投资、消费属性，相比其他只有投资属性的产品而言，更能博得用户的青睐。其次，目前存款利率的金融管制较为严格，相比于活期存款，互联网理财有着较高的收益率水平，相对于活期存款有明显的替代作用。下面，我们基于货币基金对当前互联网理财产业做出分析研究。

余额宝通过6%的返还率来集中支付宝用户的资金，再通过其母公司阿里巴巴旗下的天弘基金创建货币基金并投资国债、票据银行等。相对银行，余额宝以8%的高利率放贷给银行，从中赚取2%。而银行却是以0.3%利率集中资金，然后以10%的利率贷款给企业和个人，从中赚取9.7%（以活期来说）。

互联网理财的主要盈利方式是由特定的货币基金投资银行协议存款债券获得。截至 2013 年末，余额宝收入为 20.14 亿元，收入来源结构中，存款利息收入占比 93%，而债券利息收入和其他收入分别占比 4% 和 3%。余额宝基金投资结构中，投资银行存款占比 92%，投资债券占比 7%，投资占比 1%。其中，余额宝投资银行存款的结构中，主要以定期存款为主，1 个月以内、1~3 个月和 3 个月以上定期存款分别占 29%、48% 和 23%。活期存款仅占 0.05%。

至于余额宝在银行存款方面的高收益分析需要引入银行协议存款的概念，协议存款是指针对起存额度非常大的资金开办的人民币存款品种。协议存款由于非常高的起存额度而享有比较高的存款利率，这种利率近似于银行同业间的拆借利率，接近市场真实利率。而银行通过超大额度的注入资金，也极大地节约了传统渠道揽储成本。余额宝通过互联网积小成大，将小笔资金汇聚成超大额资金，然后通过协议存款方式获得较高的存款收益率，再返还给用户。

2013 年，余额宝的总费用是 2.24 亿元，占收入的 11%，剩下的 89%（17.9 亿元）就是余额宝用户能得到的净利润。在费用中，支付给余额宝的管理人天弘基金是 1.9 亿元（占费用的 85%），其中管理费用和销售服务费分别是 1.04 亿元和 0.87 亿元的，分别占费用的 46% 和 39%；基金的托管人中信银行得到了 0.28 亿元的托管费。余额宝起到银行与储户之间的中介作用，并由此盈利。如果说支付宝起到在互联网上联系商户与银行的第三方支付平台作用，那么余额宝可以称为第三方投资平台。

第四步（30 分钟）　对比分析

1. 互联网理财的核心竞争力

（1）超高收益率

考虑一种金融投资理财产品，收益率是该产品的核心竞争力。

2013年，互联网理财产品当前年化收益率大多处于6%～7%左右，在4月份基本维持在5.5%左右。不但远高于银行存款利率，也高于货币市场基金整体收益水平。如此高收益率使得银行存款、特别是利率只有35个基点的活期存款失去了吸引力，使得资金从银行系统流出。

（2）T＋0取现

目前，互联网理财产品多挂钩可当日取现（T＋0）的货币市场基金。这种T＋0基金伴随互联网理财而产生，与传统货基的最大区别就是由赎回后最多3天到账改为赎回当日到账，甚至连节假日和午夜也基本能做到实时取现。T＋0取现功能的创新使投资者几乎没有任何流动性损失，在支付和提取便利上实现了以往只有银行活期存款才具备的功能，因而一定程度上实现了对活期存款的代替效应。

（3）低门槛理财

与传统理财产品动辄数万甚至数十万的认购起点金额相比，互联网理财相对来说几乎没有门槛限制。大部分互联网理财产品起认金额仅为100元，部分产品甚至仅有1元起认金额，认购额可以细化到0.01元。如此低门槛为无法享受传统金融行业服务的人群提供服务，具有普惠金融的特征。例如，支付宝年度对账单显示，使用余额宝最多的群体是23岁人群。没有门槛的互联网理财方式将这些人的闲散资金集合在一起，呈现出"门槛低、金额小、规模大"的特征。

（4）平台优势着重用户体验

互联网理财平台对比传统银行和基金理财产品具有独到优势：一是平台优势显著，互联网平台让庞大的互联互通客户群人人互联，用户之间产生的连锁反应比广告的传播效果要好得多，使得互联网理财产品的推出可以实现爆发式增长。二是注重人性化沟通，互联网理财尽可能的化繁为简，通过清晰、互交式的信息沟通方式将复杂的信息抽象化，并通过用户可接受的、自然的方式简化操作环节。

2. 互联网理财面临的挑战

（1）银行业利益受损并寻求反击

多家银行相继出台措施，对银行资金快捷转入余额宝进行限制。工商银行将单日储蓄卡转至余额宝的上限降低到5000元，单月总限额度为5万元。农业银行日限额度为1万元。但这种措施在一定程度上效果并不大明显，余额宝用户主要集中在小额度方面，天弘基金年报显示，截至2013年末，余额宝全部投资为个人投资，户均持有余额为4307元，虽较之前有了很大提升，但依旧控制在相对较小数额。

（2）垫付资金压力大

互联网基金如今面临流动性成本逐渐增大的困难。互联网理财所做到的资金T+0到账，并不是货币型基金的结算方式、技术出现了变革，而是通过基金公司以自有资金为客户提前垫资而实现的。也就是说规模越大，垫付资金的压力越大，一旦出现大规模的赎回，超过基金公司垫资的能力，基金公司无力承担，就会对公司产生很严重的负面影响。而且，目前货币型基金享受协议存款提前支取不罚息的优惠政策，今后一旦该项优惠政策被取消，货币基金将面临重大考验。所以这些风险都对基金公司在与各类"宝"挂钩的货币基金的流动性管理上提出了更加严格的要求。

（3）政策的不确定

互联网理财是对银行存款业务构成最大威胁的互联网金融业务之一。互联网理财业务最大的创新点在于通过互联网技术汇聚分散的小额资金，从而享受大额资金的投资待遇并得到中低端用户的青睐。互联网理财通过投资货币基金形成较为稳定的利润分配，盈利模式更多依赖于银行的协议存款以及各类债券的投资。基于自身门槛低、高收益、良好的用户体验等优势，互联网理财正在迅速的发展并对传统金融业产生一定冲击。在迅速扩张的同时，互联网理财也面临了一些发展阻碍，盈利方式的单一性，利润来源可能被阻击，政策的不稳定都为其未来前景增添了不稳定性。然而，相信互联网理财作为一种新兴理财产品仍然有良好的发展前景。

3. 互联网理财与其他理财工具的对比

理财工具	起点	安全性	获利性	变现性
互联网理财	低	中	高	中
银行储蓄	低	高	低	好
保险	中	高	中	中
股票	中	低	高	好
基金	中	中	中	中
房产	高	高	高	差

第五步 布置作业

一、判断题。对于下面的表述，如果你认为是正确的，请在前面的（ ）里打钩；如果你认为是不正确的，请在前面的（ ）里打叉。

（ ）1. A股是人民币普通股票，只能用人民币购买

（ ）2. 股票一旦购买，即不可赎回或者偿还

（ ）3. 普通股票每天的涨跌幅不能超过5%

（ ）4. 股票的价格容易收到经济政策的影响

（ ）5. 基金宜长期持有，不宜频繁炒作

（ ）6. 理财要注意分散风险，不能把鸡蛋放在同一个篮子里

（ ）7. 购买基金越便宜越好，新基金比老基金好

（ ）8. 余额宝理财具有起点低、安全性好、收益率高的特点

二、请你根据近期所学的理财知识，对下表中的理财工具从安

全性、获利性、变现性三个角度充分考虑，然后用"高、中、低"或者"好、中、差"填空。

理财工具	安全性	获利性	变现性
银行储蓄			
分红保险			
股票			
基金			
互联网理财			
房产			

5.5.3 单次矫正活动评估

根据《矫正对象参与集中矫正活动效果评估分级评分标准》对矫正对象本次矫正活动进行评分，并结合《监督方活动记载表》和《矫正民警项目日志》对本次矫正活动的矫正效果进行评估。

同时，根据评估结果，对未达到矫正目标的矫正对象进行个别辅导，以尽可能保证总体矫正效果。

5.6 "代币制"模拟理财训练（第四次）

5.6.1 矫正方案

矫正目标	帮助服刑人员感受真实的社会理财生活，增强体验感，以实战提高技能、巩固知识理念
矫正量	2小时
矫正重点	强化矫正对象分散投资的意识
干预措施	情景模拟、点评讲解
实施步骤	计算到期储蓄及理财产品收益→理财产品收益兑现说明→兑现到期储蓄及理财产品本息→计算收益损失→回顾分散投资相关知识→督促记账

5.6.2 矫正过程

第一步（10分钟）　计算所有储蓄及理财产品收益

1. 按储蓄各期限利率计算所有结余储蓄应得利息。

2. 按第三次课所申购模拟理财产品期限和利率，计算结余理财产品的利息。

第二步（10分钟）　理财产品收益兑现说明

受经济形势和投资策略影响，第三期理财产品中"保利3号"收益率为0%；观察矫正对象反映。

第三步（40分钟）　兑现到期储蓄及理财产品本息

矫正对象按计算完成的先后顺序排队办理储蓄和理财产品兑现业务。

第四步（20分钟）　计算收益损失

指导申购"保利3号"理财产品的矫正对象按其他两类产品的收益率，分别计算因购买"保利3号"理财产品而造成的损失。

第五步（30分钟）　回顾分散投资相关知识

1. 请第三次课申购两类以上理财产品成功规避申购"保利3号"理财产品风险的矫正对象谈谈经验；

2. 引导矫正对象回忆分散投资相关知识，重申分散投资、规避投资风险的重要性。

第六步（10分钟）　督促记账

督促矫正对象将兑现的储蓄、理财产品本息；重新办理的储蓄、申购的理财产品数额；领取的工资和上缴的生活费用等相关数据详细记录到记账本上。注意收支分类。

5.6.3 单次矫正活动评估

结合《监督方活动记载表》和《矫正民警项目日志》对本次矫正活动的矫正效果进行评估。同时，根据评估结果，对未达到矫正目标的矫正对象进行个别辅导，以尽可能保证总体矫正效果。

5.7 模拟超市购物（第二次）

5.7.1 矫正方案

矫正目标	通过模拟理财训练的收益可以用来在模拟超市中"购买"物品的项目设定，促使矫正对象更加认真地对待矫正课程，并培养其根据所学理财知识进行合理理财的习惯 通过对"购买"物品品种的限定和教育引导，使矫正对象认识到钱财的获得来之不易，明白合理理财，更要注重理性消费
矫正量	2 小时
矫正重点	培养矫正对象理性消费的习惯
干预措施	模拟训练、知识讲解
实施步骤	课前准备→"模拟超市物品征集意见表"进行讲评→宣布《模拟超市购物制度》并公示商品价格→组织矫正对象根据《模拟超市购物制度》进行物品购买→统计与点评

5.7.2 矫正过程

第一步 课前准备

提前一周向矫正对象发放模拟超市物品品种征集意见表并回收。

模拟超市物品品种征集意见表	
姓名	拟购买物品

课前对矫正对象的意见进行汇总整理，将矫正对象的购买需求按生活必需品、生活改善型物品、生活享受型物品进行分类。结合监狱的具体要求和矫正对象的理财收益购买力，合理的采购超市货品。

另外，在本次超市的物品设置中，增加啤酒、香烟、麻将牌等违禁品作为检验矫正对象恶性消费的刺激物。

330

第二步（10分钟） 对"模拟超市物品征集意见表"进行讲评

针对矫正对象购买需求的分类进行讲评。对要求购买生活必需品和生活改善型物品的行为予以鼓励，对要求购买生活享受型物品的要求予以指导，对个别妄图购买监狱明令禁止的违禁品的行为予以严肃批评。

第三步（10分钟） 宣布《模拟超市购物制度》并公示商品价格

《模拟超市购物制度》见《模拟超市购物（第一次）》。

第四步（70分钟） 组织矫正对象根据《模拟超市购物制度》进行物品购买

组织矫正对象进行物品购买，在此过程中，要严格按照《模拟超市购物制度》的相关要求执行，矫正民警不可对矫正对象的购买能力计算及资金的分配予以帮助和指导。

对矫正对象关于是否可以购买啤酒、香烟、麻将牌等违禁品的询问予以标准回答：请按照模拟购物制度进行购买。

在购物结算阶段，要准确计算每一名矫正对象的购物总额，对购买违规、违禁物品的行为，要严格要求扣除其所购买的物品。

第五步（30分钟） 统计与点评

对矫正对象购买的物品进行统计，除统计"只购买生活享受型物品""购物超出购买力""购物未充分使用所持代币"的行为外，重点关注个别服刑人员购买违禁品的行为。

针对矫正对象的购物行为进行点评，表扬在模拟超市购物环节中可以清晰、科学规划自己购买力的矫正对象，对"购物超出购买力""购物未充分使用所持代币"的行为予以引导，对"只购买生活享受型物品"的行为予以批评。

针对个别服刑人员未能在模拟超市购物中抵御诱惑，购买违禁品的行为予以重点批评和教育。

5.7.3 单次矫正活动评估

结合《监督方活动记载表》和《矫正民警项目日志》对本次矫正活动的矫正效果进行评估。同时，根据评估结果，对未达到矫正目标的矫正对象进行个别辅导，以尽可能保证总体矫正效果。

5.8 阶段五评估

总结本阶段的《矫正对象单次矫正活动综合评分》《监督方活动记载表》及《矫正民警项目日志》，对本阶段矫正效果进行综合评估。

通过以下三个方面对矫正对象消费习惯的矫正情况进行评估：

1. 矫正对象狱内消费总额

统计矫正对象在矫正开始前一个月及最近一个月的狱内消费总额，使用 SPSS 软件对数据进行独立样本 t 检验和配对样本 t 检验。

2. 矫正对象狱内不良消费比重

依据"该物品在服刑人员改造生活中的必需程度"，将服刑人员的可开账物品分为三类：生活必需品（如毛巾、牙膏、卫生纸等）、生活改善型物品（如牛奶、蜂蜜等）、生活享受型物品（如各种饼干、饮料等）。其中，"生活享受型物品"在消费中所占比例即为该犯狱内不良消费所占的比重。

统计矫正对象在矫正开始前一个月及最近一个月的狱内不良消费所占比重，使用 SPSS 软件对数据进行独立样本 t 检验和配对样本 t 检验。

3. 矫正对象行为训练中的消费情况

统计矫正对象在模拟超市购物（第一次）、模拟超市购物（第二次）和"情满中秋，为爱献礼"矫正活动等三次活动中的消费情况，进行总结评估。

阶段六　矫正总结

【矫正目标】引导矫正对象正确认识和把握自我，培养罪犯诚实劳动，踏实工作，学会理财，谨慎投资，幸福生活的信心和能力。通过后测获得矫正对象与矫正前测相对应的测试数据。

【矫正内容】

（1）"彩虹希望，炫色明天"出监生涯规划；

（2）最后一课：千万别说你有钱；

（3）《理财能力评估测试卷》后测；

（4）阶段六评估。

【矫正量】3次，共5小时。

【干预措施】视频教学、情景教学、知识讲解、故事分享、小组讨论。

6.1 "彩虹希望，炫色明天"出监生涯规划

6.1.1 矫正方案

矫正目标	及时调节和把握自己，做好充分的心理准备，从容回归社会，适应新的生活，做到诚实劳动，踏实工作，持续积累，学会理财，谨慎投资，规划好一生
矫正量	2小时
矫正重点	本次矫正活动为修正增加的内容。实验组循证矫正对象将有6人于2016年1月13日刑满，大部分也将在近两年内刑满，因此帮助这些罪犯及早规划刑满后的生活十分重要。重点是阐述出监前期的常见心理问题和心理问题的调适方法，传授刑满后的自我规划与自我激励措施

干预措施	视频教学、团体交流、知识讲解、歌曲赏析、微分享
实施步骤	知识讲解：服刑人员刑释前不良心理表现→知识讲解：不良心理自我调适及应对方法→微分享：《一别，便是一生！一辈子，30000 天》→集中授课：对未来的自我规划与自我激励→歌曲音视频赏析《醒来》

6.1.2 矫正过程

第一步（20 分钟）　知识讲解：服刑人员刑释前不良心理表现

服刑人员刑满释放前的半年至一年里，会打破服刑中期的平静，心理出现不安，此阶段心理的主要特征是情绪波动较大。出监前期常见的心理问题有：

1. 欣喜与忧虑的冲突

面临即将回归社会，与家人团聚，服刑人员大多欣喜激动，这是对新生自由的渴望，也是对美好生活的向往。但如何安排出狱后的生活，如何适应久违了的社会生活等一列问题又萦绕在心头，总觉得没有着落，不踏实。还有的平常思念亲人，真要回到亲人身边又陡生畏惧之感。所以，大多数出监前期的服刑人员存在既欣喜又忧虑的心理冲突。

2. 自卑与自尊的冲突

自卑是因为自己曾是服过刑的人，在别人面前抬不起头；自尊是因为自己还是个要脸面的人，不能被人瞧不起。尤其是入监前是知识分子、有一定社会地位的服刑人员，这种不安的冲突心理更为突出。

3. 守法与违法的冲突

绝大多数的刑释人员经过服刑改造后，建立了新的道德观念和行为准则，但由于某些社会不正之风的存在，加之心存嫉妒、报复心理，使刚刚建立起来的生活信念和人生准则发生动摇，面临守法与违法的考验。

4. 放松与约束冲突

据调查，出监前期的服刑人员违纪率比正常改造的犯人高 10% 左右，其中一个重要原因是犯罪意识淡化，纪律观念松懈。有的认为多年的服刑都过来了，进入后期改造了，没有必要再苦自己了，只要不严重违规违纪，有点小毛病没什么了不起的，没有功劳还有苦劳呢，就出现了纪律松懈、不遵守制度、完不成生产任务的现象。有的甚至不顾以前所挣的奖励基础，为了一时逞强铤而走险，与他人发生冲突，直至严重违反了监规纪律，自己受到了应有的惩罚。

另外，个别出监前期的服刑人员还存在一些不良心理和态度。

一是报复心理。对执法者、被害人、检举人、证人一直怀恨在心的服刑人员，刑满释放前怀着一颗报仇的心，开始筹划报复的计划，因而心绪难平。

二是"重操旧业"心理。对于那些混刑度日的服刑人员来说，急切地盼望着自己早日重返社会、"重操旧业"。

三是无所谓心理。部分服刑人员犯罪时就抱有侥幸心理，逮着是你的，逮不着是我的。特别是刑期较短的，更不在乎，认为早走几天晚走几天无所谓，反正差不了多少，到期走人就行。有的幼稚的人认为，在监狱有吃、有穿、有住，出去也得挣饭吃，在哪都是吃饭，什么时候出去顺其自然。个别对前途失去信心的人认为，自己与世无争，当一天和尚撞一天钟，甚至可以不撞钟，自生自灭，怎么都是一生，甚至产生不思回归的心理。

第二步（20 分钟）　知识讲解，不良心理自我调适及应对方法

服刑人员出监前期有各种各样的心理冲突，都是正常的心理反

应，问题的关键在于如何调节和把握。及时调节和把握自己，做好充分的心理准备，就能从容回归社会，适应新的生活。做好出监前的心理调适至关重要。

1. 善始善终，贵在有恒

临近出狱心情激动喜悦是人正常的情绪反应，这是无可厚非的，但每个服刑人员都要静下心来，在监狱呆一天，就要改造一天，就要以一个犯人的要求规范自己一天。

2. 理清头绪，做好心理准备

刑释回归前总要考虑这样或那样的问题，这是自然的。面对一大堆问题，一要逐项列出来；二要认真思索哪些问题可以考虑，哪些问题可暂不考虑；三是给应该考虑的问题，设计若干方案，仔细分析、选择那些正确的方案。服刑人员还应通过各种渠道了解、熟悉、掌握自己将要回归地域的经济、政治、文化信息资料。通过阅读当地报纸，收听收看广播电视，阅读图书资料，通过接见、通信了解家乡近期发生的变化，改革开放的形势，尽早消除与家人、亲友的感情隔阂，尽快熟悉回归社区的情况，消除陌生感。

3. 面对歧视，坦然应对

罪犯刑释回归家乡绝不可能受到敲锣打鼓的夹道欢迎，遇到他人的歧视，这是一种正常的社会现象。假如回归社会后，以一个崭新的自我去生活，做一个安分守己、奉公守法的公民，谁还会歧视你？

4. 强化自信，消除自卑

因为犯罪带来一系列消极影响而产生自卑感，担心出狱后无立足之地，自卑感相对严重，这都是正常的。但长期持有自卑心理，只能使自己意志消沉，不思进取，甚至心灰意冷，厌世轻生。要解脱这种自卑感，首先要培养自己的自信心。自信心来源于对生活的热爱和追求。要相信每个人都有自己的人生价值，且经过努力就会实现。

5. 控制自我，增强社会适应能力

据调查，回归社会后一年内是刑释人员重新违法犯罪的"危险期"和"高峰期"，因此，要学习运用"正面强化""主动回避""自控""知足"等方法，增强社会适应能力，避免重新犯罪。

"正面强化"就是继续对其不良心理进行抑制和弱化，保持心理健康。

"主动回避"就是遇到不利因素影响时，应主动予以回避，防止诱发不良后果。这种回避不是无能，也不是胆怯，而是一种理智的自我保护意识。

"自控"就是增强自我控制意识和能力，以保持心理健康和平衡。增强自控力的方法很多，如自我提示法。民族英雄林则徐就是典型的一例，林则徐常因不平事而怒发冲冠，但他明白光发怒也解决不了问题，遇事要善于自控为此他写了"制怒"的字幅悬于堂上，抬头就能看见，以此来提醒自己要冷静处理问题。再如缓解法，遇到一些不急于解决或现场气氛不可能解决的问题时，不妨先搁置一旁，待双方心平气和时再解决。还有以静制动法，当双方发生争执时，可沉住气，让对方尽情地宣泄，因为没有刺激，对方的急躁情绪很快就会弱化衰竭，此时可掌握住主动权，讲清道理。

"知足"就是对现实生活的满足感，俗话说"知足者常乐"。但这种知足不是被动、消极、无奈和不思进取的，而是面对现实的、积极的，是保持心理平衡所必需的。有了知足感才会感到现实生活的意义和幸福，有了知足感才会热爱生活和人生。因此，刑释人员对新生活首先要有知足感，在此基础上再根据自己的能力和条件，追求高层次的满足。

第三步（20 分钟）　微分享：《一别，便是一生！一辈子，30000 天》。

请大家看一幅画册《一别，便是一生！一辈子，30000 天》，然后算一算：假如人一生活 83 岁，那么人一辈子能活多少天①。

点评：

一别，便是一生；一辈子，30000 天。

一辈子，三万天。

刚一看到这个数字，我不由得吃了一惊。

人生，真的只有短短三万天吗？

于是，马上拿起笔算。

$30000 \div 365 = 83$（年）

果然，如果活到八十三岁，

大概只有三万天。

强调：

除了工作、学习、赚钱外，生活本是丰富多彩的，大家要学会感悟生命，珍惜生命，刑满释放后尽快适应就业、创业形势，顺利融入社会生活。

第四步（50 分钟）　集中授课，对未来的自我规划与自我激励。

那么，回归社会后，该怎样规划新的人生呢？我们先来看一幅"生涯彩虹图"：

---

① 画册内容请参见 http：//www. 360doc. cn/article/903511＿426410820. html.

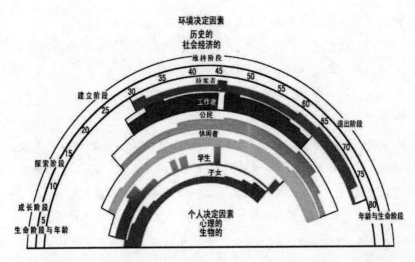

  "生涯彩虹图"形象地展现了生涯发展的时空关系，更好地诠释了生涯的定义。

  横向层面代表的是横跨一生的生活广度。彩虹的外层显示人生主要的发展阶段和大致估算的年龄：成长期（相当于儿童期）、探索期（相当于青春期）、建立期（相当于成人前期）、维持期（相当于中年期）以及衰退期（相当于老年期）。

  纵向层面代表的是纵贯上下的生活空间，由一组职位和角色所组成。舒伯认为人在一生当中必须扮演九种主要的角色，依次是：儿童、学生、休闲者、公民、工作者、夫妻、家长、父母和退休者。各种角色之间是相互作用的，一个角色的成功，特别是早期的角色如果发展得比较好，将会为其他角色提供良好的关系基础。但是，在一个角色上投入过多的精力，而没有平衡协调各角色的关系，则会导致其他角色的失败。在每一个阶段对每一个角色投入程度可以用颜色来表示，颜色面积越多表示该角色投入的程度越多，空白越多表示该角色投入的程度越少。

  "生涯彩虹图"的作用主要是对自身未来的各阶段进行调配，

做出各种角色的计划和安排，使人成为自己的生涯设计师。

没有规划的人生不足以言人生。服刑人员刑释后更重要的是规划好自己的职业生涯。先来分享一则故事。

美国一个年轻人从法学院毕业以后，买了一本书，书名为"如何管理自己的时间和生命"。书里说把你一生想要做的事情列成一个表格，然后根据你的目标列出你的具体行动。这个人回到家里，列出了自己的人生目标。他说："我要做一个好人，娶一个好老婆，养几个好孩子，交几个好朋友，做一个成功的政治家，写一本了不起的书。"然后他在每一项目标底下列出具体的行动，这个人凭着这本书和对人生的计划，做到了美国的总统，他就是克林顿。

他是一个出身卑微的遗腹子，却全凭个人奋斗登上了美国政治权利的顶峰；他的八年总统任期几乎都是在与对手的政治斗争中度过，却取得了美国历任总统中仅次于林肯和肯尼迪的政绩；他因性丑闻遭到弹劾，却仍然是一位举世公认的偶像人物。

克林顿出生于一个普通的家庭，但他通过制定一系列的行动计划来管理自己的时间和生命，从而登上了美国政治权利的顶峰，成为了一个"自我造就的总统"。毫无疑问，克林顿所制定的计划与措施是相当有效的，从而保证了职业目标的实现。

服刑人员职业生涯规划有很多方法，其中最集中体现目标定位原则的方法是职业目标递进分解法。目标分解是将目标清晰化、具体化的过程，是将目标由概念量化成可操作的实施方案。一般来说，服刑人员应根据个人的专业、性格、气质、价值观以及社会的发展趋势，把职业发展目标分解为有时限性的长、中、短期分目标，按照时间的维度，层层递进，不断地分解。具体可以分解为：职业发展长远目标和十年、五年、三年、一年或月、日职业发展目标。

1. 职业发展长远目标。主要解决"今生今世你想干什么""想成为什么样的人""想取得什么成就""想成为哪一专业的佼佼者"等人生发展的定位问题。

2. 十年大计。主要解决"今后十年，你希望自己成为什么样的人""出狱后要从事什么样的事业""将有多少收入""计划多少固定资产投资""想过上什么样的生活"等定位问题。

3. 五年计划。制定五年计划的目的，是将十年大计分阶段实施，并将计划具体化，将目标进一步分解。

4. 三年计划。在五年计划的基础上，进一步分解落实，把目标转化为可供落实的行动指南。

5. 年度计划。制定出一年的计划，以及实现计划的步骤、方法与时间表，做到具体、切实可行。年度计划在长期计划和短期计划之间起到过渡与平衡的作用。

6. 月度计划。包括当月计划做的事情，应完成的任务、质和量方面的要求。

7. 周计划。周计划是对月计划的进一步分解和落实，关键在于具体、详细、切实可行，一般应在每周末提前计划好下周的计划。

案例分享：服刑人员××的出监生涯规划。

团体交流：每人说一说自己的出监生涯规划。

第五步（10分钟）　音视频赏析《醒来》。

播放视频《醒来》加歌词。

刚才播放的视频中几句歌词无不在提醒我们人生的短暂：

从生到死有多远，呼吸之间；从迷到悟有多远，一念之间；

从爱到恨有多远，无常之间；从古到今有多远，笑谈之间；

从你到我有多远，善解之间；从心到心有多远，天地之间。

结语：

真诚希望各位服刑人员出狱后诚实劳动，踏实工作，持续积累，学会理财，谨慎投资。

6.1.3 单次矫正活动评估

结合《监督方活动记载表》和《矫正民警项目日志》对本次矫正活动的矫正效果进行评估。同时，根据评估结果，对未达到矫正目标的矫正对象进行个别辅导，以尽可能保证总体矫正效果。

6.2 最后一课："千万别说你有钱"

6.2.1 矫正方案

矫正目标	促进罪犯掌握人际交往技能，学会和谐生活。帮助罪犯认清真正的财富是健康、平安、和谐
矫正量	2 小时
矫正重点	时间、金钱、健康、平安、和谐，现实生活中人们对幸福的期盼与理解会有巨大的差异。如何树立正确的金钱观，是拥有健康人生的必要条件。开展理财教育，并不意味着叫罪犯去赤裸裸地追求金钱，而是教育罪犯首先在人格上建立起巨大的财富，有尊严地活着，远离犯罪
干预措施	视频教学、团体交流、知识讲解、随堂提问
实施步骤	看视频《千万别说你有钱》→组织朗读《千万别说你有钱》解说词→提问观看视频后的感想→知识讲解：人际交往黄金法则→最后一课总结

6.2.2 矫正过程

课前打印《千万别说你有钱》解说词下发至服刑人员人手一份，自学，上课时带上。

第一步（10 分钟） 看视频《千万别说你有钱》，注意观察罪犯反应。

第二步（20 分钟） 组织矫正对象分步朗读视频《千万别说你有钱》解说词，促进矫正对象进一步消化视频内容。

服刑人员 A：【明星篇】

千万别说你有钱，百变天后梅艳芳身价不菲，却难逃宫颈癌的魔爪，这朵身世坎坷摇曳一生的女人花，终究随风而逝。

千万别说你有钱，商界富豪王均瑶富甲一方，生平叱咤商界无往不胜，盛世英才最终还是无力与肠癌抗争，从此一眠不醒。

千万别说你有钱，无论你是声名显赫的大腕明星还是一贫如洗的平头百姓，请不要忘记身体才是革命的本钱，没了健康，别的一切全是空谈。

服刑人员 B：【亲情篇】

千万别说你有钱，李刚之子李启铭嚣张跋扈，酒后肇事致人重伤，口吐狂言"有本事你们告去，我爸是李刚!"将这个时代狠狠烙上"拼爹"两个耻辱的字眼，殊不知再有钱再有权也难逃法律制裁。

千万别说你有钱，成龙之子房祖名集万千光芒于一身，影界龙头老大成龙，在年少无知涉嫌吸毒的儿子的面前，也只是一位慈爱宽容的父亲。放低身姿向社会大众公开承认错误，只求儿子获得重生，好好做人。

千万别说你有钱，无论你是为了钱权劳累的父母双亲，还是年幼轻浮的年轻浪子，请停下你狭隘肤浅的脚步，思考一下家人需要你的到底是优越的物质生活？还是温暖的精神关怀？

服刑人员 C：【爱情篇】

千万别说你有钱，有豪门阔少家财万贯，坐拥各路绝色佳人，真实版"后宫甄嬛传"不断上演。习惯性的为美人一掷千金，是情投意合真心相伴，还是如孩童般过家家玩乐消遣。

千万别说你有钱，无论你是备受专注的大人物还是无人知晓的小人物，请不要让这个物欲横流的世界，冲垮你内心的宁静安然。

服刑人员 D：【友情篇】

千万别说你有钱，有名人在酒宴上随意发表的不当言论，被曾与他称兄道弟的朋友偷拍，并将视频上传到网上，因而遭到各种口诛笔伐。你是否也被这种虚情假意的朋友捅过刀子？

千万别说你有钱，央视财经频道的知名主持人芮成钢，被检方带走后，那些他口中的名流朋友，有谁站出来替他说过话，向他伸出援助之手？你是否也曾不可一世的高估过自己的人脉圈？

千万别说你有钱，好好珍惜身边的朋友吧，有几个陪你哭陪你笑，陪你欢乐陪你忧的真心朋友何尝不是另一种富有？

服刑人员 E：【家庭篇】

千万别说你有钱，当你买名牌服饰跟朋友盲目攀比的时候；当你用拿来孝敬父母的钱给女朋友买奢侈品的时候；当你在价格昂贵的商场柜台前流连忘返的时候，你可知道父亲为了省下一元公交钱，每天骑着自行车上下班？母亲为了多攒几毛钱，每次拾捡别人喝剩的空饮料瓶？

当你在外面花天酒地骄奢淫逸的时候，是否还记得当年她不顾家人反对，与一无所有的你挤在那间只放得下一张床的小平房内打拼未来？是否还记得那夜你与朋友把酒言欢，当着众人的面发誓要让她过上好日子？难道现如今让她物质生活优越、精神世界空虚，你宁愿陪别人聊天也不愿意跟她多说一句话，就是让她过上好日子了吗？

服刑人员 F：【社会篇】

千万别说你有钱，当失事飞机上乘客生命突然湮没于那一刻的时候，你能否感受他们面临死亡的无助及其家属失去亲人的绝望？

千万别说你有钱，当天津滨海新区塘沽开发区爆炸声震惊全中国的时候，你能否感受到天津人民的悲痛欲绝以及众多消防官兵的从容就义？

344

千万别说你有钱，当伤亡事故在我们的身边不断上演，惨痛悲剧在我们的眼前不断发生，我们永远不知道，意外和明天，到底哪个会先来！

服刑人员 G：

在浩瀚无际的星河宇宙中，伟大抑或是平凡的你也只不过是沧海一粟，微乎其微。人，来时一丝不挂，去时一缕青烟。所以——

当你面对权势垂眉折腰的时候，

当你感觉现实和理想有差距的时候，

当你觉得委屈伤心无人理解的时候，

当你为了恩怨情仇耿耿于怀的时候，

当你为了利益得失斤斤计较的时候，

当你为了地位高低钩心斗角的时候，

你不妨静下心来，

清理一下心田的杂草。

用心关爱你以前没有好好珍惜过的人，

用心感受你以前没有在意过的事吧。

韶华易逝，红颜易老；浮华落尽，平淡归真。

第三步（20分钟）　提问，大家觉得视频讲了哪些内容？看了视频有什么感想？

……

看完视频，我有8句话送给大家：

别将压力看成动力，透支身体，累坏自己。——特傻！

别忘身体乃是本钱，没了健康，无法享用人生所有的乐趣。——特亏！

别将名利看得太重，浮华过后最终都是过眼云烟。——特真！

别以为能救命的是医生，其实是你自己，养生重于救命。——

345

特对！

别以为付出就有回报，凡事只有不计回报，方能践行以德报怨。——特灵！

别以为官比百姓牛，都要退，最终都是百姓。——特准！

别忽视了和你有缘的人，等繁华过去，你才明白很多人会离你而去，知己难觅。——特悔！

别以为问候会是打扰，常发微信给你的定是心里有你的人。——特实！

第四步（30分钟）　知识讲解：人际交往黄金法则

我们说人是集群性动物，良性的人际交往是阻隔人际冲突、越轨犯罪的根本方法，是和谐相处、幸福生活的基本技能，在理财能力训练的最后一课，我附带讲一下，与你们的经济生活密切相关、相辅相成的是人际交往和群体生活，帮助你们发挥理财知识，收获理财成果。

很多时候，人们往往善于忘记别人对自己的好处，而一旦出现无心的冒犯，却总是耿耿于怀，变成了话不投机半句多，甚至老死不相往来，想想我们身边是否有这样的事例。

一般我们把爱记仇的人称作小心眼，总爱戴着有色眼镜看别人，挑别人的刺，搞的同事关系紧张不说，自己过得更不愉快，这就叫损人不利己。

有人说过一句话，"你千万不要记恨别人，这样会让你遍体鳞伤，而对方却毫发无损，所以不要去恨别人"。

人生在世，要做想过得愉快，就要处理好两个基本的关系：一个是与物的关系，一个是与人的关系。

处理好与物的关系，就是要乐于享受有限的财富，做到知足常乐，人心不足蛇吞象，一个以牺牲自己人格换取物质的人，不论他拥有多少财富，处在多高的地位，都算不上是一个成功的人，因为他已经背离了做人的底线。

处理好与人的关系，要记住三句话："看人长处、帮人难处、记人好处"。

"看人长处"：

人无完人，每个人都有缺点，如果你总是盯着别人的缺点不放，你们的关系肯定好不了，反之，学会换位思考，多看别人的优点，你就会发现，越看别人就越顺眼，就能与人处好关系，就懂得用人所长。

一枝独秀不是春，百花齐放春满园。只有懂得与人友好相处的人，才能成事。懂得用人所长，你也就拥有了领袖的素质。

"学历是铜牌，能力是银牌，人脉是金牌，思维是王牌"。这句话是不是很有道理。学会了看人长处，你就握住了王牌！

"帮人难处"：

就是在别人困难的时候，一定要伸出你的援助之手，也可能是举手之劳，也可能需要一定的付出，只要力所能及就好。

锦上添花，不如雪中送炭。人在春风得意的时候你帮他，他不一定会记得你。在别人有难的时候你给予了帮助，人家会记你一辈子的好。在你有困难的时候，人家也会同样帮助你，你的路才会越走越宽。

比如人生中常常遇到的一些事，生病住院、红白喜事、天灾人祸等等，你的帮助、你的一声问候、甚至是一条短信，都会犹如春风水暖，彻底拉近彼此间的心理距离。

"记人好处"：

就是要常怀感恩之心。要知道，每一个人从出生到死亡，每一点进步、每一滴收获，都离不开父母、家人、朋友的帮助。永远记得别人的好，才能每天拥有阳光，每天都有朋友相伴，终生都有幸福相随；相反，总是记得别人的不是，只能苦了自己。

当然，完善人格还包括其他很多方面的内容。从现在开始就要记住，我们可以做不成伟人，那是极少数人才能做到的，但永远不要做一个让别人讨厌的人。

人情，人情，人之常情，要乐善好施，长于交往，"平时不烧香，急时抱佛脚"是行不通的，所以，"人的情绪要储存"，就像银行存款，存的越多，时间越长，红利就越大。

第五步（40分钟）　最后一课总结

观看视频《理财能力矫正项目实验过程》。

各位服刑人员，我们先后花了5个多月的时间，对大家进行了近15万字"理财能力矫正项目"所有内容的学习与训练。

提问1：通过5个多月的学习和训练，你学会了什么？

提问2：刑满释放后你的第一份收入用于什么？

提问3：监狱专门组织课题组对你们开展循证矫正试点工作目的是什么？

……

总结：

我把理财教育比作献给生命的课程，真诚希望各位服刑人员诚实劳动，踏实工作，持续积累，学会理财，谨慎投资，规划好一生。

我们可以借用《当幸福来敲门》中克里斯在教堂里听到的一句赞美诗，大意是"上帝请不要移掉那座高山，但是请赐予我征服它的勇气"。生活中的每一座高山，每一个障碍，都是对我们的考验。我们应该用勇气、希望和执着去克服它们，战胜它们。

虽然金钱在我们的生活中占有举足轻重的地位，但是金钱本身是中性的，金钱本身并不带有任何价值色彩；金钱也是精神、文化的一部分，如何树立正确的金钱观，是拥有健康人生的必要条件。

我们开展理财教育，并不意味着叫大家去赤裸裸地追求金钱，有的盗窃犯缺少的不是金钱而是正确的观念；金钱不等于富足，最重要的是首先要在人格上建立起巨大的财富，有尊严地活着，有了这个资本，才能建立起金钱的财富，我们应该用心去体会财富的心理根源，而不是只看到纸币。

我想要强调的是：尽管现实生活中人们对幸福的期盼与理解会有巨大的差异，但真正的财富是时间、金钱、健康、平安、和谐。在此我祝福大家通过努力去赚取人生最大的财富：健康、平安、和谐。

送给大家 12 个字：珍爱生命，珍惜拥有，珍重人生。

6.2.3 单次矫正活动评估

结合《监督方活动记载表》和《矫正民警项目日志》对本次矫正活动的矫正效果进行评估。同时，根据评估结果，对未达到矫正目标的矫正对象进行个别辅导，以尽可能保证总体矫正效果。

6.3《服刑人员理财能力评估测试卷》后测

6.3.1 矫正方案

矫正目标	获得真实有效的《服刑人员理财能力评估测试卷》后测数据
矫正量	1 小时
矫正重点	确保数据的真实有效
干预措施	试卷测试
实施步骤	发放《服刑人员理财能力评估测试卷》→矫正民警说指导语→组织矫正对象完成测试卷→回收试卷

6.3.2 矫正过程

至此，六个阶段的矫正活动已全部结束，使用《服刑人员理财能力评估测试卷》对矫正对象进行测试，用以在结项评估中检验项目整体的矫正效果。

第一步（3分钟）　发放《服刑人员理财能力评估测试卷》

第二步（3分钟）　矫正民警说指导语

各位服刑人员，大家好。本次测试的主要目的是了解大家的理财风险承受能力，以利于项目组根据具体情况给予大家更合适的矫正，同时，也利于你更好地了解自我、认识自我。

测试时请各位服刑人员保持良好的心态，认真阅读说明或指导语，心平气和地答卷。请务必根据自己的实际情况如实选择或填写，不要与他人交谈与讨论，也不要过多地琢磨，凭第一印象，独立完成。

请将服刑人员姓名、调查时间等相关信息填写完整，对你所提供的各种个人资料及测试结果我们将为你严格保密。

接下来，请各位服刑人员认真完成《服刑人员理财能力评估测试卷》。

第三步（10分钟）　组织矫正对象完成测试卷

第四步（4分钟）　回收试卷

6.4　阶段六评估

总结本阶段的《矫正对象单次矫正活动综合评分》《监督方活动记载表》及《矫正民警项目日志》，对本阶段矫正效果进行综合评估。

6.5　结项评估

至此，《理财能力矫正项目》的矫正活动阶段全部结束。矫正民警从以下几个方面检验项目整体的矫正效果：

一、定量评估

1. 使用 SPSS 软件对《服刑人员理财能力评估测试卷》的前后测数据进行独立样本 t 检验和配对样本 t 检验，检验矫正对象在理财能力方面的矫正效果。

2. 使用 SPSS 软件对矫正对象狱内改造表现的前后测数据（矫正前后的奖励分）进行独立样本 t 检验和配对样本 t 检验，检验矫正项目的开展是否有利于改善矫正对象的狱内表现。

二、质性评估

1. 邀请银行专业理财人士通过问卷调查、结构化面谈等形式，对矫正对象从理财意识、理财知识、理财规划、风险意识、理财经历等方面进行综合评估。

2. 矫正对象自评。

3. 专职矫正民警评估。

专职矫正民警从矫正对象的理财意识、理财知识、行为改善等方面对项目矫正效果进行评估。

1. 盗窃犯。指发生了盗窃行为，构成刑事责任（即犯罪），受到司法机关惩处，并移交监狱或其他刑罚执行机关执行的行为人。

2. 理财。本项目将"理财"定义为：理财是社会成员（一般是指成年人）对自己的可支配收入进行合理消费与储蓄投资，以确保其正常生活的一种方式。

3. 理财能力。本项目中理财能力指的是社会成员在赚钱、用钱、存钱、借钱、省钱、护钱等方面的认知水平和应用能力。

4. 理财能力矫正项目。监狱系统专门用来矫正罪犯"理财能力差"这一犯因性问题的系统化、程序化、规范化、可操作的干预措施和课程。

5. 消费。消费是指个体为满足自身需要而消耗各种资料和服务的过程。

6. 过度消费。过度消费是指个人超出基本需求、收入水平和支付能力的消费。

7. 畸形消费。畸形消费是指个人把收入的大部分或全部用于正常消费需求之外的项目，导致消费结构明显不合常理的消费。最典型的表现形态有：炫耀型消费、攀比型消费、奢侈型消费。

8. 恶性消费。恶性消费是指个人把收入的大部分或全部用于那些完全无益于身心且直接产生若干社会公害的项目上去的消费。最典型的表现形态有：赌博、嫖娼、吸毒。

9. 罪犯教育矫正技术。人的社会化主要依赖于教育，这是一个不争的事实。罪犯的再社会依赖于监狱对罪犯的矫正和教化。对罪犯进行教育，是世界大多数国家最常用也是最重要的矫正技术。西方国家罪犯教育技术是一种综合性计划，其分类有：生活技能教育、扫盲教育和基础教育、中等教育、大学教育、特殊教育等。无论是国内的罪犯社会适应教育，还是西方国家的罪犯生活技能教育，运用最多的矫正技术都是罪犯教育矫正技术。上文所及，理财能力是生活技能的重要组成部分，是提高罪犯再社会化水平和社会适应能力的重要途径。因此，本着遵循最佳证据的原则，我们选用罪犯教育矫正技术，为矫正对象提供相对完善的基础理财能力知识体系，对矫正对象进行理财理念、理财基础知识、理财技能知识、理财工具知识以及"理财能力差与重新犯罪关联性"的认知矫正，分析、讲解、解决日常理财行为训练活动中出现的理财偏差问题，为日常矫正活动提供知识基础和技能先导。

10. 情境教学法。情境认知理论认为，学习不仅仅为了获得一大堆事实性的知识，还要将自己置于知识产生的特定物理或社会情境中，通过积极参与具体情境中的社会实践来获取知识、建构意义并解决问题。理财能力训练是一门应用型课程，项目运用情境教学法，结合个体经济生活实际应用的需要，设立含有真实事件或真实问题的情景，罪犯参与角色，体验过程，在事件探索中自主地理解知识、运用知识、构建体系。实践性、探索性、互动性、综合性的特点使情景教学法成为个人理财训练的一种较好的矫正方法。

11. 代币治疗。代币制又称标记奖酬法，是用象征钱币、奖状、奖品等标记物为奖励手段来提高行为发生率的一种技术，是行为主义心理学家进行行为治疗的一种疗法，属于正强化的一种特殊形式。运用它能够抑制、纠正罪犯的不良行为，培养良好的行为习惯。

12. 模拟训练。模拟训练就是根据矫正的需要，仿照真实情境，创设人为环境，让矫正对象扮演正常社会生活角色，从事设定的活动，通过模拟收入、消费、投资等理财活动实现矫正目标的一种矫正活动组织形式。在模拟训练之前，先在集中矫正活动中对相关的知识点、重点和难点进行系统讲授，并且对于在理财实践中容易出现的问题以图片、案例、视频等方式展现给矫正对象，组织他们进行识别和讨论，从而加深对理财知识点的认知矫正，然后布置收入—消费—投资等模拟训练任务。

13. 行为泛化。行为训练的目标是让学习者获得新的技能，并在训练环境之外在合适的环境中使用这些技能。我们通过模拟社区、模拟银行存取款、模拟贷款、银行客户经理现场互动、利用理财收益为亲属购物等途径，促进罪犯将习得的技能泛化到真实的情景中。

14. 心理情景剧。心理情景剧是一种创造性心理治疗形式的团体辅导，是对生命和生活的模仿，通过角色扮演，再现当事人的现实生活场景和心路历程，为情绪宣泄、情绪学习、自我认识、自我发现和行为改变提供灵活的机会，最大限度激发个体潜能，有效面对各类生活事件。项目组组织矫正对象自编自演心理情景剧《守财奴与败家子》，通过对日常理财生活的模拟，既为矫正对象搭建了心理宣泄的平台，又促使他们认识到自己理财行为缺陷是导致生活窘迫直至犯罪的根本原因。心理情景剧帮助矫正对象形象化地理解了理财项目的矫正内容，增强了矫正效果。

15. 增加正面激励原则。"增加正面激励原则"是循证矫正八大原则之一。行为学家认为运用更多的正面激励而不是负面激励能够稳定地对行为改变产生作用。罪犯总有这样那样的问题，他们对自己的个性没有准确的认识，使用更多的奖励和更少的惩罚，可以激发内在动机，对其行为改变发挥作用。激励是一种外在的手段或策略。通过外在手段或策略的实施，将外部适当刺激转化为矫正对象内部的心理动力，从而强化罪犯的矫正行为。本项目以正强化为主，采取了4种激励手段：增拨/核减奖励分、申购指定商品、制定《行为契约》、以建设性的人际方式进行尊重激励。行为契约也称为强化关联契约。由矫正民警与矫正对象共同签订，双方协商并同意在行为训练中采取一定程度的目标行为，并规定该行为出现（或没出现）将执行相关强化结果。根据自愿原则，30名实验组矫正对象共有26人自愿签订了行为契约。

2.1　中文著作类

1. 费孝通：《社会学概论》，天津人民出版社 1984 年版。

2. 吴增基：《现代社会学》，上海人民出版社 2005 年版。

3. 翟中东：《矫正的变迁》，中国人民公安大学出版社 2013 年版。

4. 于爱荣等：《矫正质量评估》，法律出版社 2008 年第 1 版。

5. 于爱荣等：《矫正技术原论》，法律出版社 2007 年第 1 版。

6. 夏苏平、狄小华：《循证矫正中国化研究》，江苏人民出版社 2013 年版。

7. 王志纲：《财智时代》，广东人民出版社 2001 年版。

8. 熊开辉：《FQ 财商：如何提高驾驭金钱的能力》，海南出版社 2002 年版。

9. 童敏：《社会工作事务基础》，社会科学文献出版社 2008 年版。

10. 许莉娅：《个案工作》，高等教育出版社 2004 年版。

11. 于晶利、杨奎臣：《青少年社会工作实物》，上海人民出版社 2012 年版。

12. 周华薇：《美国人的少儿理财教育：从 3 岁开始实现的幸福人生计划》，中国法制出版社 1998 年版。

2.2 外文译著类

1. ［英］罗里·伯克：《项目管理——计划与控制技术》，陈祖勇、汪智慧、张浩然、孙春风译，中国建筑工业出版社 2008 年版。

2. ［美］艾琳·加洛、乔恩·加洛：《富孩子：全美最新儿童理财教育指南》，曹俊等译，中央编译出版社 2003 年版。

3. ［美］罗伯特·清崎、莎伦化·莱希特：《富爸爸 穷爸爸》，杨君、杨明译，世界图书出版社 2000 年版。

4. ［美］Raymond G. Miltenberger：《行为矫正——原理与方法》，石林等译，中国轻工业出版社 2004 年版。

2.3 中文论文类

1. 郭健编译：《美国循证矫正的实践及基本原则》，载《犯罪与改造研究》2012 年第 7 期。

2. 周勇：《矫正项目：教育改造的一种新思路》，载《中国司法》2010 年第 10 期。

3. 张桂荣、赵雁丰编译：《循证矫正原则在监狱矫正中的实践与应用》，载《循证矫正的理论与实践资料汇编》第 14 页，江苏省监狱管理局编印 2013 年版。

4. 张庆斌：《循证矫正与矫正质量评估比较研究》，载《犯罪与改造研究》2012 年第 12 期。

5. 宋行：《循证矫正项目的开发和控制研究》，载《犯罪与改造研究》2014 年第 8 期。

6. D. A. Andrews and James Bonta. （2001）. "LSI – R User's Manual." New York：MHS. （2001）转引自夏苏平、狄小华：《循证矫正中国化研究》，江苏人民出版社 2013 年版。

7. 黄义权等：《循证矫正视域下的认知行为疗法》，载《福建警察学院学报》2014 年第 5 期，总第 141 期。

8. 宫立新：《畸形消费结构是犯罪增加的重要因素》，载《政治与法律》1989 年第 5 期。

9. 薛宏伟、成敏：《畸型消费：犯罪心理恶变的动因》，载《社会公共安全研究》1992 "现代犯罪科学研究" 专辑。

11. 李锡海：《文化消费与犯罪》，载《齐鲁学刊》2007 年第 1 期。

12. 李长健、唐欢庆：《新生代农民工犯罪的文化社会学研究》，载《当代青年研究》2007 年第 3 期。

13. 杨玲丽：《消费与犯罪——基于改革开放 30 年的统计数据的分析》，载《甘肃行政学院学报》2011 年第 6 期。

14. 乔海燕：《中学生理财能力培养与基础数学教学渗透研究》，载《教育探索》2015 年第 11 期。

15. 袁莹莹：《财商教育研究进展述评及展望》，载《丝绸之路》，2015 年第 16 期，总第 305 期。

16. 王建平、王晓箐、唐苏勤：《从认知行为治疗的发展看心理治疗的疗效评估》，载《中国心理卫生杂志》，2011 年第 12 期。

17. 宋广文、魏淑华：《论学校理财教育》，载《教育科学研究》2006 年第 2 期。

18. 王卫东、信力建：《中小学理财教育的认识与探索》，载《教育研究》2003 年第 7 期。

19. 杨金祥、李名高：《中国人理财教育浅析》，载《琼州大学学报》2002 年第 2 期。

20. 关颖：《理财教育——3 岁开始实现的幸福人生计划》，载

《少年儿童研究》2000 年第 1 期。

21. 陈核来：《加强学生理财教育的探讨》，载《株洲师范高等师范学校学报》2000 年第 1 期。

22. 朋星：《期待理财教育》，载《山东教育》2001 年第 8 期。

23. 双齐、汤小明：《用财商衡量成功》，载《中国大学生就业》2006 年第 7 期。

24. 刘俊彦：《青年财商开发"意义说"》，载《中国青年研究》2003 年第 5 期。

25. 何芳：《青少年"财商"培育的哲学思考》，载《山东省青年管理干部学院学报》2010 年第 3 期。

26. 林永乐：《试论财商》，载《泉州师范学院学报》（社会科学版）2003 年第 1 期。

2.4 外文文献

1. B. Douglas & Bermheim Daniel M. Garrett. Education and Saving. The Long – Term Effects of School Financial Curriculum Mandates, The National Science Foundation Grant Number SBR 94 – 009043 and SBR 98 – 11321.

2. Curt R. Bartol. Criminal Behavior: A Psychological Approch. Prentice Hall, (2000).

3. Pearson, F. S., Lipton, D. S., Cleland, C. M., & Yee, D. S., The effects of behavioral/cognitive – behavioral programson Recidivism, Crime & Delinquency, (2002).

4. Andrews, D. A. &Bonta, J. The psychology of criminal conduct. 3rd edn. Cincinnati, Ohio: Anderson (2002).

5. Jacklin, E. Fisher & Brenda Happell, Implications of evidence – based practice for mental health nursing. International Journal of Mental Health Nursing, (2009).

6. Hall, G. C. N. Sexual offender recidivism revisited: A meta – analysis of recent – treatment studies, Journal of Consulting and Clinical Psychology, (1995).

7. Wilson, D. B., Bouffard, L. A. & MacKenzie, D. L. A quantitative review of structured, group – oriented, cognitivebehavioral programs for offenders, Journal of Criminal Justice and Behavior, (2005).

8. Nana A. Landenberger and Mark W. Lipsey, The positive effects of cognitive behavioral programs for offenders: A meta – analysis of factors associated with effective treatment, Journal of Experimental Criminology, (2005).

2.5 内部资料

1. 司法部预防犯罪研究所:《循证矫正研究与实践》资料汇编(第一辑)。

2. 司法部预防犯罪研究所:《循证矫正研究与实践》资料汇编(第二辑)。

3. 司法部预防犯罪研究所:《循证矫正研究与实践》资料汇编(第三辑)。

4. 司法部预防犯罪研究所、中国政法大学、山东省任城监狱:《成人暴力犯循证矫正实践探索阶段性研究报告》,2014 年 11 月。

5. 江苏省监狱管理局:《循证矫正的理论与实践汇编资料》,2013 年 1 月。

3.1 "代币制" 实施方案①

代币制又称标记奖酬法，是用象征钱币、奖状、奖品等标记物为奖励手段来提高行为发生率的一种技术，是行为主义心理学家进行行为治疗的一种疗法，属于正强化的一种特殊形式。运用它能够抑制、纠正罪犯的不良行为，培养良好的行为习惯。

为使我监《理财能力》矫正项目更贴近实际，模拟消费和投资更具有高仿真性，科学评估矫正对象理财行为的改变情况，确保项目实证工作的整体效果，特制定本实施方案。

一、适用对象

浦口监狱十五监区参与循证矫正科研项目的 60 名矫正对象。

二、适用时间

2015 年 6 月 1 日~2015 年 10 月 31 日。

三、代币券的使用与管理

（一）代币券为银行练功钞，面值与人民币纸币相同；单位：元。

（二）代币券的获取。

---

① 本方案为江苏省浦口监狱在本项目实证期间制定的代币制度实施方案，将单位信息和运行时间变更后即可参照使用。

1. 矫正对象奖励分兑换，1 分奖励分兑换 500 元代币券；

2. 参与模拟理财活动产生收益；

3. 矫正对象之间转借；

4. 从项目组贷款；

5. 项目组的奖励。

（三）代币券的使用

1. 项目实施期间矫正对象所有实际消费与代币消费同步进行，按相应标准分项兑换并扣除代币券。

具体标准如下：

（1）住宿每天 10 元代币；

（2）伙食每天 10 元代币；

（3）就医：每次消费 50 元代币，按次计算；

（4）日常消费：电话费充值、书市购书、报刊订阅、点餐等狱内消费按照 1∶1 比例结算。例如：矫正对象大账消费 X 元人民币则相应扣除该犯 X 元代币券；

（5）大账点购：按分段加权法折算代币券，从个人账户中扣除，具体分段计算方法见下表。

点购金额	代币折算方法
0～100 元	每花费 X 元人民币，扣除 X 元代币
100～150 元	100～150 元部分，每花费 X 元人民币，扣除 2×X 元代币
150～200 元	150～200 元部分，每花费 X 元人民币，扣除 4×X 元代币
200～300 元	200～300 元部分，每花费 X 元人民币，扣除 6×X 元代币
300 元以上	超出 300 元部分，每花费 X 元人民币，扣除 8×X 元代币

上表中，以下均包含本数。例：矫正对象某月大账点购花费 350 元，则折算代币券的计算方法为：$100 + 2 \times 50 + 4 \times 50 + 6 \times 100 + 8 \times 50 = 1400$ 元。

2. 代币可以用于模拟理财；

3. 代币理财的收益可以用于购买指定的商品。

（四）代币券理财业务

1. 储蓄业务

（1）时间周期：1 个自然月视作 1 年，利息按照年利率计算。

（2）储蓄利率：活期储蓄的年利率为 2%；

1 年期定存年利率为 3%；

2 年期定存年利率为 5%；

3 年期定存年利率为 7%；

2. 理财产品

（1）计算周期：1 个自然月视作 1 年，利息按照年利率计算。

（2）拟推产品：

产品名称	募集期限	起购金额	期限	是否保本	预期收益	风险等级
"创富 1 号"		2000 元	91 天	否	9.00%	高
"聚鑫 1 号"	6.10~6.15	2000 元	30 天	否	8.2%	中
"保利 1 号"		2000 元	60 天	是	7.4%	低

产品名称	募集期限	起购金额	期限	是否保本	预期收益	风险等级
"创富 2 号"		2000 元	31 天	否	8.5%	高
"聚鑫 2 号"	7.1~7.9	2000 元	62 天	否	7.5%	中
"保利 2 号"		2000 元	92 天	是	6.5%	低

产品名称	募集期限	起购金额	期限	是否保本	预期收益	风险等级
"创富 3 号"		3000 元	31 天	是	5%	低
"保利 3 号"	8.5~8.9	3000 元	31 天	否	7%	中
"彩虹 3 号"		2000 元	61 天	是	6%	中

3. 模拟炒股

（1）循正矫正项目组购买炒股模拟软件，安装到电子阅览室；

（2）安排情景模拟，矫正对象按照自己的代币持有量进行模拟操作；

（3）模拟炒股仅为体验股市操作，盈亏结果不用代币结算。

4. 贷款业务

（1）因矫正对象本人账户资金不足，确需贷款的，需与项目组签订贷款协议书；

（2）贷款期限分别为 1 年、2 年、3 年（1 个自然月视作 1 年）；

（3）贷款年利率为 9%；

（4）允许提前还贷。

（五）代币券的管理

1. 项目启动后，为每名矫正对象发放一个专用的存钱袋和一本记账本，并为每名矫正对象设立一个账户。

2. 项目实施期间，矫正民警在每个月初按照矫正对象获得奖励分的情况，将相应数额的代币发放给矫正对象，放入专用的存钱袋，由矫正民警集中管理。

3. 矫正对象的狱内消费与投资理财均须通过代币券结算，并在账户中同步记录。

4. 矫正对象的大账点购、就医、电话费充值、书市购书、报刊订阅、点餐等消费在当天完成结算，食宿消费在每个月月底结算。

5. 矫正对象需要动用存钱袋时，须向民警报备。

6. 矫正对象须在自己的记账本内实时记录代币券的收支情况。

7. 每月末，矫正对象对自己的消费与投资收益情况进行结算。

8. 如出现污损、涂改、滥用、伪造、遗失等影响代币券正常使用的情形，将视情节参照《江苏省浦口监狱罪犯改造计分考核及奖惩实施办法》给予责任人相应处理。

四、经费预算

1. 购买代币（练功钞20万）：约100元；

2. 制作项目专用印章：约50元；

3. 理财账本及表簿册印刷（7类）：约200元；

4. 购买指定商品（用于兑现理财收益，在循正矫正专项费用里列支）：约6000元。

五、相关说明

1. 代币券仅用于模拟消费与投资，不具备一般货币的作用，不影响矫正对象的计分考核。

2. 每个月末，矫正民警对矫正对象的记账习惯、结算能力及消费与投资情况进行专题点评，对矫正对象的理财行为与矫正目标的达成情况进行考核。

3. 本方案的解释权归浦口监狱循证矫正科研项目组。

六、表格与文书

（一）代币券发放登记台账

姓名	（　）月份计考分	代币券发放量	签名

（二）代币券储蓄单

姓名：　　　　　　　　　　　　　　　账号：

日期	摘要	存入	支出	余额	备注

（三）代币券储蓄台账

姓名：　　　　　　　　　　　账号：

日期	摘要	存入	支出	余额	备注

（四）模拟申购理财产品凭证

模拟申购理财产品凭证（存根联）

姓名：　　　　　　　　　　　账号：

申购时间	产品名称	期限	购入金额	预计收益率	备注

模拟申购理财产品凭证（客户联）

姓名：　　　　　　　　　　　账号：

申购时间	产品名称	期限	购入金额	预计收益率	备注

（五）模拟理财产品台账

姓名：　　　　　　　　　　　账号：

购入时间	产品名称	期限	购入金额	预计收益率	兑付时间	兑付总额	实现收益

（六）贷款协议书

代币贷款协议书

贷款方：＿＿＿＿＿＿＿法定代表人：＿＿＿＿＿＿＿＿＿＿＿＿

借款方：＿＿＿＿＿＿＿身份证号码：＿＿＿＿＿＿＿＿＿＿＿＿

担保方：＿＿＿＿＿＿＿身份证号码：＿＿＿＿＿＿＿＿＿＿＿＿

根据《浦口监狱循证矫正科研项目代币制实施方案》的规定，经贷款方、借款方、担保方协商一致，签订本合同，共同信守。

第一条 贷款种类：_____

第二条 借款金额（大写）：_____元代币券。

第三条 借款用途：狱内消费

第四条 借款利率为年息_____%。

第五条 借款期限（1月视同1年）：

借款期限自____年____月____日起，至____年____月____日止。

第六条 还款资金来源及还款方式：

1. 还款资金来源：奖励分兑换的代币券和模拟投资所获收益。

2. 还款方式：按年付息，到期还本。

第七条 保证条款：

借款方请_____作为借款保证方，经贷款方审查，证实保证方具有担保资格和足够代偿借款的能力，保证方有权检查和督促借款方履行合同。当借款方不履行合同时，由保证方连带承担偿还借款本息的责任。必要时，贷款方可以从保证方的代币账户内扣收贷款本息。

第八条 责任与义务：

1. 贷款方在签订本合同后1日内发放贷款，并及时登记备案。

2. 借款方需按上述约定贷款用途使用借款，如不按合同规定的用途使用借款，贷款方有权收回部分或全部贷款，对违约使用部分，按约定利率的双倍加收罚息。

3. 借款方应按合同规定的时间归还利息和本金。

4. 担保方与借款方负普通连带责任，有责任与义务督促借款方及时归还贷款本息，在借款方逾期不归还贷款本息时，贷款方有权要求担保方归还本息，并享有向借款方追偿权。

第九条 合同变更或解除：除《合同法》规定允许变更或解除

合同的情况外，任何一方当事人不得擅自变更或解除合同。当事人一方依据《合同法》要求变更或解除合同时，应及时采用书面形式通知其他当事人，并达成书面协议，本合同变更或解除后，借款方占用的借款和应付的利息，仍应按本合同的规定偿付。

贷款方：＿＿＿＿＿＿＿（盖章）　借款方：＿＿＿＿＿＿＿

代表人签字：＿＿＿＿＿　　　　担保方：＿＿＿＿＿＿＿

签订时间：＿＿＿＿＿＿　　　　签订时间：＿＿＿＿＿＿

3.2 矫正对象参与集中矫正活动效果评估分级评分标准

为了加强对试验组矫正对象参与集中矫正活动的效果评估，及时形成量化数据，便于对矫正对象开展纵向对比和分类管理，为矫正过程中的考核奖惩提供基础依据，特制定该标准。

一、评级依据：

1. 出勤情况；

2. 过程表现；

3. 矫正作业；

4. 行为转变结果。

二、评级标准

1. A级标准：（A＋，A－）

（1）准时参与矫正活动，精神饱满、状态良好；

（2）在活动过程中，主动积极，认真投入，独立完成矫正任务，能够与矫正民警形成良性互动，对其他矫正对象有引领或示范作用；

（3）能够及时完成矫正作业，真实、全面地反映学习收获与个人感受；

（4）单次矫正目标清晰实现，认知行为转变明显。

2. B 级标准（B＋，B－）

（1）准时参与矫正活动，精神状态良好，无倦怠、懒散表现；

（2）在活动过程中，能够在矫正民警的指导下独立完成项目设定的任务，无消极言行；

（3）及时完成作业，能够客观反映学习收获与个人感受；

（4）单次矫正目标部分实现，认知行为有所转变。

3. C 级标准（C＋，C－）

（1）准时参与矫正活动，精神状态一般，有倦怠、懒散表现；

（2）在活动过程中，未能独立完成项目设定的任务

（3）有消极言行影响矫正活动的正常进展；

（4）未能及时完成作业，或者答案过于简单，存在应付现象；

（5）认知行为转变不明显。

三、使用说明

1. 评级的依据是矫正民警对矫正对象参与单次集中矫正活动前后的观察记录。

2. 矫正对象的表现须要符合 A 级四项标准里面的至少三项方可评为 A－，否则归为 B 类或 C 类；

3. 矫正对象的表现须要符合 B 级四项标准里面的至少三项方可评为 B－，否则归为 C 类；

4. 归入 C 类的表现符合 C 类标准三条及以上的应评为 C－；

5. A＋、A－、B＋、B－、C＋、C－六个级别分别对应的评分为 6、5、4、3、2、1。对于评分低于 3 分的矫正对象，矫正民警需要在日常矫正活动中加强分类指导；

6. 评分结果仅用于对集中矫正活动相关的评估。

3.3 组织集中矫正活动的规范程序

为规范活动组织程序，提高集中矫正活动的效率，为单次矫正效果评估提供统一范式的流程，特制定该规范。

一、活动前一天的内容

1. 确认场地和人员安排；

2. 与实验监区确认时间和人员；

3. 准备活动所需的资料与工具，包括课件、代币、账目、钱包、计算器、文具、照相机、点钞机、相关文件等；

4. 做好活动计划，尤其是需要民警之间配合的环节要提前议定；

5. 制作学习手册与集中矫正记录；

6. 制作集中矫正活动记录；

7. 与监督方确认活动的时间、地点、人员、内容。

二、活动当天的内容

1. 主讲人复查活动所需的资料与工具，陪同女同志到活动地点；

2. 另外 2 名专职矫正民警到十五监区带矫正对象到指定地点，提醒矫正对象统一着装，携带钱包、记录本、笔和水杯；

3. 1 人主持活动，1 人负责监管安全，1 人负责摄影摄像，分工配合，完成活动计划；

4. 主讲人布置作业，宣布活动结束，陪同女同志出监；

5. 2 名专职矫正民警带矫正对象回十五监区，与监区民警交接；

6. 及时清点代币，分别填写集中矫正活动观察记录表；

7. 收集监督方记载表（见附件）。

三、结束后一天的内容

1. 批阅矫正作业；

2. 对照标准完成对矫正对象的评分；

3. 收集活动的反响；

4. 撰写项目日志。

附件：监督方记载表

监督方记载表	
矫正量	
内容	
矫正措施	
罪犯反应	
结论	

3.4 关于实验监区服刑人员参与循证矫正项目的加分细则

为确保省局循正矫正科研项目在我监顺利进行，便于实验监区协调服刑人员生产劳动与教育改造的时间安排，有效提高矫正对象参与科研项目的积极性，确保项目运行期间矫正对象计分考核工作的公正性，特制定本细则：

第一条：确定拟加分对象的办法

1. 在一个考核周期内，矫正对象参与集中矫正活动的效果均按照 A＋、A－、B＋、B－、C＋、C－，依次计 6、5、4、3、2、1分。按照考核周期内历次参与集中矫正活动所获得的效果评分累计之和从高到低排名，取前 10 名作为拟加分对象。

2. 在一个考核周期内，按矫正对象的收益率从高到低排名，取前 10 名作为拟加分对象，计算方法为：当月收益/当月收入。

3. 在一个考核周期内，对项目开展有特殊贡献的，或者在参与项目的过程中有其他突出表现者，可以确定为拟加分对象。

4. 在项目启动之前，因参与本项目跨监区调整劳动岗位，对计分考核影响明显的，经改造职能部门与相关监区会商确认后，应当视情形给予相应分值的弥补。

第二条：确定加分对象的程序

1. 循正矫正科研项目组将符合第一条所列四种情形的拟加分对象核准后报监区讨论。

2. 经监区、矫正项目办公室讨论确定之后，将加分结果向监区服刑人员公示。

3. 公示无异议，确定为加分对象。

第三条：确定分值的办法

1. 第一条第一款所列的加分情形，第一名加 2 分，第二名至第六名加 1 分，第七名至第十名加 0.5 分；

2. 第一条第二款所列的加分情形，第一名加 2 分，第二名至第六名加 1 分，第七名至第十名加 0.5 分；

3. 第一条第三款和第四款中所列的分值视具体情形确定；

4. 如出现重复加分情形，按高分标准加分，不累加。

第四条：矫正对象在考核周期内，出现下列情形之一的，不能确定为加分对象：

1. 当月因违规被扣基本规范的；

2. 未按照民警要求完成项目任务的；

3. 因不当言行影响项目正常运行的；

4. 有违反"代币制"管理规定的。

第五条：矫正对象的扣分管理按照浦口监狱计分考核规定执行。

3.5 矫正对象狱内开账物品结构化分类标准

为有效评估矫正对象消费行为的转变情况，便于形成行为转变的量化记录，为矫正对象提供合理消费的现实框架，制订此标准。

A 类：必需型物品

指满足服刑人员服刑生活基本需求的物品，这类物品在服刑人员日常生活中至少应具备常态性使用和不可替代性的特点。

B 类：改善型物品

指服刑人员在服刑生活中，以改善服刑生活品质而购买的物品，这类物品应明显有利于保障服刑人员服刑生活顺利进行，或对服刑人员的日常营养摄入有明确补充作用。

C 类：享受型物品

指服刑人员在服刑生活中以感性享受为目的而购买的物品，这类物品的有无对保障服刑人员服刑生活顺利进行影响不大，或对服刑人员的日常营养摄入没有明确的补充作用。

参照标准，对浦口监狱大账点购物品的分类结果如下：

A 类	B 类	C 类
黑妹牙膏	西麦营养麦片	嘉士利果乐饼干
怡雪牙刷	西麦核桃粉	嘉士利威化饼干
隆力奇香皂	华精核桃粉	嘉士利早餐饼干
隆力奇 sod	卫岗纯牛奶	嘉士利麦香薄片
隆力奇花露水	卫岗高钙牛奶	好巴食天然乐麦香
曼秀雷敦洁面乳	王氏牛奶大豆核桃粉	欢乐家生榨芒果汁
加佳洗洁精	王氏黑芝麻糊	玉米汁
加佳洗衣粉	王氏营养麦片	名沙沙琪玛
洁丽雅毛巾	龙福源杨槐蜜	达利园软面包
浪莎男袜	芭蕉扇	达利园好吃点
玉兰卫生纸		麦特龙曲奇
茶花衣架		麦特龙夹心饼干
调羹		龙湾黄山烧饼
福光茶杯		口水娃花生
信纸		口水娃青豆豌豆
得力中性笔		爱相亲蛋糕
信封		爱相亲肉松饼
邮票		咸鸭蛋
		阿尔法饼干

3.6 矫正民警工作日志管理制度

为了规范《理财能力》矫正项目的过程管理，及时记录项目运行过程中的数据信息与矫正民警的工作内容与感受，为项目的总结评估与改进提升提供完备的基础资料，特制定该制度。

一、适用对象

浦口监狱循证矫正工作小组专职矫正民警。

二、适用原则

1. 及时

每个工作日下班前需完成当天的工作日志。

2. 真实

工作日志的内容务必客观、真实、准确。

3. 完备

每个工作日的工作日志内容应包括但不限于矫正民警当天的工作内容、矫正对象的反映、矫正数据的收集、矫正民警的工作感受。

三、操作细则

1. 三名专职矫正民警按照及时、真实、完备的原则独立完成工作日志；

2. 工作日志在循证矫正专用计算机的固定文件夹汇总管理；

3. 每个工作日轮值的矫正民警在晚上 6：00 ~ 8：00 间到实验监区开展日常矫正工作，搜集矫正对象的反馈信息，并完成当日的工作日志汇总工作；

4. 每个周五应对本周的工作日志进行审核，查漏补缺，形成记录；

5. 每个矫正阶段结束后，对本阶段的工作日志进行汇总，形成总结材料；

6. 工作日志的编辑与修改须在 WORD 的编辑模式下完成，保留修改记录；

7. 工作日志所在的文件夹应每周在专用硬盘上备份一次，保障数据安全；

8. 项目经理负责对工作日志进行日常督查。

四、标准格式

项目日志
矫正日期：
矫正对象：
工作记录：
工作心得：
矫正民警签字：

3.7 项目激励办法①

激励是一种外在的手段或策略。通过外在的手段或策略的实施，将外部适当刺激转化为矫正对象内部的心理动力，从而强化罪

---

① 本办法是江苏省浦口监狱在本项目实证期间制定的激励方案，实施单位可以将单位信息和运行时间变更后参照使用。

犯的矫正行为。

矫正激励的目的就是要使外部刺激对矫正对象的内在心理活动产生积极的影响，激发矫正对象的矫正动机，激发矫正对象接受矫正的主动性和积极性。在《理财能力》矫正项目中，能够成为矫正激励的手段或策略的因素有多种，如行政奖惩、物质奖惩、文化奖惩等。既有来自监狱内部的激励因素，也有来自社会上的激励因素。这些因素既可以单独使用也可以组合使用，既可以对矫正对象群体使用，也可以对矫正对象个体使用。激励的作用包括正面强化和负面强化。

一、激励对象

参与《理财能力》矫正项目的 30 名实验组矫正对象。

二、适用时间

2015 年 6 月 10 日 ~ 2015 年 10 月 31 日

三、任务要求

1. 按照项目进度积极参与矫正活动；

2. 主动克服矫正过程中的困难；

3. 配合项目组民警开展后期的跟踪问效。

四、激励原则

1. 坚持正强化与负强化相结合，以正强化为主；

2. 坚持精神强化与物质强化相结合，以精神强化为主；

3. 公平、适时、适度。

五、激励措施

1. 增拨/核减奖励分

根据《关于十五监区服刑人员参与循证矫正项目的加分细则》规定，每月矫正效果评分累加排名前十的矫正对象和理财收益率排名前十的矫正对象可以获得加分机会；矫正对象在项目实证过程中有违规违纪行为的, 其扣分管理按照浦口监狱现有计分考核规定执行。

2. 申购指定商品

根据《代币制度与实施方案》的规定, 矫正对象参与模拟理财所获得的收益可以按照 5:1 的比例兑换成现实的购买力, 申购指定的商品。矫正对象提高模拟理财收益主要依靠提高奖励分、缩减日常开支和积极参与模拟理财三个途径。

3. 行为契约

矫正民警与矫正对象签订行为训练的契约。契约的条款主要包括两个方面: 一是如果矫正对象在规定的时间内完成了矫正任务, 将获得奖励, 奖励的品种主要包括增拨亲情电话, 加餐, 奖励代币等; 二是如果矫正对象在规定的时间内没有完成矫正任务, 则需要接受惩罚, 惩罚的措施主要是延长矫正时间, 减少娱乐时间, 扣减代币等。

4. 情感激励

情感是影响矫正对象行为的最直接因素之一, 矫正民警在矫正活动中与矫正对象建立良好的情感关系, 有利于激发矫正对象的信任, 提高矫正工作的效率, 为后期的跟踪问效做好铺垫。

六、管理办法

1. 奖励分

在项目实证过程中, 为矫正对象加分的激励分五个阶段执行。

阶段	截止日期	奖励总分	奖励人次	验收方式
一	2015. 7. 25	18	20	项目组提名、实验监区研究通过
二	2015. 8. 25	18	20	项目组提名、实验监区研究通过
三	2015. 9. 25	18	20	项目组提名、实验监区研究通过
四	2015. 10. 25	18	20	项目组提名、实验监区研究通过
五	2015. 11. 25	18	20	项目组提名、实验监区研究通过

矫正对象在参与项目过程中有违规违纪行为的，由实验监区按照监狱现有规定执行扣分管理。

2. 指定商品

矫正对象的模拟理财收益兑现分三个阶段，以不同的形式执行。

阶段	兑现日期	经费预算	兑现形式	预期作用
一	2015. 7. 19	450	个人申购	丰富狱内购物选择，刺激理财
二	2015. 9. 23	1600	为亲人献礼	促进矫正成果泛化，强化成效
三	2015. 10. 28	3500	模拟超市	设置条件刺激物，检验成效

3. 行为契约

行为契约围绕矫正对象在矫正过程中暴露出的个性化问题，本着自愿、公开的原则，由矫正民警与矫正对象个人签订，明确时间，明确任务，明确奖罚。

基本格式为：

行为契约

我，_____，同意在即将到来的_____年___月___日至_____年___月___日完成以下任务：

（1）

（2）

（3）

（4）

如果我完成上述任务，矫正民警应该兑现以下相应的奖励：

（1）建议监区给与_____分奖励

（2）拨打亲情电话_____次

（3）增发代币_____元

（4）加餐_____次

如果上述任务未完成，矫正民警可以给与以下相应的处罚：

（1）增加矫正作业_____次

（2）减少娱乐时间_____小时

（3）扣减代币_____元

（4）建议监区给与扣减_____分处罚

矫正对象（签字）_____

矫正民警（签字）_____

4. 情感激励

在项目实证过程中，矫正民警从以下三个方面对矫正对象开展情感激励。

（1）情绪激励。一是为矫正兑现分组组建团队，形成鲜明的团队特色。在组织矫正活动的过程中，以矫正对象团队为基本活动单位，促进矫正对象团队内部的团结与互动，激发团队荣誉感，刺激矫正动力。二是在组织集中矫正活动的过程中，矫正民警与矫正对象增进共情，传递积极情绪，有效地配合矫正活动开展。

（2）尊重激励。一要注重矫正对象的人格平等，不歧视矫正对象的身份，在学习和训练的过程中，把矫正对象当成学员看待；二要善于发现矫正对象身上的闪光点，对于矫正对象取得的进步要不吝表扬；三要保护矫正对象的隐私，尊重矫正对象个人的正当习惯。

（3）关怀激励。一是关怀矫正对象的过去，对矫正对象的犯罪原因和家庭困难要真诚关心，在合理范围内给与理解和指导；二是关怀矫正对象的当下，尤其是在监区的改造现状和开展项目训练的困难要时时关注，及时帮助解决；三是关怀矫正对象的出路，主动了解矫正对象刑满之后的打算，针对矫正对象未来生活中的就业择业，家庭理财问题制定方案，给予个别化的指导。

附录四
评估工具

4.1 理财能力心理测试量表

姓名： 　　　　　　　　　　　　日期：

前言：本心理测试是由中国现代心理研究所以著名的美国兰德公司拟制的一套经典心理测试为蓝本，根据中国人心理特点加以适当修改之后形成的心理测试量表，目前已被一些知名大公司，如联想、长虹、海尔等公司作为对员工心理测试的重要辅助量表。

注意：每题只能选择一个答案，应为你第一印象的答案，把相应答案的分值加在一起即为你的得分：

1. 你更喜欢吃哪种水果？

A. 草莓　B. 苹果　C. 西瓜　D. 菠萝　E. 橘子

2. 你平时休闲经常去的地方

A. 郊外　B. 电影院　C. 公园　D. 商场　E. 酒吧　F. 练歌房

3. 你认为容易吸引你的人是

A. 有才气的人　B. 依赖你的人　C. 优雅的人　D. 善良的人

E. 性情豪放的人

4. 如果你可以成为一种动物，你希望自己是哪种？

A. 猫　B. 马　C. 大象　D. 猴子　E. 狗　F. 狮子

5. 天气很热，你更愿意选择什么方式解暑？

A. 游泳　B. 喝冷饮　C. 开空调

6. 如果必须和一个你讨厌的动物或昆虫在一起生活，你能容忍哪一个？

A. 蛇　B. 猪　C. 老鼠　D. 苍蝇

7. 你喜欢看哪一类电影、电视剧

A. 悬疑推理类　B. 童话神话类　C. 自然科学类　D. 伦理道德类　E. 战争枪战类

8. 以下哪个是你身边必带物品？

A. 打火机　B. 口红　C. 记事本　D. 纸巾　E. 手机

9. 你出行时喜欢坐什么交通工具？

A. 火车　B. 自行车　C. 汽车　D. 飞机　E. 步行

10. 以下颜色你更喜欢哪种

A. 紫　B. 黑　C. 蓝　D白　E黄　F红

11. 下列运动中挑选一个你最喜欢的（不一定擅长）

A. 瑜伽　B. 自行车　C. 乒乓球　D. 拳击　E. 足球　F. 蹦极

12. 如果你拥有一座别墅，你认为它应当建立在哪里？

A. 湖边　B. 草原　C海边　D. 森林　E. 城中区

13. 你更喜欢以下哪种天气？

A. 雪　B. 风　C. 雨　D. 雾　E. 雷电

14. 你希望自己的窗口在一座30层大楼第几层

A. 七层　B. 一层　C. 二十三层　D. 十八层　E. 三十层

15. 你认为自己更喜欢在以下哪个城市中生活？

A. 丽江　B. 拉萨　C. 昆明　D. 西安　E. 杭州　F. 北京

【使用说明】

1. 工具来源。本表是中国现代心理研究所根据美国兰德公司心理测试表进行适当修改之后形成的心理测试量表。

2. 使用时间。在矫正前评估中使用。

3. 测评要素。矫正对象个体性格与理财能力之间的匹配关系。

4. 数据处理方法。按照【评分标准】将各个小题的得分相加得出矫正对象总得分，然后，对照【测试结果分类】将完成测试结果归类。

5. 注意事项。（1）测试应在封闭环境中，由矫正对象独立完成。（2）测试结果可以告知矫正对象本人。（3）测试结果仅用作参考，需结合面谈评估或者与其他量表问卷组合使用。

【评分标准】

1. A. 草莓 2 分　B. 苹果 3 分　C. 西瓜 5 分　D. 菠萝 10 分 E. 橘子 15 分

2. A. 郊外 2 分　B. 电影院 3 分　C. 公园 5 分　D. 商场 10 分 E. 酒吧 15 分　F. 练歌房 20 分

3. A. 有才气的人 2 分　B. 依赖你的人 3 分　C. 优雅的人 5 分 D. 善良的人 10 分　E. 性情豪放的人 15 分

4. A. 猫 2 分　B. 马 3 分　C. 大象 5 分　D. 猴子 10 分　E. 狗 . 15 分　F. 狮子 20 分

5. A. 游泳 5 分　B. 喝冷饮 10 分　C. 开空调 15 分

6. A. 蛇 2 分　B. 猪 5 分　C. 老鼠 10 分　D. 苍蝇 15 分

7. A. 悬疑推理类 2 分　B. 童话神话类 3 分　C. 自然科学类 5 分　D. 伦理道德类 10 分　E. 战争枪战类 15 分

8. A. 打火机 2 分　B. 口红 2 分　C. 记事本 3 分　D. 纸巾 5 分　E. 手机 10 分

9. A. 火车 2 分　B. 自行车 3 分　C. 汽车 5 分　D. 飞机 10 分 E. 步行 15 分

10. A. 紫2分　B. 黑3分　C. 蓝5分　D. 白8分　E. 黄12分　F. 红15分

11. A. 瑜伽2分　B. 自行车3分　C. 乒乓球5分　D. 拳击8分　E. 足球10分　F. 蹦极15分

12. A. 湖边2分　B. 草原3分　C. 海边5分　D. 森林10分　E. 城中区15分

13. A. 雪2分　B. 风3分　C. 雨5分　D. 雾10分　E. 雷电15分

14. A. 七层2分　B. 一层3分　C. 二十三层5分　D. 十八层10分　E. 三十层15分

15. A. 丽江1分　B. 拉萨3分　C. 昆明5分　D. 西安8分　E. 杭州10分　F. 北京15分

【测试结果分类】

180分以上：意志力强，头脑冷静，有较强的领导欲，事业心强，不达目的不罢休。外表和善，内心自傲，对有利于自己的人际关系比较看重，有时显得性格急躁，咄咄逼人，得理不饶人，不利于自己时顽强抗争，不轻易认输。思维理性，对爱情和婚姻的看法很现实，对金钱的欲望一般。

140分至179分：聪明，性格活泼，人缘好，善于交朋友，心机较深。事业心强，渴望成功，思维较理性，崇尚爱情，但当爱情与婚姻发生冲突时会选择有利于自己的婚姻。金钱欲望强烈。

100分至139分：爱幻想，思维较感性，以是否与自己投缘为标准来选择朋友。性格显得较孤傲，有时较急躁，有时优柔寡断。事业心较强，喜欢有创造性的工作，不喜欢按常规办事。性格倔强，言语犀利，不善于妥协。崇尚浪漫的爱情，但想法往往不切合实际。金钱欲望一般。

70 分至 99 分：好奇心强，喜欢冒险，人缘较好。事业心一般，对待工作，随遇而安，善于妥协。善于发现有趣的事情，但耐心较差，敢于冒险，但有时较胆小。渴望浪漫的爱情，但对婚姻的要求比较现实。不善理财。

40 分至 69 分：性情温良，重友谊，性格踏实稳重，但有时也比较狡黠。事业心一般，对本职工作能认真对待，但对自己专业以外事物没有太大兴趣，喜欢有规律的工作和生活，不喜欢冒险，家庭观念强，比较善于理财。

40 分以下：散漫，爱玩，富于幻想。聪明机灵，待人热情，爱交朋友，但对朋友没有严格的选择标准。事业心较差，更善于享受生活，意志力和耐力都较差，我行我素。有较好的异性缘，但对爱情不够坚持认真，容易妥协。没有财产观念。

4.2 服刑人员理财风险承受能力调查评估表

服刑人员姓名：　　　　　　　　　　调查时间：

请在下列各题最合适的答案上打钩，我们将根据你的选择来评估你对理财风险的适应度，并提供适合你理财的产品和服务建议。我们承诺对你的个人资料严格保密。

1. 你的年龄：

□ 20 岁以下或 65 岁以上　　　　　　　　　　　（1 分）

□ 51 岁至 65 岁　　　　　　　　　　　　　　　（2 分）

□ 21 岁至 30 岁　　　　　　　　　　　　　　　（3 分）

□ 31 岁至 50 岁　　　　　　　　　　　　　　　（4 分）

2. 你的教育程度：

□ 小学及以下　　　　　　　　　　　　　　　　（1 分）

☐ 初中 (2分)

☐ 高中及以上 (3分)

3. 你的健康状况：

☐ 较差 (1分)

☐ 一般 (2分)

☐ 良好 (3分)

☐ 很好 (4分)

4. 你捕前的职业状况：

☐ 待业或退休 (1分)

☐ 无固定工作 (2分)

☐ 企事业单位固定工作 (3分)

☐ 私营业主 (4分)

5. 你捕前的年收入状况：

☐ 2万元以下 (1分)

☐ 2~5万元 (2分)

☐ 5~10万元 (3分)

☐ 10万元以上 (4分)

6. 你进行投资理财的主要目的是：

☐ 确保资产的安全性，同时获得固定收益 (1分)

☐ 希望投资能获得一定的增值，同时获得波动适度的年回报

(2分)

☐ 倾向于长期的成长，较少关心短期的回报和波动 (3分)

☐ 只关心长期的高回报，能够接受短期的资产价值波动

(4分)

7. 你的投资理财知识：

☐ 缺乏投资理财基本常识 (1分)

□ 略有了解，但不懂投资技巧 (2分)

□ 有一定了解，懂一些的投资技巧 (3分)

□ 认识充分，并懂得投资技巧 (4分)

8. 你的投资理财经验：

□ 无 (1分)

□ 少于2年（不含2年） (2分)

□ 2年至5年（不含5年） (3分)

□ 5年以上 (4分)

9. 打算投资理财的资金占家庭自有资金的比例：

□ 15%以下 (1分)

□ 15%~30% (2分)

□ 30%~50% (3分)

□ 50%以上 (4分)

10. 投资某项非保本理财产品时，能接受的投资期限一般是：

□ 1年以下 (1分)

□ 1~3年 (2分)

□ 3~5年 (3分)

□ 5年以上 (4分)

11. 你进行投资时所能承受的最大亏损比例是：

□ 10%以内 (1分)

□ 10%~30% (2分)

□ 30%以上 (3分)

□ 0 (4分)

12. 你进行投资的方法：

□ 靠直觉和运气，跟着别人操作，没有认真分析 (1分)

□ 看图形操作，自己懂一点技术分析 (2分)

☐ 技术分析和基本面分析相结合 　　　　　　　　（3分）

☐ 在专家指导下操作 　　　　　　　　　　　　　（4分）

13. 你期望的投资年收益率：

☐ 高于同期定期存款 　　　　　　　　　　　　　（1分）

☐ 10% 左右，要求相对风险较低 　　　　　　　　（2分）

☐ 10% ~20% ，可承受中等风险 　　　　　　　　（3分）

☐ 20% 以上，可承担较高风险 　　　　　　　　　（4分）

14. 你如何看待投资亏损：

☐ 很难接受，影响正常的生活 　　　　　　　　　（1分）

☐ 受到一定的影响，但不影响正常生活 　　　　　（2分）

☐ 平常心看待，对情绪没有明显的影响 　　　　　（3分）

☐ 很正常，投资有风险，没有人只赚不赔 　　　　（4分）

【使用说明】

1. 工具来源。本表是国内金融机构用于对购买理财产品的客户进行个人理财积极性、理财风险认识水平和理财风险承受能力测试的工具，属于行业专用的量表，长时间被国内多家银行采用。

2. 使用时间。在项目的前测和后测中使用。

3. 测评要素。理财积极性与理财风险认识水平。

4. 数据处理方法。将各个小题的得分相加所得的和作为单个矫正对象的测试得分，其中15 分 ~29 分属于保守型，代表理财积极性较低，风险承受能力较差；30 分 ~44 分为稳健型，代表理财积极性一般，对理财风险的承受能力一般；45 分 ~60 分为积极型，代表理财积极性较高，对理财风险的承受能力较强。前测与后测的数据需在 SPSS 等数据软件中通过独立样本 t 检验和配对样本 t 检验，验证量表测试结果在矫正前后的差异性。

5. 注意事项。（1）测试应在封闭环境中，由矫正对象独立完成。（2）测试结果不对矫正对象公布。（3）测试结果仅用作参考，需结合面谈评估结果或者与其他量表问卷结合使用。

4.3 服刑人员理财观念调查表

服刑人员姓名：　　　　　　　　　　　调查时间：

感谢你参加本次调查。这只是关于你对理财的态度、观念和看法的调查，不涉及个人隐私，对个人改造没有影响，调查结果仅用于纯学术研究性目的，谢谢合作。

1. 你的年龄（　　　）

A. 25 岁以下　　　　　　　　　B. 25 岁～35 岁

C. 35 岁～45 岁　　　　　　　　D. 45 岁～60 岁

2. 你所在的城市类型（　　　）

A. 繁华大都市　　　　　　　　B. 大型城市

C. 中型城市　　　　　　　　　D. 中小型城市

3. 你的学历（　　　）

A. 小学及以下　　　　　　　　B. 初中

C. 高中（中专）　　　　　　　D. 大学及以上

4. 入狱前你的个人月收入是（　　　）

A. 1000 元以下　　　　　　　　B. 1000～3000 元

C. 3000～5000 元　　　　　　　D. 5000 元以上

5. 入狱前你每个月所需生活费的来源是（可多选）（　　　）

A. 家庭提供　　　　　　　　　B. 工资收入或自主经营

C. 投资收益　　　　　　　　　D. 打零工或其他

6. 你一个月的生活费支出大概是（　　　）

A. 300 元以下　　　　　　　　B. 300～600 元

C. 600～1000 元　　　　　　D. 1000 元以上

7. 你每个月支出大概用于（　　　）

A. 涉赌涉毒　　　　　　B. 烟酒癖好

C. 休闲娱乐　　　　　　D. 衣食住行

8. 你每月生活费是否有结余（　　　）

A. 有　　　　　　　　B. 月光族

C. 经常入不支出

9. 假如你有结余的话你会怎样处理（　　　）

A. 自己存着　　　　　　B. 改善生活

C. 存入银行　　　　　　D. 投资理财

10. 你的理财知识主要来源于哪里？（　　　）

A. 报纸杂志　　　　　　B. 广播电视网络

C. 理财机构宣传　　　　D. 朋友介绍

11. 你认为自己是否具备必要的理财知识（　　　）

A. 不了解，没接触　　　B. 知道一点儿

C. 具备一般理财知识　　D. 有丰富的理财知识

12. 你理财知识欠缺的原因是什么（　　　）

A. 工作太忙，没有时间　B. 不信理财顾问

C. 没有理财的意识　　　D. 没有余钱

13. 你认为你自己的理财能力如何（　　　）

A. 花钱没计划　　　　　B. 一般

C. 较强理财能力　　　　D. 没考虑过

14. 你现在认为理财的首要目标是（　　　）

A. 盈利　　　　　　　　B. 保值

C. 合理花钱　　　　　　D. 其他

15. 你认为个人理财能力对自己在刑满适应社会过程中的作用

如何（　　　）

    A. 无所谓   B. 作用不大

    C. 作用很大   D. 生活必需技能

16. 是否希望有一个针对服刑人员的理财方案（　　　）

    A. 迫不及待   B. 需要

    C. 一般   D. 不需要

17. 你曾经参加过的投资品种是（可多选）（　　　）

    A. 银行存款   B. 股票

    C. 债券   D. 基金

    E. 保险   F. 房地产

    G. 其他

18. 你预期的投资期限是（　　　）

    A. 2 年以下   B. 2～5 年

    C. 5～10 年   D. 10 年

19. 你对于"钱生钱，利滚利"的看法是（　　　）

    A. 经济正常现象   B. 不劳而获的现象

    C. 聪明人的做法   D. 不太了解

20. 俗话说"人无外财不富，马无夜草不肥"，你怎么看
（　　　）

    A. 世事就是这样，自己也在期待有这么一天

    B. 宁愿过清贫的日子，不能拿不义之财

    C. 命里有时终须有，命里无时莫强求

    D. 极少考虑

21. 你对于他人"一夜暴富"的看法是（　　　）

    A. 天佑此人   B. 很可能通过不正当手段

    C. 长期积累一朝爆发   D. 事不关己

22. 你对于"通过生产假冒伪劣产品获取利润"的看法是（　　）

　　A. 羡慕、嫉妒　　　　　　B. 损人利己、恨

　　C. 竞争所迫、理解　　　　D. 见怪不怪

23. 你对于"富二代"的看法是（　　）

　　A. 纨绔子弟幸运儿　　　　B. 正常的财产继承

　　C. 不劳而获的人　　　　　D. 事不关己

24. 你对于"卖肾"的看法是（　　）

　　A. 身体好也是一种本钱　　B. 纯粹个人选择

　　C. 目光短浅　　　　　　　D. 难以理解

25. 你对于超前消费的看法是（　　）

　　A. 提前享受值得推崇　　　B. 因负债心中不安

　　C. 有利于国家经济　　　　D. 事不关己

26. 你对于过世后把财产全部捐献给慈善机构的看法是（　　）

　　A. 回报社会　　　　　　　B. 沽名钓誉

　　C. 慈善机构的信誉问题　　D. 难以理解

27. 你对于"占小便宜"的看法是（　　）

　　A. 不占便宜不上当　　　　B. 偶尔为之无妨

　　C. 有便宜不占是傻蛋　　　D. 忍不住会占

28. 你认为金钱与亲情之间的关系是（　　）

　　A. 金钱换不来亲情　　　　B. 钱多亲戚找上门

　　C. 无利益冲突才有亲情　　D. 不太了解

29. 你认为金钱与爱情之间的关系是（　　）

　　A. 金钱换不来爱情　　　　B. 金钱带来安全感

　　C. 金钱是爱情的基础　　　D. 不太了解

30. 你认为金钱与友情之间的关系是（　　）

A. 金钱换不来友情　　　B. 有钱自然朋友多

C. 穷时的友情最牢靠　　D. 不太了解

31. 你最认同下面的哪句话（　　）

A. 金钱是万能的，有钱能使鬼推磨

B. 金钱不是万能的，但是没有金钱是万万不能的

C. 人为财死，鸟为食亡

D. 金钱买不来人生最珍贵的东西

【使用说明】

1. 工具来源。本表是某监狱项目组结合服刑人员改造实际自主开发的用于测试理财观念的工具，部分内容借鉴了社会团体、金融机构的调查问卷

2. 使用时间。在项目的前测和后测中使用。

3. 测评要素。理财观念的健康程度。

4. 数据处理方法。根据【评分标准】将测试项的各个小题的得分相加所得的和即为单个矫正对象的测试得分，总分越高则代表矫正对象的理财观念越健康。

5. 注意事项。（1）本表中的内容分为测试项和调查项两部分，测试项有量化标准，用于测试理财观念的健康程度，调查项仅用于了解矫正对象的个体信息。（2）本调查表应在封闭环境中，由矫正对象独立完成。（3）测试结果不宜向矫正对象公布。（4）测试结果仅用作参考，需结合面谈评估结果或者与其他量表问卷结合使用。

【评分标准】

9. A1　　　B2　　　C3　　　D4

11. A1　　　B2　　　C3　　　D4

13. A1　　　B3　　　C4　　　D2

14. A1　　　B4　　　C4　　　D2

15. A1	B2	C3	D4
16. A4	B3	C2	D1
19. A4	B1	C3	D2
20. A1	B4	C3	D2
21. A3	B1	C4	D2
22. A1	B4	C2	D2
23. A3	B4	C1	D2
24. A2	B1	C3	D4
25. A1	B4	C3	D2
26. A4	B1	C3	D2
27. A4	B3	C1	D2
28. A4	B1	C3	D2
29. A4	B3	C1	D2
30. A4	B1	C3	D2
31. A1	B3	C2	D4

4.4 理财能力评估测试卷

姓名：   得分：

一、判断题（每小题2分，合计20分）

1. 理财是富人的事，与穷人没有关系　　　　　　　　（　　）

2. 个人理财应该是开始的越早越好　　　　　　　　　（　　）

3. 保险都是骗人的，只会让购买的人吃亏上当　　　　（　　）

4. 理财就是投资赚钱　　　　　　　　　　　　　　　（　　）

5. 信用卡透支消费的免息期可以申请调整，最长免息期可达

156天　　　　　　　　　　　　　　　　　　　　　（　　）

6. 同一银行同年限的贷款利率一般大于存款利率　　　　（　　）

7. 想通过复利这一手段获取较大收益，只要本金足够所就可以了　　　　　　　　　　　　　　　　　　　　　　　　　　（　　）

8. 税收是国家强制的、无偿的取得财政收入的一种方式
　　　　　　　　　　　　　　　　　　　　　　　　　　（　　）

9. 商业银行的定期存款业务一般都是存期越长、利率越高
　　　　　　　　　　　　　　　　　　　　　　　　　　（　　）

10. 商业银行的存款利率一般都是指年利率　　　　　　　（　　）

二、选择题（每小题 3 分，合计 30 分）

1. 下列关于理财的观点中，哪一项是不正确的？（　　　）

A. 你不理财，财不理你

B. 节约是理财的第一课

C. 财是赚出来的，不是理出来的

D. 投资选择应该多样化，不应该把"鸡蛋"放在同一个篮子里

2. 借贷双方约定的利率未超过年利率（　　），出借人有权请求借款人按照约定的利率支付利息。

A. 10%　　　　　B. 12%　　　　　C. 24%　　　　　D. 36%

3. 以下哪家银行不接受个人储蓄存款（　　　）

A. 农业银行　　　　　　B. 中国人民银行

C. 中国银行　　　　　　D. 邮政储蓄银行

4. 下面几种常见的储值卡中，一般具有透支功能的是（　　　）

A. 借记卡　　　　　　B. 购物卡

C. 电信卡　　　　　　D. 信用卡

5. 在银行存 1 万元本金，按年收益率 10% 计算，三年后，连本带息可获得多少钱？（　　　）

A. 1.3 万元　　　　　　B. 1.21 万元

C. 1. 331 万元   D. 1. 431 万元

6. 银行理财产品一般起购金额是：（   ）

A. 10000 元   B. 30000 元

C. 50000 元   D. 100000 元

7. 定期存款最短存期为：（   ）

A. 三个月   B. 六个月

C. 九个月   D. 一年

8. 在理财活动中常用到人民币的大写与小写两种情况，1000元的大写格式应为（   ）

A. 一千元   B. 壹千元

C. 壹仟圆   D. 壹仟元

9. 如需提前支取未到期的定期存款，银行应该如何支付利息：（   ）

A. 按原定期存款利率结算

B. 按存款日活期利率结算

C. 按取款日活期利率结算

D. 提前支取没有利息

10. 下面关于高利贷的描述哪项是错误的：（   ）

A. 高利贷害人害己

B. 高利贷破坏金融秩序

C. 高利贷没有危害

D. 高利贷存在较大的风险

三、改错题（15 分）

下面记账表存在一些错误，请你圈出存在的错误，并在空白处改正。

日期	类别	摘要	收入	支出	余额
5月1日		月初结余			500
5月2日	工资	4月份工资	3000		3500
5月3日	生活费	交房租	500		4000
5月3日	交通费	公交卡充值		100	3900
5月4日	招待费	请同事吃饭	600	3300	

四、问答题（15分）

假设高某向崔某借款20000元，借期一年，年利率为38%，到期后，高某拒不归还本息，崔某一纸诉状将高某起诉至法院，崔某可以要求法院判决高某归还的本金和利息分别是多少？理由是什么？

五、实务题（20分）

你因购车资金不足向王三亮借款一万元，借期一年，年利率为10%。王三亮要求你书写一份借条，并让张二宝担保。请你按王三亮的要求书写一份完整的借条。

【使用说明】

1. 工具来源。本试卷由项目研发单位编制。

2. 使用时间。在项目的前测和后测中使用。

3. 测评要素。试卷内容围绕项目的矫正目标配置权重，采用百分制计分，全面测试矫正对象的理财能力。

4. 数据处理方法。本试卷采用百分制计分，根据【评分标准】为每名矫正对象打分。矫正对象在前测和后测中的数据变化反映出理财能力的变化情况。前测和后测的数据需在 SPSS 等数据软件中通过独立样本 t 检验和配对样本 t 检验，验证试卷测试结果在矫正前后的差异性。

5. 注意事项。（1）测试应在封闭环境中，由矫正对象独立完成。（2）测试结果对矫正对象公布。（3）后测结束后，应对试卷内容开展解析点评。

【评分标准】

一、判断题（每小题 2 分，合计 20 分）

1—5：错、对、错、错、错；6—10：对、错、对、对、对。

二、选择题（每小题 3 分，合计 30 分）

1—5：CCBDC；6—10：CADCC。

三、改错题（15 分）

本题共计五处错误，每处 3 分。可直接在原表格内修改，也可重新制表。

正确答案：

日期	类别	摘要	收入	支出	余额
5月1日		月初结余			500
5月2日	工资	4月份工资	3000		3500
5月3日	生活费	交房租	500 ⟶ 500		3000
5月3日	交通费	公交卡充值		100	2900
5月4日	招待费	请同事吃饭	600 ⟶ 600		2300

四、问答题（15 分）

第一问回答正确 20000 元的得 3 分，回答正确利息 4800 元的得 7 分。

第二问酌情给分，计 5 分。

答：崔某可以请求法院判决高某支付本金20000元，利息4800元，

理由：根据《最高人民法院关于审理民间借贷司法解释》第二十六条，借贷双方约定的利率未超过年利率24%，出借人请求借款人按照约定的利率支付利息的，人民法院应予支持。

民间借贷的本金受到保护，不超过24%的利息同样受到法律保护，而超出部分则不受法律保护。

因此本题应判决支付：本金20000元，利息：20000×24% = 4800元。

五、实务题（20分）

能基本写出借条的主要要素即可，放款人、借款数额、利率和利息总额、担保人签名、本人签名、借款期限少一项扣3分。

答：

借　条

本人因购车资金不足，现向王三亮（身份证号：）借款壹万元整（10000元），借期一年（2015年9月9日—2016年9月8日），年利率10%，利息合计壹仟元整（1000元）。到期后本息一次性还清。张二宝对此次借款担保，如到期后本人未及时归还借款本息，王三亮可以要求张二宝归还本息。

特立此据。

借款人：签字、手印（身份证号：　　　）

担保人：签字、手印（身份证号：　　　）

时间：2015年9月9日

4.5 平安银行客户理财综合评估问卷

姓名：　　　　　　　　　　　　评级：

（　　）1. 您现在的年龄是：

A. 18～30 岁　　　　　　　　B. 31～50 岁

C. 51～60 岁　　　　　　　　D. 高于 60 岁或小于 18 岁

（　　）2. 刑满之后，您的家庭年收入预计为（折合人民币）：

A. 5 万元以下　　　　　　　　B. 5－10 万元

C. 10－20 万元　　　　　　　D. 20 万以上

（　　）3. 在您每年的家庭收入中，可用于投资理财的比例为：

A. 小于 10%　　　　　　　　B. 10% 至 25%

C. 25% 至 50%　　　　　　　D. 大于 50%

（　　）4. 您认为，以下哪种投资理财策略最适合自己：

A. 除存款、国债外，我几乎不投资其他金融产品

B. 大部分投资于存款、国债等，较少投资于股票、基金等风险产品

C. 资产均衡地分布于存款、国债、银行理财产品、信托产品、股票、基金等

D. 大部分投资于股票、基金、外汇等高风险产品，较少投资于存款、国债

（　　）5. 以下哪项描述最符合您的投资态度：

A. 厌恶风险，不希望本金损失，希望获得稳定回报

B. 保守投资，不希望本金损失，愿意承担一定幅度的收益波动

C. 寻求资金的较高收益和成长性，愿意为此承担有限本金损失

D. 希望赚取高回报，愿意为此承担较大本金损失

（　　）6. 以下情况，您会选择哪一种：

A. 有 100% 的机会赢取 1000 元现金

B. 有 50% 的机会赢取 5 万元现金

C. 有 25% 的机会赢取 50 万元现金

D. 有 10% 的机会赢取 100 万元现金

（　　）7. 您计划的投资期限是多久：

A. 1 年以下　　　　　　　　B. 1～3 年

C. 3～5 年　　　　　　　　D. 5 年以上

（　　）8. 您的投资目的是：

A. 资产保值　　　　　　　　B. 资产稳健增长

C. 资产迅速增长

（　　）9. 您的投资出现何种程度的波动时，您会呈现明显的焦虑：

A. 本金无损失，但收益未达预期

B. 出现轻微本金损失

C. 本金 10% 以内的损失

D. 本金 20%～50% 的损失

E 本金 50% 以上的损失

（　　）10. 请从安全性、获利性和变现性的角度对下面表格中的理财工具进行评估，按照"高、中、低"或"好、中、差"的标准填空。

理财工具	安全性	获利性	变现性
银行储蓄			
保险			
股票			
基金			
互联网理财			
房产			

【使用说明】

1. 工具来源。本问卷源自平安银行南京分行，项目研发单位结合矫正内容进行了一定的修改。

2. 使用时间。用于结项评估中的第三方评估。

3. 测评要素。原用于对银行理财客户的问卷调查，目的是了解客户对于投资理财的认识和预期。在本项目中，用于了解矫正对象对理财知识的了解掌握情况。

4. 数据处理方法。问卷内容不产生量化数据，问卷调查的结果用于第三方专业人士在对矫正对象开展面谈评估前的预先了解。

5. 注意事项。（1）调查应在封闭环境中，由矫正对象独立完成。（2）问卷结果仅用于银行专业人士评估。（3）第三方评估结束后，矫正民警收回问卷并存档。

后　记

从 2012 年到 2016 年，循证矫正的种子在江苏大地落地生根、开花结果。在此期间，浦口监狱的"循证之路"经历了培训学习、集中调研、对比选题、系统研发、狱内实证和补充修正的过程，一路艰辛，成绩斐然，继 2013 年《循证矫正中国化研究》出版之后，历时两年，《理财能力矫正项目研发报告与指导手册》又和广大读者见面了。

本书承蒙江苏省监狱管理局循证矫正工作领导小组自始至终的指导与支持，在不同阶段先后组织了三次高水准的专业培训。在项目的研发和实证过程中，江苏省监狱管理局党委委员、副局长吴旭，局狱情信息总站主任张建秋，副主任张庆斌，局教改处副处长杨木高，省司法警官高等学校教授宋行等领导和专家多次莅临浦口监狱，对矫正项目的选题设计与实证研究给出了建设性的意见，作出了针对性的指导。

浦口监狱党委为循证矫正工作提供了全方位的支持，监狱党委书记、监狱长王洪生亲自担任科研项目组组长，为科研工作开展营造了融创共通的环境，保障了内部协调管理与外部共享交流的有效开展，系统解决了成书过程中的经费、人员和机制难题。监狱党委委员、副监狱长朱扣春亲任项目经理，全程参与并指导完成项目的研发、实证与修正，一直关心支持本书的编纂出版工作，并通篇审阅了书稿。

担纲理财能力矫正项目的四位主要作者均长期工作在矫正一线，在循证矫正理论方面经过了系统的培训学习，在矫正工作实务中具备丰富的经验，他们分别是浦口监狱心理健康中心主任邹建琴、浦口监狱基层监区矫正民警张超伟、刘旭和汤道海。具体分工如下：

前言、理财能力矫正项目研发报告第一部分、第二部分、第三部分"一"、第四部分：邹建琴，第三部分"二""四"：张超伟，第三部分"三"：刘旭。理财能力矫正项目指导手册第一部分：邹建琴，第二部分"阶段一"：汤道海、刘旭，第二部分"阶段二"：邹建琴，第二部分"阶段三"：刘旭，第二部分"阶段四"：汤道海，第二部分"阶段五、阶段六"：张超伟，附录一：邹建琴，附录二、三、四：张超伟。

本书的框架结构由邹建琴设计，图表由张超伟、刘旭制作，数据处理由李坚、白欣荣、万静和刘旭共同完成。曾长方、刘媛同志为指导手册部分内容提供了很好的意见，在此一并感谢。

毫无疑问，理财能力矫正项目作为生活技能系列项目中的一个，今后仍是一项值得继续挖掘的课题，作为"引玉"之作，本书难免存在舛误及有待改进之处，欢迎广大读者指正。

图书在版编目（CIP）数据

理财能力矫正项目研发报告与指导手册／王洪生主编．
—北京：中国法制出版社，2018.7
ISBN 978 - 7 - 5093 - 9559 - 2

Ⅰ.①理… Ⅱ.①王… Ⅲ.①财务管理 - 关系 - 犯罪
分子 - 监督改造 - 研究 - 中国 Ⅳ.①TS976.15②D926.7

中国版本图书馆 CIP 数据核字（2018）第 130166 号

责任编辑 王 熹　　　　　　　　　　封面设计　周黎明

理财能力矫正项目研发报告与指导手册
LICAI NENGLI JIAOZHENG XIANGMU YANFA BAOGAO YU ZHIDAO SHOUCE

主编/王洪生
经销/新华书店
印刷/三河市紫恒印装有限公司
开本/880 毫米×1230 毫米　32 开　　　　印张/ 12.875　字数/ 270 千
版次/2018 年 7 月第 1 版　　　　　　　2018 年 7 月第 1 次印刷

中国法制出版社出版
书号 ISBN 978 - 7 - 5093 - 9559 - 2　　　　　　　定价：40.00 元

北京西单横二条 2 号　邮政编码 100031　　　　　传真：66031119
网址：http：//www.zgfzs.com　　　　　　　　编辑部电话：66010493
市场营销部电话：66033393　　　　　　　　　邮购部电话：66033288

（如有印装质量问题,请与本社印务部联系调换。电话:010 - 66032926）